固定化触媒のルネッサンス
Renaissance of Immobilized Catalyst

監修　東京大学大学院 教授　　　　　　小林 修
　　　(独)科学技術振興機構 技術参事　小山田 秀和

シーエムシー出版

巻頭言

　固定化触媒が今，面白い。固定化触媒はもともと，ろ過のみで触媒と生成物を分離することができ，したがって，煩雑な反応後の処理が不要になり，触媒の回収・再使用も容易になるなどの利点を有している。しかし一方で，均一系の触媒に比べると反応性が低いため，一般の有機合成化学の分野での使用は限定的であり，これまで産業界では主に経済的な理由から，金属の漏洩の可能性が比較的低い気相反応や安価な固体酸などが用いられてきた。

　それに対して近年，固定化触媒は主に二つの点で再び脚光を浴びてきている。一つ目は，いわゆるグリーン・サステイナブルケミストリーの柱としてである。固定化触媒は，上述したように回収・再使用が容易であることから，理想的には廃棄物を限りなくゼロに近づけることができ，環境への付加も削減できることが期待される。二つ目は，いわゆるコンビナトリアル・ケミストリーと関連した「ハイスループット合成」の柱としての期待である。コンビナトリアル・ケミストリーは，現在，医薬品開発の分野にとどまらず，様々な分野でその有用性が示されてきている。ここでは，「自動化による合成」が鍵となるが，操作性に優れた固定化触媒はその柱となり得る。

　固定化触媒の研究は世界的に見ても，現在，活発に展開されているが，その中で日本のこの分野での貢献は多大なものがあり，まさにこの分野の研究をリードしていると言っても決して過言でない。そこでこの分野での我が国の現在の研究状況を俯瞰する冊子をまとめたく，本書の刊行に至った。幸いにも多くの分担著者の協力を得，本書はまさに，この分野の世界の最先端の最新の研究状況を俯瞰するのもになったことは，編集者の至上の喜びである。

　本書は全19章からなる。
　まず，有機担体を用いる触媒に関して，魚住氏らの両親媒性触媒（第2章），野崎氏らのヒドロホルミル化触媒（第3章），佐治木氏らのパラジウム－フィブロイン触媒（第4章）を取り上げた。なお，有機担体を用いる触媒の序論を兼ねて，編集者らの最新の研究を第1章にまとめさせていただいた。
　続いて無機担体を用いる触媒に関して，尾中氏らのゼオライトの特性を活かした触媒（第5章），金田氏，海老谷氏らの無機結晶を活用した触媒（第6章），水野氏らの固定化水酸化ルテニウム触媒（第7章），岩澤氏，唯氏らの固体表面を用いる触媒（第8章）の最新の研究成果を紹介している。第9章では，杉村氏らのキラル修飾固定化触媒を紹介し，奥原氏らの水中固体酸（第

10章），辰巳氏（第11章），窪田氏（第12章）らのメソポーラス，多孔質触媒，岩本氏，石谷氏らのナノ多孔体触媒（第13章）を取り上げた。

現在，支持担体は，有機，無機化合物に限定されておらず，液体に担持する例も報告されている。この分野の研究として，柳氏（第14章），錦戸氏，吉田氏（第15章）らのフルオラス溶媒，萩原氏（第16章），石原氏（第17章）らのイオン液体，さらに北爪氏らの燃料電池への応用も紹介した（第18章）。さらに第19章では，小宮氏らの水を支持担体とする研究も紹介している。

「サステイナビリティー」が社会キーワードになっている昨今，我々の生活に欠くことのできない化学の分野でも，環境にやさしい固定化触媒の重要性は，産学問わずますます増大していくことが予想される。本書が，今後のこの分野の研究に役に立ち，さらに持続可能な社会の発展の一助になることを強く祈念する。

最後になりましたが，現在，この分野をリードする研究グループの長である本書の分担著者らは，例外なく多忙である。それにも関わらず，本編集者の願いを聞き入れ，最新の研究成果を盛り込んだ玉稿を短期間で仕上げて下さった。ここに改めて本書の分担著者の皆様に心より感謝申し上げる。

2007年5月

小林　修，小山田秀和

執筆者一覧（執筆順）

小林　　　修	東京大学大学院　理学系研究科　教授	
小山田　秀和	(独)科学技術振興機構　技術参事	
秋山　　　良	(独)科学技術振興機構　研究員	
魚住　泰広	分子科学研究所　錯体触媒研究部門　教授	
野崎　京子	東京大学大学院　工学系研究科　化学生命工学専攻　教授	
喜多村　徳昭	岐阜薬科大学　創薬化学大講座　薬品化学研究室	
佐治木　弘尚	岐阜薬科大学　創薬化学大講座　薬品化学研究室　教授	
尾中　　篤	東京大学大学院　総合文化研究科　広域科学専攻　教授	
増井　洋一	東京大学大学院　総合文化研究科　広域科学専攻　助教	
金田　清臣	大阪大学大学院　基礎工学研究科　物質創成専攻　教授	
海老谷　幸喜	北陸先端科学技術大学院大学　マテリアルサイエンス研究科　教授	
水垣　共雄	大阪大学大学院　基礎工学研究科　物質創成専攻　助教	
水野　哲孝	東京大学大学院　工学系研究科　応用化学専攻　教授	
山口　和也	東京大学大学院　工学系研究科　応用化学専攻　講師	
唯　美津木	東京大学大学院　理学系研究科　化学専攻　助教	
岩澤　康裕	東京大学大学院　理学系研究科　化学専攻　教授	
杉村　高志	兵庫県立大学大学院　物質理学研究科　教授	
神谷　裕一	北海道大学大学院　地球環境科学研究院　准教授	
奥原　敏夫	北海道大学大学院　地球環境科学研究院　教授	
辰巳　　敬	東京工業大学　資源化学研究所　教授	
窪田　好浩	横浜国立大学大学院　工学研究院　准教授	
岩本　正和	東京工業大学　資源化学研究所　教授	
石谷　暖郎	東京工業大学　資源化学研究所　講師	
松原　　浩	大阪府立大学大学院　理学系研究科　准教授	
柳　日馨	大阪府立大学大学院　理学系研究科　教授	
吉田　彰宏	(財)野口研究所　錯体触媒研究室　研究員	
錦戸　條二	(財)野口研究所　錯体触媒研究室　元室長	
萩原　久大	新潟大学大学院　自然科学研究科　教授	
星　　　隆	新潟大学　工学部　助教	
石原　一彰	名古屋大学大学院　工学研究科　化学・生物工学専攻　生物機能工学分野　教授	
北爪　智哉	東京工業大学大学院　生命理工学研究科　教授	
小宮　三四郎	東京農工大学大学院　共生科学技術研究院　教授	
小峰　伸之	東京農工大学大学院　共生科学技術研究院　助教	

目　次

第1章　高分子カルセランド型触媒の開発と有機合成への展開　秋山　良, 小林　修

1　はじめに……………………………………1
2　新規高分子固定化法の開発………………3
3　アクリドン誘導体のライブラリー構築…6
4　高温・高圧下での水素化反応……………8
5　リン配位子含有 PI Pd の開発……………9
6　アミドカルボニル化反応への応用………10
7　新規架橋高分子ミセル型パラジウム触媒の開発…………………………………11
8　高分子カルセランド型ルテニウム触媒の開発………………………………………12
9　新規架橋高分子ミセル型スカンジウム触媒ならびにルテニウム触媒の開発……14
10　還元条件下での固定化の検討……………15
11　高分子カルセランド型白金触媒の開発…15
12　高分子カルセランド型金触媒の開発……16
13　マイクロリアクターへの応用……………17
14　ポリシラン担持遷移金属触媒の開発……18
15　おわりに……………………………………19

第2章　両親媒性高分子触媒を用いる水中での有機合成　魚住泰広

1　はじめに……………………………………22
2　両親媒性高分子担持遷移金属錯体触媒の開発………………………………………23
 2.1　錯体触媒の高分子担持…………………23
 2.2　アリル位置換反応………………………23
 2.3　雨宿り効果………………………………23
 2.4　その他の Pd, Rh 錯体触媒反応………25
3　両親媒性高分子担持遷移金属ナノ触媒の開発………………………………………28
 3.1　PS-PEG 分散ナノ Pd 触媒：ARP-Pd…28
 3.2　PS-PEG 分散ナノ Pt 触媒：ARP-Pt…29
 3.3　ヴィオロゲン分散ナノ Pd 触媒：ARP-Pd-V……………………………30
4　両親媒性高分子担持不斉錯体触媒の開発………………………………………32
 4.1　PS-PEG 担持不斉 Pd 触媒：コンビナトリアル・アプローチ……………32
 4.2　PS-PEG 担持不斉 Pd 触媒：イミダゾインドールホスフィン……………34
 4.3　水中不均一条件下での多段階不斉合成…………………………………35
5　結語…………………………………………36

第3章　高分子固定化触媒を用いるオレフィンのヒドロホルミル化
野崎京子

1　はじめに……39
2　固相担持による気-液-固3相系または気-固2相系……40
3　高分子担持触媒と超臨界相の固-超臨界2相系……42
4　デンドリマー触媒……44
5　触媒の液相への担持による液-液2相系……44
6　まとめと展望……46

第4章　官能基選択的接触還元触媒「パラジウム-フィブロイン」
喜多村徳昭，佐治木弘尚

1　はじめに……49
2　Pd/Fibの調製と物性……50
3　Pd/Fibを触媒とした官能基選択的接触還元法……52
 3.1　芳香族ハロゲン共存下での選択的接触還元……52
 3.2　芳香族カルボニル基共存下でのオレフィンの選択的接触還元……52
 3.3　ベンジルエステル共存下での選択的接触還元……54
 3.4　N-Cbz保護基共存下での選択的接触還元……55
 3.5　オレフィンの還元における適用範囲……57
4　おわりに……59

第5章　ゼオライトの極性ナノ空間による不安定有機分子の反応制御
尾中　篤，増井洋一

1　はじめに……62
2　ホルムアルデヒドの安定貯蔵とその反応性……62
 2.1　ホルムアルデヒドの吸着……63
 2.2　ゼオライト吸着ホルムアルデヒドの反応性……65
3　不安定な不飽和アルデヒドの安定貯蔵とその反応性……68
 3.1　アクロレインの吸着……68
 3.2　ゼオライト吸着アクロレインの反応性……70
4　α-ジアゾ酢酸エステルの吸着とその反応性……72
 4.1　α-ジアゾ酢酸エチルの吸着……72
 4.2　α-ジアゾ酢酸エチルの反応性……73
5　おわりに……74

第6章　無機結晶表面を配位子とする固定化金属触媒の創製と環境調和型物質変換反応への展開
〔金田清臣，海老谷幸喜，水垣共雄〕

1　はじめに……………………………76
2　環境に負荷をかけない選択的酸化反応…76
3　廃棄物を最小限とする炭素-炭素結合形成反応………………………78
4　多機能表面の創製とone-pot合成への展開………………………………82
5　おわりに……………………………83

第7章　固定化水酸化ルテニウム触媒を用いた酸素酸化反応・水和反応
〔水野哲孝，山口和也〕

1　はじめに……………………………85
2　アルコールおよびアミン類の酸化反応…86
3　芳香族炭化水素類の脱水素・酸素化反応……………………………91
4　ナフトールおよびフェノール類の酸化的カップリング反応………………92
5　ニトリル類の水和反応……………94
6　まとめ………………………………97

第8章　固体表面を媒体とした触媒反応
〔唯　美津木，岩澤康裕〕

1　序……………………………………99
2　表面を媒体とした固定化Nbモノマー・ダイマー・モノレイヤーの作り分け……………………………99
3　HZSM-5ゼオライト担持Re10核クラスター触媒によるベンゼンと酸素からのフェノール直接合成……………101
4　表面を媒体としたモレキュラーインプリンティング固定化金属錯体の設計…102
5　表面で誘起されるVシッフ塩基錯体の不斉自己組織化による不斉触媒の設計………………………………108
6　今後の展望…………………………111

第9章　キラル修飾固体触媒を用いる不斉水素化反応
〔杉村高志〕

1　はじめに……………………………112
2　キラル修飾固体触媒の概念………113
3　白金系触媒…………………………113
4　ニッケル系触媒……………………116
5　パラジウム系触媒…………………120
6　まとめ………………………………122

第10章　水中固体酸を用いるグリーン化学プロセス
〔神谷裕一，奥原敏夫〕

1　はじめに……………………………125
2　高シリカゼオライト………………127

2.1 高シリカ H-ZSM-5 による水中酸触媒反応 ……………127	3.3 シリカ-$Cs_{2.5}H_{0.5}PW_{12}O_{40}$ コンポジット水中固体酸 ……………132
2.2 ゼオライトの表面疎水性と水中酸触媒活性 ……………127	4 その他の水中固体酸 ……………134
2.3 ミクロ細孔の影響……………128	4.1 水が共存すると活性が向上する特異な水中固体酸（MoO_3-ZrO_2）……134
3 ヘテロポリ酸塩（$Cs_{2.5}H_{0.5}PW_{12}O_{40}$）……130	4.2 リン酸ジルコニウム……………134
3.1 $Cs_{2.5}H_{0.5}PW_{12}O_{40}$ の水中酸触媒特性 ……………130	4.3 スルホン化炭素材料（Sugar catalyst）……………134
3.2 $Cs_{2.5}H_{0.5}PW_{12}O_{40}$ の酸強度と表面疎水性……………131	4.4 ヘテロポリ酸塩……………135

第11章　チタン固定化結晶性多孔体を触媒とした液相酸化反応

辰巳　敬

1 はじめに ……………137	3.2 Ti-Beta の修飾 ……………145
2 チタノシリケート触媒による過酸化水素酸化の概要 ……………138	3.3 TS-1 の新規合成法 ……………147
3 チタノシリケート触媒の進歩 ……139	3.4 メソポーラスチタノシリケート壁の「結晶化」……………147
3.1 Ti-MWW と関連構造の触媒 ……139	4 おわりに ……………148

第12章　規則性多孔体触媒を用いる有機反応

窪田好浩

1 はじめに ……………151	ウム複合体（SOCM 型）触媒 ……154
2 ミクロ・メソ多孔体を用いた触媒設計と調整法 ……………152	3 ミクロ・メソ多孔体修飾触媒を用いた反応 ……………154
2.1 有機ペンダント型（OFMS 型）触媒……………152	3.1 OFMS 型触媒による反応……………154
2.2 多孔体シリケート-第四級アンモニ	3.2 SOCM 型触媒による反応……………158
	4 おわりに ……………164

第13章　規則性ナノ空間の触媒化学

岩本正和，石谷暖郎

1 はじめに ……………166	3.1 シリカナノ多孔体の酸特性の発見…167
2 ナノ空間物質は何が新しいのか ……167	3.2 アセタール化反応に対する触媒活性と第4の形状選択性の発見 ……168
3 シリカナノ多孔体の酸特性を活かした合成反応 ……………167	3.3 α-ピネンの異性化に対する触媒

活性 …………………………168
3.4　向山アルドール反応 ……………169
3.5　Friedel-Crafts アシル化反応 ………170
3.6　Friedel-Crafts アルキル化 ………172
4　MCM-41の酸触媒特性と担持金属による共同効果 ……………………174
4.1　低級オレフィン転換反応…………174
4.2　スチレン型オレフィンの*cis*-ジヒドロキシル化 …………………175
5　その他の興味ある触媒反応 ………176
5.1　光照射条件でのシリカナノ多孔体の触媒作用 ……………………176
5.2　非シリカ系ナノ多孔体を触媒とする反応 ……………………………177
6　おわりに ……………………………178

第14章　フルオラス錯体触媒による有機反応　　松原 浩，柳 日馨

1　はじめに ……………………………181
2　フルオラス・ヒドロホルミル化反応 …182
3　フルオラス・ヒドロシリル化およびヒドロホウ素化反応 ………………182
4　フルオラス・溝呂木-Heck 反応 ……183
5　フルオラス・Stille カップリング反応…185
6　フルオラス・鈴木-宮浦カップリング反応 ……………………………185
7　フルオラス・薗頭(そのがしら)反応 …186
8　フルオラス・アルケンメタセシス反応 ……………………………187
9　フルオラス触媒の新しい固定化法 ……188
9.1　フルオラスシリカゲル ……………188
9.2　テフロンテープ ……………………189
10　今後の展望 …………………………190

第15章　フルオラス Lewis 酸触媒　　吉田彰宏，錦戸條二

1　はじめに ……………………………192
2　フルオラス二相系 Lewis 酸触媒反応 …194
3　フルオラス二相系ベンチスケール流通式連続反応 ……………………197
4　固体担持 Lewis 酸触媒 ……………202
5　おわりに ……………………………205

第16章　イオン液体を触媒の支持体として用いる有機反応

　　　　　　　　　　　　　　　　　萩原久大，星 隆

1　はじめに ……………………………207
2　イオン液体を液相支持体とする固定化有機分子触媒（IMOC）の反応 ……209
2.1　アミン担持シリカゲル触媒 ………209
2.2　アルデヒドの直接的な1,4-付加反応 ……………………………209
2.3　アルデヒドの直接的な自己アルドール縮合 ……………………211
3　イオン液体担持シリカゲル触媒（ILIS）の反応 ……………………212
4　イオン液体を液相支持体とする Mizoroki-Heck 反応 ……………………214

5 イオン液体を用いた均一系有機金属触媒の無機固体支持体への固定化（SILC）とその反応性 ………216
　5.1 Pd-SILC の調製 …………216
　5.2 Pd-SILC の Mizoroki-Heck 反応への適用 ………217
　5.3 Pd-SILC を用いた水中での Mizoroki-Heck 反応 ……………218
　5.4 Pd-SILC を用いた Suzuki-Miyaura 反応 ……………220
6 おわりに ………………221

第17章　イオン液体を触媒の支持体として用いる脱水縮合反応

石原一彰

1 樹脂担持型ジルコニウム(Ⅳ)-鉄(Ⅲ)触媒を用いるエステル縮合反応 ………224
　1.1 はじめに …………224
　1.2 ジルコニウム(Ⅳ)-鉄(Ⅲ)複合塩触媒を用いるエステル脱水縮合反応 …225
　1.3 イオン液体を用いるジルコニウム(Ⅳ)-鉄(Ⅲ)複合塩触媒の回収・再利用 ………225
　1.4 樹脂担持型アンモニウム塩を支持体として用いるジルコニウム(Ⅳ)-鉄(Ⅲ)複合金属塩触媒の回収・再利用 ………227
2 樹脂担持型ボロン酸触媒を用いるアミド縮合反応 ………230
　2.1 はじめに …………230
　2.2 N-メチル-4-ピリジニウムボロン酸ヨウ化物触媒の開発 ………231
　2.3 N-ポリスチリル-4-ピリジニウムボロン酸塩化物触媒の開発 ………234
　2.4 ボロン酸触媒によるエステル縮合反応 ………235

第18章　イオン液体の燃料電池への展開

北爪智哉

1 はじめに ………………239
2 燃料電池発電 …………239
3 イオン液体の電気化学的安定性 …242
4 構造と物性の関係について ………243
5 電池の電解質としての性質 ………246
6 電解質として有望なイオン液体 …248

第19章　水溶性錯体を触媒とした水／有機溶媒二相系反応

小宮三四郎，小峰伸之

1 はじめに ………………249
2 水／有機溶媒二相系を用いた水溶性イリジウム錯体による不飽和アルデヒドのカルボニル選択的水素化反応 ………250
　2.1 トリス（ヒドロキシメチル）ホスフィンを有する水溶性遷移金属錯体の合成 ………250
　2.2 トリス（ヒドロキシメチル）ホス

　　　　フィンを有する水溶性遷移金属錯体を触媒とする不飽和アルデヒドおよびイミンの選択的水素化反応 …251
　2.3　1,2-ビス（ジヒドロキシメチルホスフィノ）エタンを配位子とする遷移金属錯体による水／有機溶媒二相系でのα,β-不飽和アルデヒドの選択的水素化 …………252
　2.4　1,2-ビス（ジヒドロキシメチルホスフィノ）エタンを配位子とする遷移金属錯体による水／ベンゼン二相系でのα,β-不飽和イミンの選択的水素化 …………253
3　水／有機溶媒二相系メディアでの水溶性パラジウム錯体によるアリルアルコールを用いた触媒的アリル化 ………254
　3.1　Pd(OAc)$_2$/TPPTS触媒によるアミンのアリル化反応 …………………254
　3.2　Pd(OAc)$_2$/TPPTS触媒によるチオールのアリル化反応 …………256
　3.3　Pd(OAc)$_2$/TPPTS触媒によるアセチルアセトンのアリル化反応 ……260
　3.4　水溶性η^3-アリルパラジウム(II)錯体の合成と求核剤の化学量論的な反応 ………………………260
　3.5　チオールのアリル化に関する反応機構……………………………264
4　まとめ ……………………………265

第1章 高分子カルセランド型触媒の開発と有機合成への展開

秋山 良[*1], 小林 修[*2]

1 はじめに

近年,「グリーンケミストリー」[1)]が先進国を中心に世界各国で広がりを見せている。グリーンケミストリー（環境にやさしい化学）とは,「従来からのプロセスを環境汚染物質や危険物質を出さない,あるいは使用しない物質合成プロセスへ転換する,また,従来の化学製品を環境負荷の小さな,あるいは無害な化学製品へ置き換えることにより,環境汚染を根元から絶とうとする化学技術」であり,化学のパラダイムシフトあるいは21世紀の化学の基盤とも言われている。人類の持続的な発展の為,化学と環境の共生を実現する事が今世紀の最重要課題と言える。

このグリーンケミストリーの推進において,有機合成化学は多くの物質合成プロセスを環境に優しいプロセスに転換していくという重大な責務をになっている。環境に優しいプロセスは,①廃棄物を極力減らす,②人体や環境に対して毒性の低い物資を用い,有害物質を生成しないように設計する,③溶媒や分離剤などの補助物質は出来る限り削減する,④原料は枯渇性ではなく再生可能なものを使う,⑤エネルギー消費を最小にする,⑥化学量論反応よりも触媒反応を目指す,などが要件として挙げられる。

これらの要件を満たす最も直接的な方法の一つは,真に効率的な触媒反応の使用である。原料物質1モルあたり1モルの活性化剤を使う化学量論反応では,1モルの廃棄物が出るのに対し,触媒反応では,1分子の触媒で原理的には無限個の分子を反応させることができるので廃棄物が少なくてすむ。また,触媒反応は反応の活性化エネルギーを下げることができるので,より低い温度で反応が進行し,高活性な触媒を用いれば反応時間が短くてすむなど,省エネルギーにも大きく貢献できる。例えば,芳香族ケトンを合成する最も有効な方法である Friedel-Crafts アシル化反応は,通常,塩化アルミニウム等の Lewis 酸触媒を用いて行うが,生成するケトンのカルボニル基に Lewis 酸が捕捉されてしまうために多くの場合,化学量論量以上の Lewis 酸が必要であった。そのため,反応終了後に大量の Lewis 酸を処理することが必要となり,環境にとって大

---

*1 Ryo Akiyama ㈱科学技術振興機構 研究員
*2 Shū Kobayashi 東京大学大学院 理学系研究科 教授

きな負荷となることが懸念されている。一方，スカンジウムトリフラート，イッテルビウムトリフラートあるいはハフニウムトリフラートに代表される IIIA, IVA 族の金属トリフラートは触媒量でも反応は円滑に進行し，高収率にて目的とする芳香族ケトンを与える。このような触媒反応を進行させる物質としては，構造の比較的単純な有機化合物もあるが，金属の単体や酸化物[2]，あるいは金属と有機化合物とを組み合わせた有機金属錯体が最も多く，高い活性や高い選択性を示す優れた金属触媒が数多く開発されている。その中でも金属の単体をカーボン・アルミナ・無機物等に固定した固体触媒は，比較的古くから工業生産において広く使用されてきた。これらの固体触媒はろ過により反応液から分離でき，再利用も可能であることから，限りある資源の有効利用という点ではグリーンケミストリーに合致した触媒であると言える。しかしながら，一般に金属触媒は固定するとその活性が低下し，また，一度使用した触媒はさらに活性が低下することが多く，その再生処理に労力とエネルギーを消費しなければならないことが問題となっている。さらに，固体触媒からの金属の流出は，触媒自体の活性の低下のみならず生成物への金属の混入にも繋がり，医薬品合成などにおいては致命的な問題にもなりかねない。

一方，有機金属錯体は，種類も豊富で選択的・特異的な反応を誘起するものが多く，有機合成化学上重要ではあるが[3]，これらは一般に反応液に溶解するため（均一系触媒），触媒の回収・再使用は困難である。また触媒の分離や溶媒や分離剤などの補助物質が必要となることもあり，これらの補助物質が廃棄物となっている。

このような観点から近年，回収・再使用が可能で真に高い活性を有し，金属の流出も起きない固定化触媒の開発を目指した研究が活発に行われている。触媒を固定する担体としては，上記のものの他に，合成高分子，シリカゲル，ゼオライト，粘土などが研究されており，回収・再使用に成功している例もいくつか報告されている。しかしながらこれらの多くは，金属触媒を共有結合や配位結合により担体上に固定したものであり，しばしばその調製に煩雑な操作が必要なことや，固定することで活性が低下することが問題となる。触媒活性を評価する際，触媒の回転数（Turnover Number : TON）や単位時間あたりの回転数（Turnover Frequency : TOF）が指標としてしばしば用いられる。これはトータルで，あるいは単位時間あたりで1分子の触媒が何分子の原料物質を目的物質に変換するかを示す指標である。すなわち，TON や TOF が高いほど効率のよい触媒であり，使用量や反応時間を低減できることから，グリーンケミストリーの観点からもより好ましいと言える。

我々は上記問題の抜本的な解決を目指して，真に効率的な固定化触媒の開発を行っている。本稿では既存の固定化触媒とは全く異なるコンセプトに基づいて開発された新規高分子固定化触媒である高分子カルセランド型触媒と，それを用いる有機合成反応について概説する。

第1章 高分子カルセランド型触媒の開発と有機合成への展開

2 新規高分子固定化法の開発

合成高分子は化学修飾が比較的容易なことから，固定する金属触媒の性質，固定化方法，適用する反応の種類などによって，適宜担体の構造を変化させることが出来るという利点を有している。このような利点を活かし，我々のグループでは様々なマイクロカプセル化触媒（Microencapsulated Catalyst：MC Catalyst）を開発してきた[4]。マイクロカプセル化触媒は，医薬品や農薬，食品などを保護する目的で使用されていたマイクロカプセル化法を触媒の固定に応用したもの

Use[a]	1	2	3	4	5	6	7
Yield/%	90	90	88	89	89	88	90

[a] Recovered catalyst was used successivery (Use 2,3,4....)

式1

式2

式3

固定化触媒のルネッサンス

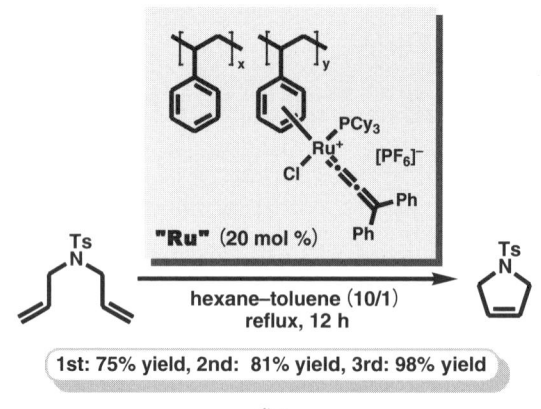

式4

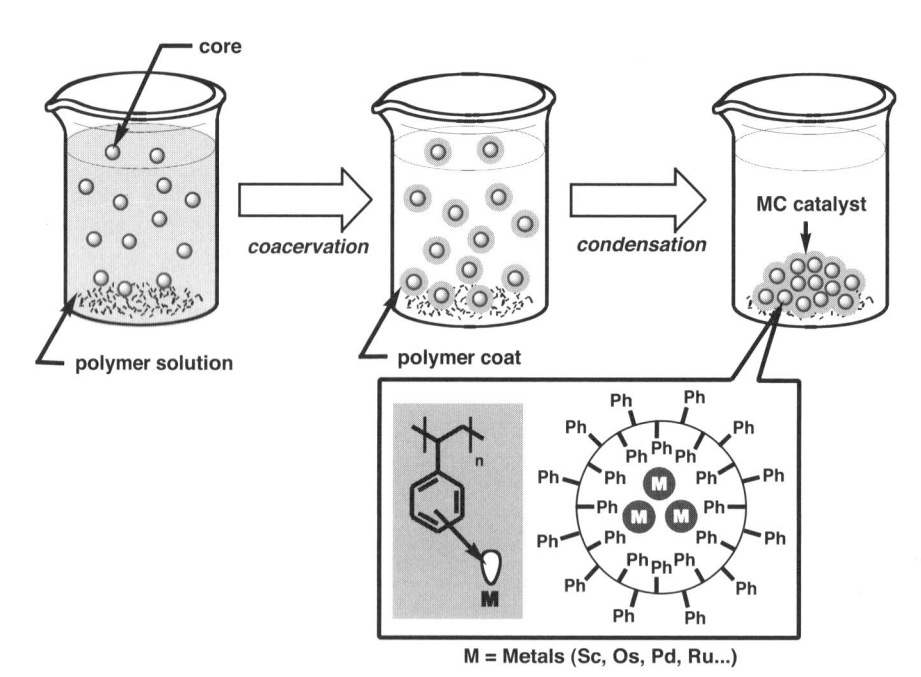

図1 マイクロカプセル化による触媒の固定方法

で,これまでにスカンジウム(式1),オスミウム(式2),パラジウム(式3),ルテニウム(式4)などをポリスチレンなどの高分子上に固定することに成功している。本手法は,触媒を物理的に高分子中に取り込むのと同時に,ポリスチレンのベンゼン環のπ電子と金属触媒の空軌道との電子的な相互作用により,触媒を高分子上に固定するという全く新しい手法である(図1)。このように比較的弱い相互作用を利用することで,触媒の活性を低下させることなく担体上に固定することが可能となり,また様々な反応において有効に機能し,触媒の回収・再使用も簡単に行えることから有用性の高い触媒として期待され,実用化に向けた検討も行われている。

第1章 高分子カルセランド型触媒の開発と有機合成への展開

また，他の研究グループによっても本手法を用いた検討が行われ，これまでにメチルトリオキソレニウム[5]や酸化バナジウム（IV）アセチルアセトナート[6]，第2世代 Grubbs 触媒[7]，銅（II）アセチルアセトナート[8]，トリフルオロメタンスルホン酸ビスマス（III）[9]，フタロシアニン錯体[10]などのマイクロカプセル化触媒が開発されている。

しかしながら，工業化の検討の中で，いくつかの問題点も浮き彫りになってきた。マイクロカプセル化法では，担体を一度溶媒に溶解させて触媒と均一に混ぜる必要がある。従って高分子担体は一部の溶媒に溶解するものを用いる為，得られるマイクロカプセル化触媒もそのような溶媒に溶解あるいは膨潤し，これによって金属が溶出したり，触媒が塊状になったりすることが明らかになってきた。

そこで我々は，新たな固定化方法の探索を行った。種々検討を行った結果，架橋基を導入した高分子担体を用いてマイクロカプセル化し，その後熱架橋することによりほとんどの有機溶媒に不溶な触媒が得られることを見出した（式5）[11]。本触媒は，触媒が高分子中に閉じ込められた状態が，Cram らが見出した包摂化合物「カルセランド[12]」（図2）に類似していることから，高

式5

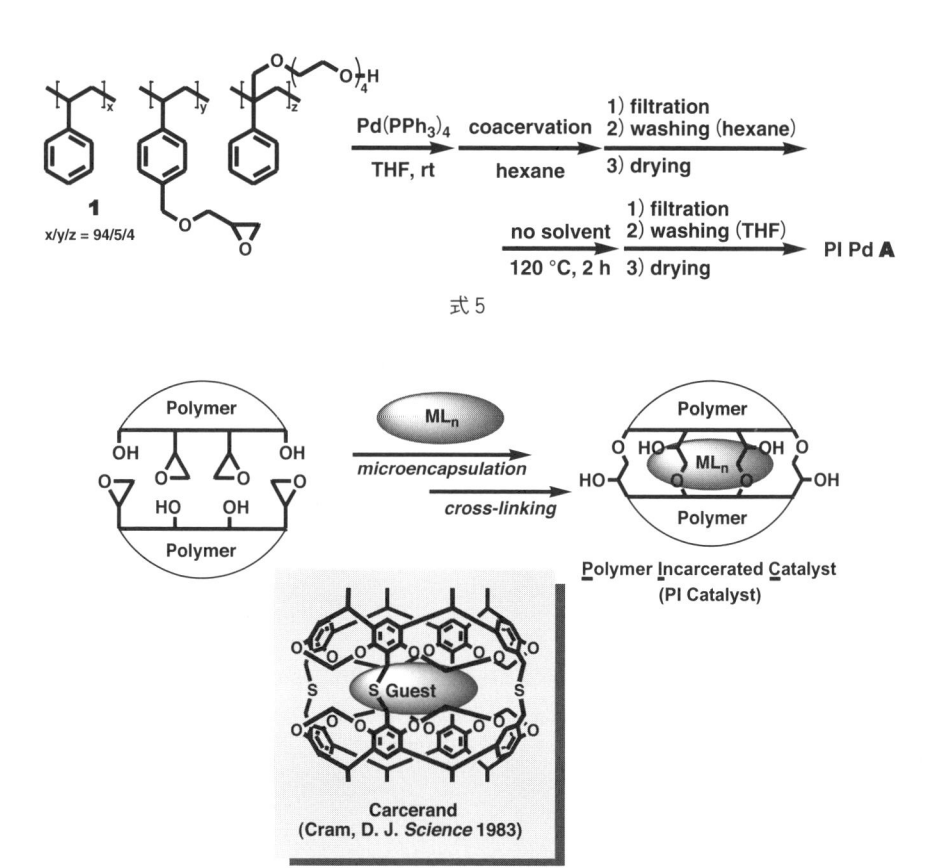

図2 高分子カルセランド型触媒

分子カルセランド型触媒（Polymer Incarcerated Catalyst : PI Catalyst）と命名した。

また興味深いことに，テトラキス（トリフェニルホスフィン）パラジウム（0）[Pd(PPh$_3$)$_4$] と高分子担体1よりPI Pd Aを調製した際，4当量のトリフェニルホスフィンオキシドがろ液より回収され，また得られたPI Pd Aのリン原子の固体NMR（^{31}P SR-MAS NMR）の測定を行ったところ，リン原子のピークは観測されなかった。さらに，光電子分光スペクトル（XPS）による触媒表面の元素分析においてもリン原子は観測されず，これらの結果より，得られた触媒においてパラジウムはホスフィンフリーの0価パラジウムとして高分子中に担持されていることが強く示唆された。これはマイクロカプセル化パラジウムは同様にPd(PPh$_3$)$_4$から調整した場合，ホスフィンが残存することから，これとは明らかに異なる結果であった。

このように新たな手法により調製された高分子カルセランド型パラジウム触媒（PI Pd A）は，ほとんどの溶媒に不溶であり，水素化反応やアリル位置換反応，更には鈴木–宮浦カップリング[13]において有効に機能し，マイクロカプセル化パラジウムでは使用できなかった溶媒を用いた場合でも，触媒の回収・再使用が可能になり，より実用性の高い触媒となった（式6）。

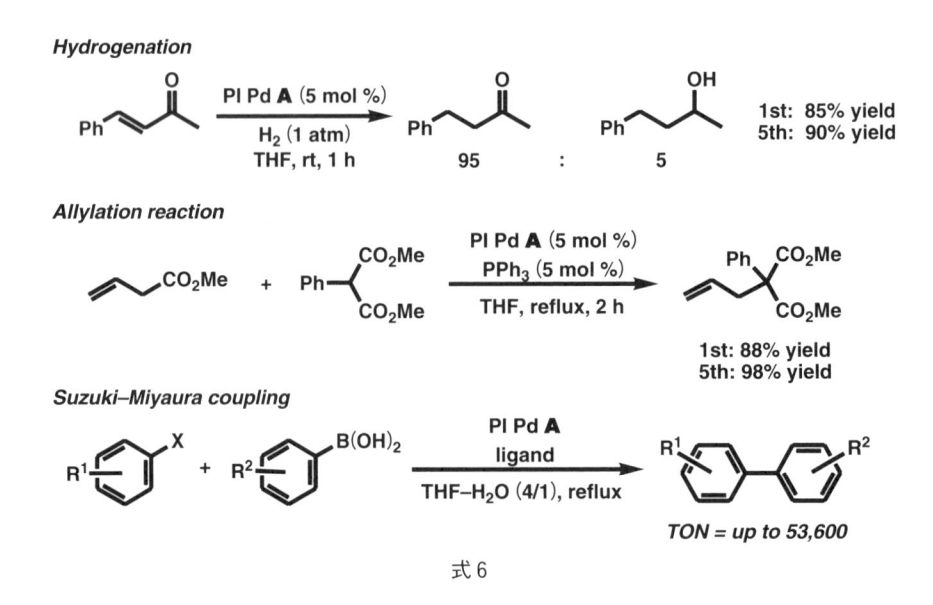

式6

3 アクリドン誘導体のライブラリー構築

天然物からのリード化合物の探索が年々困難になってきている医薬品開発の分野では，組み合わせを利用して多数の化合物を合成する「コンビナトリアル合成」を用いて膨大な化合物ライブラリーを構築し，その中からリード化合物を探す，もしくはその構造を最適化するなどの検討がなされている。さらに本手法は医薬品の分野に限らず，触媒や香料，金属錯体のリガンドのデザ

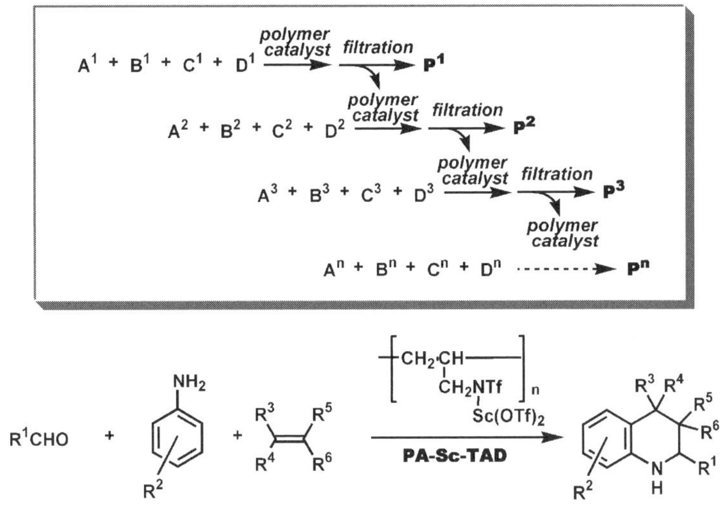

第1章　高分子カルセランド型触媒の開発と有機合成への展開

図3　4成分縮合反応

インや機能性材料の開発など幅広い応用が可能であり，極めて有用な手法と言える。

このような化合物ライブラリー構築のための方法論として筆者らは，固定化触媒と多成分縮合反応の組み合わせが有効であると考えた。図3に4成分縮合反応を例として，この方法の基本的なアイデアを示した。固定化触媒存在下，A^1, B^1, C^1, D^1 の4成分を同モルずつ反応させた場合，触媒や反応の最適化が十分なされていれば，反応をほぼ定量的に進行させることが可能であり，反応終了後，固定化触媒をろ別し，洗浄後，ろ液を濃縮し溶媒をすべて除けば，基本的にはほぼ純粋な4成分が縮合した生成物 P^1 が得られる。ろ別した固定化触媒はくり返し使用可能であり，全体の操作が簡便であるため，何バッチも並行して行える。あるいは機械化も容易であることが想定され，この方法と4成分の多様な組み合わせを利用すれば，diversity に富んだ化合物ライブラリーの構築が可能になるものと期待される。

これまでに我々のグループでは，このアイデアに基づく実際例として，新規高分子固定化スカンジウムトリフラート（Polyallylamine Scandium TrifylamideDitrifurate : PA-Sc-TAD）を用い，アルデヒド，アミン，アルケンの3成分縮合反応によるテトラヒドロキノリンライブラリーの構築法を開発している[14]。

そこで我々は PI Pd の有用性を示すべく，アクリドン誘導体の化合物ライブラリー構築を計画した[15]。

従来アクリドン誘導体は，2-ブロモ安息香酸とアニリンとの Ullmann カップリングの後，硫酸などの酸により閉環することで合成されるが，何れも過酷な条件を必要とする。

一方我々は，PI Pd A を触媒とするアミノ化反応により2-ブロモ安息香酸メチルとアニリンを

7

式7

カップリングさせ，エステルを加水分解した後，高分子固定化 Lewis 酸 4 によってアクリドン誘導体を合成した（式7）。

4 高温・高圧下での水素化反応

次に，高分子カルセランド型パラジウム触媒を高温・高圧下における水素化反応に適用するため，より耐久性の高い触媒を新たにデザインした。工業生産における水素化反応では，生産性の向上のためにある程度過酷な条件（高温・高圧）を適用する場合も少なくない。そこで高分子担体 5 から Pl Pd B を合成し（図4）[16]，種々の水素化反応に適用した。その結果，Pl Pd B は先に紹介した Pl Pd A に比べて高活性を有することが分かり，オレフィンの水素化だけでなく，ベンジルエーテルの切断，ニトロ基の還元，キノリンの芳香環の水素化などを室温，常圧条件下で円

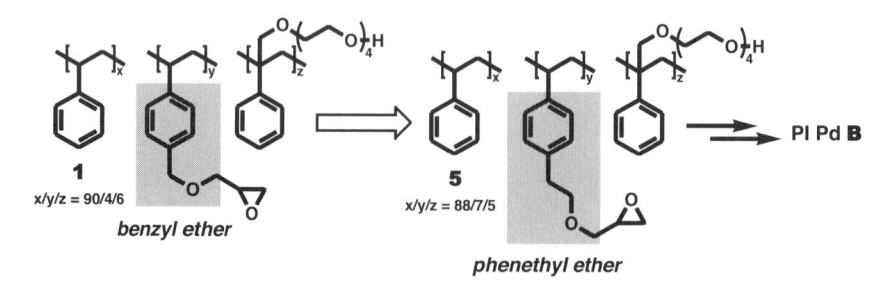

図4　Pl Pd B の合成

式8

滑に進行させることを見出した。また，高温・高圧下において，ナフタレンやフェナントレンなどの芳香環の還元が円滑に進行し，この条件でも触媒の回収・再使用が可能であることが明らかとなった。さらに，パラジウムを被毒することで知られる，窒素や硫黄原子を分子内に有する基質の水素化も円滑に進行し，PI Pd B が被毒に対しても耐性を示すことを明らかにした（式8）。

5　リン配位子含有 PI Pd の開発

パラジウム触媒を用いるカップリング反応では，しばしば3価のリン化合物が配位子として必要となる。そこで担体高分子にリン原子を含む PI Pd 触媒をデザイン・合成し，その触媒活性を検討した。その結果，鈴木−宮浦カップリングにおいて，従来の PI Pd 触媒では必要だった外部添加のリン配位子が不要となることを見出した（式9）[17]。さらに，リン原子の配位効果によりパラジウムの溶出が抑制され，触媒活性の低下を伴うことなく触媒の回収・再使用が可能であることを明らかにした。

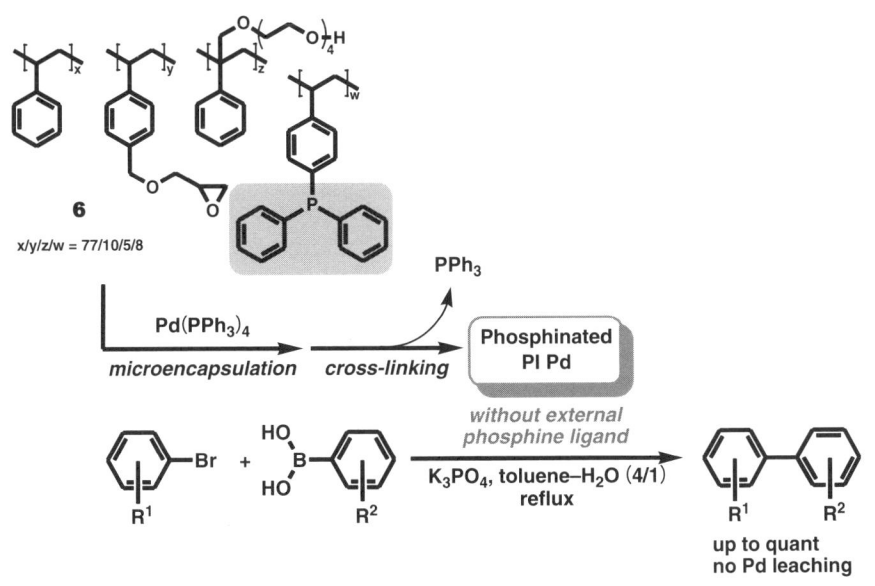

式9

従来の架橋型高分子固定化リン配位子を用いる手法では，金属クラスターは高分子表面のリン原子によってのみ安定化を受けるのに対し，本手法ではマイクロカプセル化法を用いるため，金属クラスターは高分子表面のみならず内部にも均一に分散し，リン原子の配位に加え，ベンゼン環の多点相互作用によってより安定化されていると考えられる。

また，本リン配位子含有 PI Pd 触媒は，アルキンを部分水添してアルケンを合成するための触媒としても有用である[18]。

6 アミドカルボニル化反応への応用

アルデヒド，アミド及び一酸化炭素から，カルボニル化反応によって N-アシル-α-アミノ酸を合成する，いわゆるアミドカルボニル化反応は，すべての原料が生成物である N-アシル-α-アミノ酸に取り込まれるアトムエコノミーの高い効率的な反応であり，これまでにコバルト[19]，パラジウム[20]及び白金[21]錯体を用いる例が報告されている。

しかしながらこれらの反応は，何れも高温・高圧条件下で行われるため，固定化触媒を用いた場合，金属の凝集や溶出が起こりやすい。そこで筆者らは，より効率的かつクリーンな反応系の実現を目指し，担体高分子にアミド構造を有する PI Pd 触媒をデザイン・合成し（図 5），アミドカルボニル化反応における触媒活性の評価を行った。その結果，金属の溶出を伴うことなく，種々の構造の N-アシル-α-アミノ酸が高収率にて得られた（式 10）[22]。

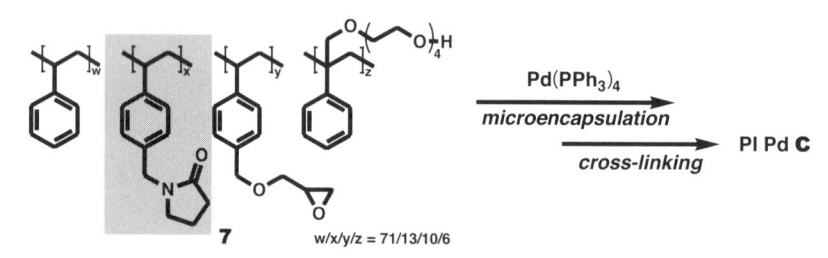

図 5 アミド構造を有する PI Pd 触媒の合成

式 10

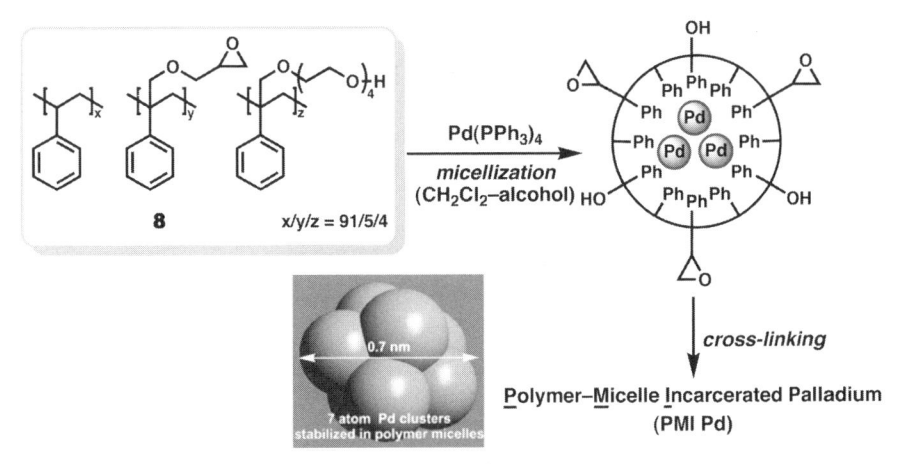

7　新規架橋高分子ミセル型パラジウム触媒の開発

一方，高分子カルセランド型パラジウム触媒を，溝呂木-Heck 反応に適用した際，配位性の極性溶媒を用いた場合に著しい金属の溶出が起こるという問題が生じた。この問題の解決策として我々は，固定化方法を根本的に改良することにした[23]。疎水性側鎖と親水性側鎖が高分子主鎖に対して完全に分離された両親媒性高分子担体 8 は，適当な極性溶媒を含む溶媒中で高分子ミセルを形成すると考えられる（図6）。このミセル溶液に極性の低い Pd(PPh$_3$)$_4$ が存在すると，パラジウムは高分子ミセル内に局在化し，これによって，極性溶媒中での反応においてもパラジウムの溶出が抑えられると考えた。また，高分子ミセルの内側で高分子による安定化を受けながら 0 価パラジウムが生成することで，クラスターが大きく成長するのを抑制できる可能性があり，触媒のさらなる高活性化も期待できる。実際，8 と疎水性の Pd(PPh$_3$)$_4$ とを，塩化メチレン-アルコール混合溶媒中で混合したところ，直径数百ナノメートルの球状ミセルが形成される様子が観察された。この時用いるアルコールの種類によって，ミセルの凝集度に差が生じた。すなわち，tert-アミルアルコールを用いた場合にはミセルの分散性が高く，引き続く加熱架橋により球状ミセルの形状及び大きさを維持した架橋高分子ミセル型パラジウムが得られたのに対し，メタノールを用いた場合，ミセルが凝集し析出物を与えた。この析出物をろ過後に加熱架橋したところ，直径数十ナノメートルの球状ないし棒状ミセルからなる 3 次元網目構造を有する架橋高分子ミセル型パラジウムが得られた。得られた PMI Pd がミセル性を有している事は，表面ヒドロキシル基の量を測定することにより確認し，またパラジウムがミセル内部（疎水性部分）に局在化していることが NMP を溶媒とする溝呂木-Heck 反応におけるパラジウムの溶出量の比較から示唆された。また PMI Pd は同反応において 5 回繰り返して使用しても活性が低下することはな

図6　架橋高分子ミセル型パラジウム触媒

$$\text{式 11}$$

R¹-C₆H₄-I + CH₂=CHR² →(PMI Pd, K₂CO₃ (2 eq.), NMP, 120 °C, 24 h)→ R¹-C₆H₄-CH=CH-R²

TON = up to 284,000

式 11

く，パラジウムの溶出も認められないことを明らかにした。

さらに，塩化メチレン-*tert*-アミルアルコールを溶媒に用いて得られる高分子ミセル型パラジウム触媒は，ミセル性及び触媒活性を維持したまま，ガラス，樹脂などの担体表面にコーティングできることを見出した。このとき用いる担体の量を相対的に増やすことで，パラジウムの担持量を極端に減ずることも可能となった。これにより，反応液中での触媒の拡散性が向上し，溝呂木–Heck 反応における触媒の TON は 28 万回に達した（式 11）。

ここで，さらに詳細に触媒構造を調べるため，X 線吸収微細構造（XAFS：X-Ray Absorption Fine Structure）分析を行った。その結果，架橋高分子ミセル型パラジウム触媒中でパラジウムは，金属状態（0 価パラジウム）のクラスターを形成しており，そのクラスターは粒径が平均 0.7 nm，平均 7 つのパラジウム原子によって構成されていることが明らかとなった。現在，世界中でナノサイズのパラジウム触媒の開発研究が活発に行われているが，本触媒は 1 ナノメートル以下の現段階で世界最小のクラスターであることが示された。また，高分子のベンゼン環とパラジウムの相互作用の存在を示す結果も得られ，高分子ミセルによりパラジウムが微小な状態で安定化されている機構が強く示唆された。

8 高分子カルセランド型ルテニウム触媒の開発

本手法はパラジウムのみならず様々な金属への応用が可能である。例えば，ジクロロトリス

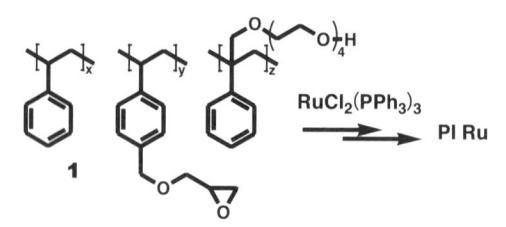

図 7 高分子カルセランド型ルテニウム触媒

R¹R²CH-OH →(PI Ru (5 mol %), NMO (2 eq.), MS 4A, acetone, 30 °C, 2 h)→ R¹R²C=O

up to quant

式 12

第1章　高分子カルセランド型触媒の開発と有機合成への展開

式 13

（トリフェニルホスフィン）ルテニウム（II）[RuCl$_2$(PPh$_3$)$_3$] と 1 を常法によってマイクロカプセル化及び加熱架橋した後，N-メチルモルホリンオキシド（NMO）による酸化処理を行って得られる PI Ru（図 7）は，MS 4 A 存在下，NMO を再酸化剤として様々なアルコールを対応するアルデヒド，ケトンに効率的に酸化できる（式 12）[24]。さらに興味深いことに，いくつかの基質においては均一系触媒を上回る結果も得られた。

また，PI Ru はアルコールのみならず，スルフィドやアルキンの酸化にも適用可能であることも見出した（式 13）。

さらに，PI Ru をフローシステムに適用した。フローシステムは従来のガラス容器内で行うバッチ反応とは異なり，固定化触媒あるいは固定化反応剤をカラムなどに充填し，そこに基質あるいは反応剤を連続的に流すため，高濃度の触媒存在下反応を行うことができ，高い触媒回転数

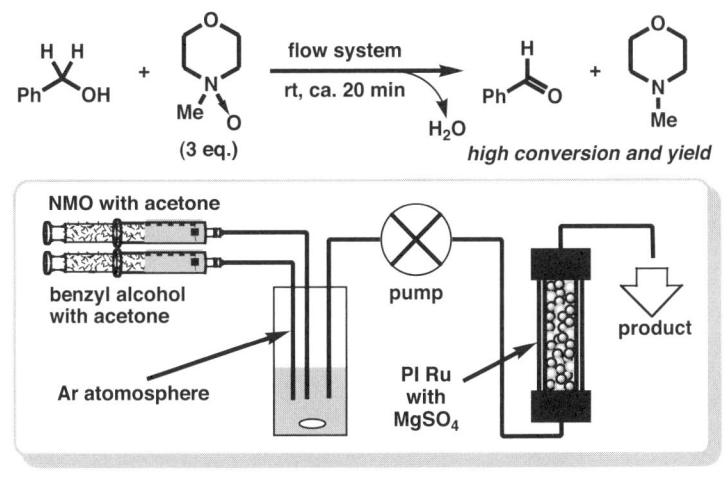

図 8　PI Ru のフローシステムの応用

が期待できる。また触媒が基質と接する時間が非常に短いので，基質や生成物による触媒の失活を防ぐことができ，スケールアップ合成も従来のバッチ反応と比べ容易であるなどの利点も有する。

実際 PI Ru と硫酸マグネシウムをカラムに充填し，そこにベンジルアルコールと NMO のアセトン溶液を連続的に流したところ，約20分でカラムを通過した原料は，ほぼ定量的に目的物へと変換された（図8）。また，8時間以上の連続使用においても触媒活性は低下せず，金属の溶出も確認されなかった。

9　新規架橋高分子ミセル型スカンジウム触媒ならびにルテニウム触媒の開発

両親媒性高分子からミセルを形成させる際に，溶媒組成を代えることで親水性基をミセル内部に持つ高分子逆ミセルが形成できる。この性質を利用したところ，Lewis 酸であるスカンジウムトリフラート［Sc(OTf)$_3$］を架橋高分子ミセル型触媒とすることができた（図9）[25]。本触媒においては，金属塩とポリマーミセル内部の酸素原子との相互作用が触媒固定に重要な役割を果たしていると推定されている。得られた PMI Sc(OTf)$_3$ はマイクロカプセル化スカンジウムトリフラート［MC　Sc(OTf)$_3$］では用いることのできなかった様々な溶媒中，広範な炭素-炭素結合形成反応を効率的に触媒し，いずれの反応においても金属の溶出は観測されなかった（式14）。

さらに本手法は，先に述べたルテニウム触媒にも適用することができた。得られた PMI Ru は前述した PI Ru に比べ高い触媒活性を有し，スルフィドのスルホンへの酸化反応に対して高い触媒能を示した（式15）[26]。触媒の SEM による観察から，PMI Ru は高度な3次元網目構造を有していることが明らかとなり，広い表面積を持つことで PI Ru よりも高い活性が得られたものと考察した。

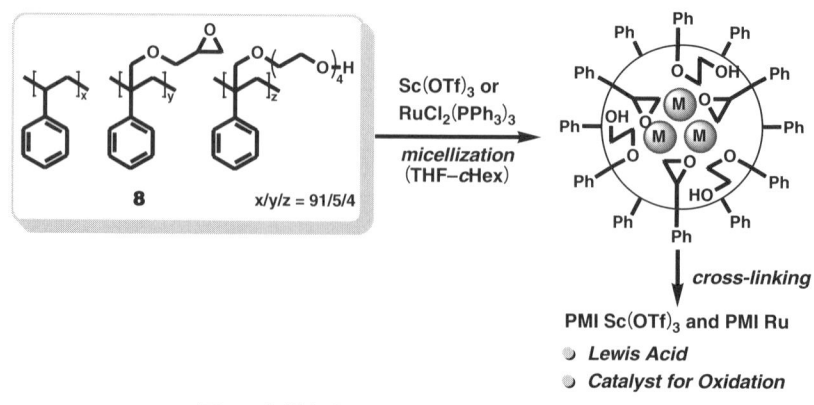

図9　架橋高分子ミセル型スカンジウム触媒

式 14

式 15

10 還元条件下での固定化の検討

PI Pd 触媒及び PMI Pd 触媒を製造する際，当初はパラジウム源として $Pd(PPh_3)_4$ を使用していたが，より安価なパラジウム（II）塩を原料とする製造方法を開発した（図10）[27]。また，本手法ではリン原子を含まないパラジウム源を使用することから，水添反応の触媒毒となるリン原子の混入の可能性を排除できる。これらの触媒は溝呂木–Heck 反応，鈴木–宮浦カップリングにおいても高活性，高い基質一般性を示した。

11 高分子カルセランド型白金触媒の開発

パラジウムでの知見を基に，高分子カルセランド型白金触媒の開発を行った（図11）。白金源として０価白金を使用して配位子交換で担持する方法[28]，また白金（IV）塩を使用して還元剤の共存下で担持する方法[29]のいずれからもナノサイズ白金クラスターを担持した PI Pt 触媒が得られ，それぞれヒドロシリル化反応（式16），ピリジニウム塩の水素化反応（式17）において高い

Two Strategies for the Polymer Incarcerated Method

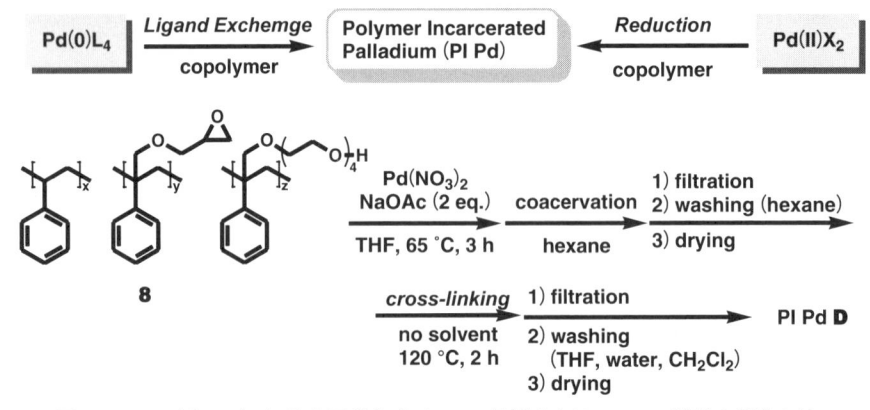

図10 パラジウム（II）塩を原料とするPI Pd触媒またはPMI Pd触媒の製造方法

図11 高分子カルセランド型白金触媒

式16

式17

触媒活性を示した。

12 高分子カルセランド型金触媒の開発

先に述べたPI Ru及びPMI Ruを触媒とする酸化反応は，目的の反応が円滑に進行するものの，化学量論以上の有機再酸化剤が必要であり，アトムエコノミーの点で問題を残していた。そ

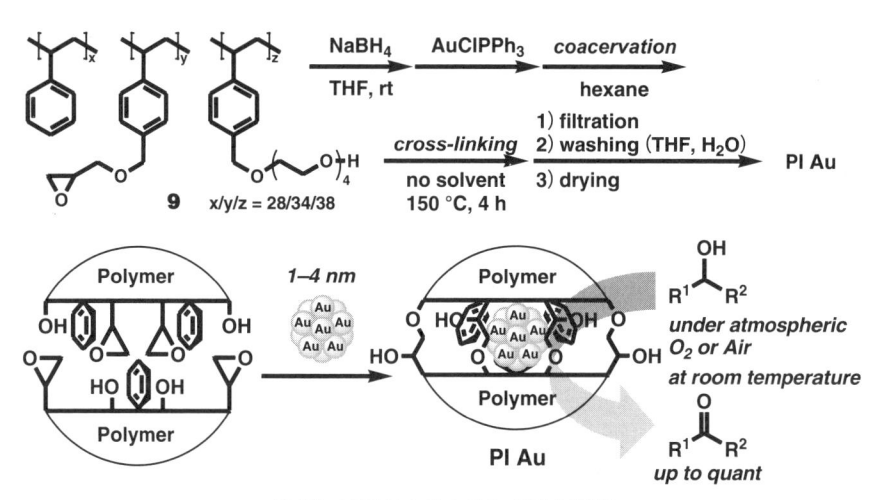

第1章　高分子カルセランド型触媒の開発と有機合成への展開

図12　高分子カルセランド型金触媒

こでさらに効率的な反応を実現すべく，他の金属源として金に着目した。金のナノクラスターは酸素分子を吸着，活性化する性質を有し，これを高分子上に安定に固定することができれば有機再酸化剤を必要としない，酸素による酸化が可能となる。種々検討を行った結果，疎水的な塩化金（I）トリフェニルホスフィン錯体を金塩として用いると，ポリスチレン存在下還元的に形成したナノクラスターが安定化され，1 nm台の微小クラスターが内包されることを見出した。これは疎水的な金塩を用いた場合，ポリマーのベンゼン環の近傍でクラスター形成が行われ，ベンゼン環の多点相互作用による安定化が受け易くなったためと推定される。この結果をもとに，高分子 9 を用いて高分子カルセランド型金触媒の調製を行った（図12）。得られた PI Au 触媒はナノサイズ金クラスターを含有し，大気圧，室温条件下，空気又は酸素によるアルコールのカルボニル化合物への酸化反応において高い触媒活性を示した[30]。

13　マイクロリアクターへの応用

マイクロチャネルリアクターは，ミクロンサイズの深さと幅のチャネルを有する反応容器であり，比界面積が非常に大きいことからフラスコ中における撹拌よりも効率の良い撹拌を機械的な操作なしに実現することが可能である。そこで我々は，マイクロチャネルリアクターを用いる触媒的多相系（気-液-固体）フロー反応に着目した。先に述べたガラス表面に高分子ミセル型パラジウム触媒をコーティングする方法を利用することで，マイクロチャネルリアクター内壁に効率的に触媒を固定できることを見出した[31]。

そこで得られたマイクロチャネルリアクターを用いて図13に示す反応システムを組み，種々の水素化反応を検討した。その結果，各相の流量をコントロールすることによって，液相が触媒

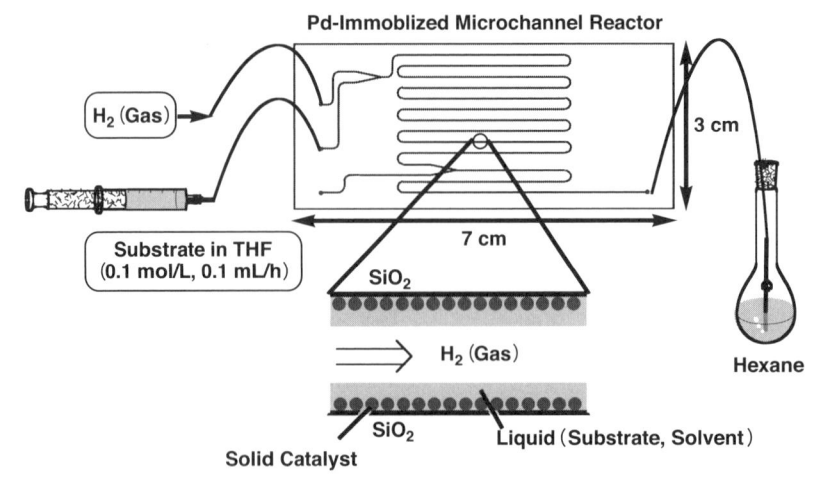

図13 マイクロチャネルリアクターへの応用

の存在するチャネル壁に沿って流れ，気相がチャネル中心を流れる，いわゆるパイプフローが実現でき，反応は2分以内という極めて短時間で完結することが明らかとなった。このように効率の高い反応システムが構築された理由として，架橋高分子ミセル型パラジウム触媒が優れた触媒活性を有しているのに加えて，マイクロチャネル内において各相（気-液-固体）間の接触面積が格段に大きくなることによって，極めて有効な反応場が形成されたと考察した。

また本マイクロチャネルリアクターは，超臨界二酸化炭素を溶媒とする水素化反応にも適用可能である。本手法ではさらに基質の平均滞在時間が短縮され，1秒未満という短時間で反応が完結していることが明らかとなった[32]。

さらに我々は，マイクロチップの代わりにより安価で省スペース化を可能にするキャピラリーカラムをマイクロチャネルリアクターとして用いる検討を行った[33]。実際，パラジウム固定化キャピラリーを複数本，並行に束ねて固定化したものを用いることによって，水素化反応において高い空間-時間収率が達成できた。

14 ポリシラン担持遷移金属触媒の開発

一方ごく最近，我々は新たな合成高分子担体としてポリシランに着目した（図14）。これまでのポリスチレンを担体としたマイクロカプセル化触媒あるいは高分子カルセランド型触媒では，主として金属原子の空軌道とポリスチレンのベンゼン環のπ軌道との相互作用により金属クラスターを担持している。一方，ポリシランはケイ素原子が繋がった主鎖を持ち，これらは共役したσ結合を有することから，側鎖に芳香環を持つポリシランでは遷移金属クラスターがベンゼン環

第1章 高分子カルセランド型触媒の開発と有機合成への展開

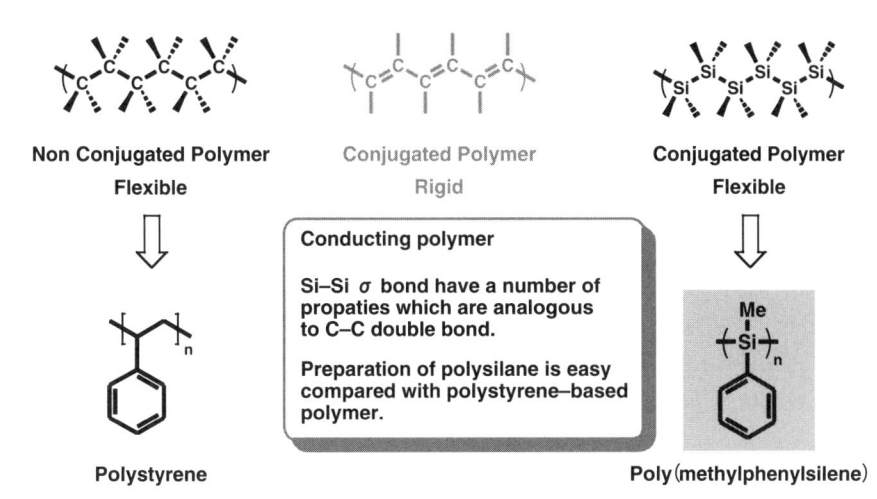

Non Conjugated Polymer
Flexible

Conjugated Polymer
Rigid

Conjugated Polymer
Flexible

Polystyrene

Conducting polymer

Si–Si σ bond have a number of propaties which are analogous to C–C double bond.

Preparation of polysilane is easy compared with polystyrene–based polymer.

Poly(methylphenylsilene)

図14 ポリシラン担持遷移金属触媒

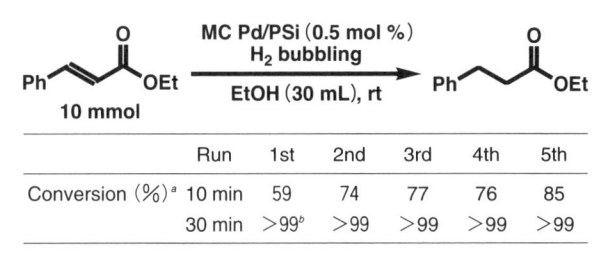

	Run	1st	2nd	3rd	4th	5th
Conversion (%)[a] 10 min		59	74	77	76	85
30 min		>99[b]	>99	>99	>99	>99

[a] Determined by GC analysis.
[b] Pd leaching ＜0.031％ by ICP analysis.

式18

のπ軌道と主鎖のσ軌道の両方の相互作用により担持され，ユニークな触媒活性が期待できる。そこでマイクロカプセル化法によるポリ（メチルフェニルシラン）へのパラジウムクラスターの担持を検討した。その結果，マイクロカプセル化ポリシラン担持パラジウム触媒（MC Pd/PSi）が得られ，水素化反応において高い触媒活性を示した（式18）[34]。また，ポリシランが加熱や紫外線照射により架橋する性質を利用して，MC Pd/PSi から架橋体である PI Pd/PSi を合成し，このものが鈴木-宮浦カップリング，薗頭反応，溝呂木-Heck 反応に有用であることを明らかにした。

15 おわりに

以上，ごく最近我々が行った金属触媒の新規固定化法（高分子カルセランド法）の開発と，それらの触媒を用いる様々な有機合成反応について紹介した。本手法は新たなコンセプトに基づく合成高分子とマイクロカプセル化法を用いる触媒固定のサイエンスを基礎として，様々な用途に

応用可能な技術へ展開したものである。今後、化学と環境の共生の実現に向け、これらの固定化触媒が工業生産で広く実用化されることを祈念して筆を置く。

文　献

1) Anastas, P. T., Warner, J. C., "Green Chemistry : Theory and Practice", Oxford University Press, New York (1998). Anastas, P. T., Kirchhoff, M. M., *Acc. Chem. Res.*, **35**, 686 (2002)；「グリーンケミストリー」，御園生誠，村橋俊一編，講談社サイエンティフィック(2001)
2) "Handbook of Heterogeneous Catalysis, Vol. 5", Ertl, G., Knötzinger, H., Weitkamp, J., Eds., Verlag Chemie, Weinheim (1997)
3) Parshall, G. W., Ittle, S. D., "Homogeneous Catalysis", Wiley, New York (1992); "Applied Homogeneous Catalysis by Organometallic Complexes", Cornils, B., Herrmann, W. A., Eds., Verlag Chemie, Weinheim (1996)
4) Kobayashi, S., Akiyama, R., *Chem. Commun.*, 449 (2003); Ishida, T., Akiyama, R., Kobayashi, S., *Adv. Synth. Catal.*, **345**, 576 (2003); Ishida, T., Akiyama, R., Kobayashi, S., *Adv. Synth. Catal.*, **347**, 1189 (2005)
5) Saladino, R., Neri, V., Pelliccia, A. R., Caminiti, R., Sadun, C., *J. Org. Chem.*, **67**, 1323 (2002)
6) Lattanzi, A., Leadbeater, N. E., *Org. Lett.*, **4**, 1519 (2002)
7) Gibson, S. E., Swamy, V. M., *Adv. Synth. Catal.*, **344**, 619 (2002)
8) Kantam, M. L., Kabita, B., Neeraja, V., Haritha, Y., Chaudhuri, M. K., Dehury, S. K., *Tetrahedron Lett.*, **44**, 9029 (2003)
9) Choudary, B. M., Sridhar, C., Sateesh, M., Sreedhar, B., *J. Mol. Catal. A: Chem.*, **212**, 237 (2004)
10) Naik, R., Joshi, P., Deshpande, R. K., *Catal. Commun.*, **5**, 195 (2004)
11) Akiyama, R., Kobayashi, S., *J. Am. Chem. Soc.*, **125**, 3412 (2003)
12) Cram, D. J., *Science*, **219**, 1177 (1983); Cram, D. J., *Nature*, **356**, 29 (1992)
13) Okamoto, K., Akiyama, R., Kobayashi, S., *Org. Lett.*, **6**, 1987 (2004)
14) Kobayashi, S., Nagayama, S.：*J. Am. Chem., Soc.*, **118**, 8977 (1996)
15) Okamoto, K., Akiyama, R., Kobayahsi, S., *J. Org. Chem.*, **69**, 2871 (2004)
16) Nishio, R., Sugiura, M., Kobayashim S., *Org. Lett.*, **7**, 4831 (2005)
17) Nishio, R., Sugiura, M., Kobayashim S., *Org. Biomol. Chem.*, **4**, 992 (2006)
18) Wakamatsu, H., Uda, J., Yamakami, N., *J. Chem. Soc., Chem. Commun.*, 1540 (1971)
19) Beller, M., Eckert, M., Vollmüller, F., Bogdanovic, S., Geissler, H., *Angew. Chem. Int. Ed.*, **36** 1494 (1997)
20) Sagae, T., Sugiura, M., Hagio, H., Kobayashi, S., *Chem. Lett.*, 160 (2003)
21) Akiyama, R., Sagae, T., Sugiura, M., Kobayashi, S., *J. Organomet. Chem.*, **689**, 3806 (2004)
22) Okamoto, K., Akiyama, R., Yoshida, H., Yoshida, T., Kobayashi, S., *J. Am. Chem. Soc.*, **127**,

2125 (2005)
23) Kobayashi, S., Miyamura, H., Akiyama, R., Ishida, T., *J. Am. Chem. Soc.,* **127**, 9251 (2005)
24) Takeuchi, M., Akiyama, R., Kobayashi, S., *J. Am. Chem. Soc.,* **127**, 13096 (2005)
25) Miyamura, H., Akiyama, R., Ishida, T., Matsubara, R., Takeuchi, M., Kobayashi, S., *Tetrahedron,* **61**, 12177 (2005)
26) Hagio, H., Sugiura, M., Kobayashi, S., *Org. Lett.,* **8**, 375 (2006)
27) Hagio, H., Sugiura, M., Kobayashi, S., *Synlett,* 813 (2005)
28) Miyazaki, H., Hagio, H., Kobayashi, S., Org. *Biomol. Chem.,* **4**, 2529 (2006)
29) Miyamura, H., Matsubara, R., Miyazaki, Y., Kobayashi, S., *Angew. Chem. Int. Ed.,* in press.
30) Kobayashi, J., Mori, Y., Okamoto, K., Akiyama, R., Ueno, M., Kitamura, T., Kobayashi, S., *Science,* **304**, 1305 (2004)
31) Kobayashi, J., Mori, Y., Kobayashi, S., *Chem. Commun.,* 2587 (2005)
32) Kobayashi, J., Mori, Y., Kobayashi, S., *Adv. Synth. Catal.,* **347**, 1889 (2005)
33) Oyamada, H., Akiyama, R., Hagio, H., Naito, T., Kobayashi, S., *Chem. Commun.,* 4297 (2006)

第2章 両親媒性高分子触媒を用いる水中での有機合成

魚住泰広*

1 はじめに

「環境にも人にも優しく,高い効率と選択性を持って,望みとする物質を安全に,簡便に,迅速に,自在に創り出す」ことは化学反応の理想であり,化学者に課せられた命題である。20世紀において分子レベルでの精緻な触媒設計・開発,特に反応活性中心に焦点を絞った分子設計は大きな成果を挙げ,高い選択性や多彩な反応性を示す分子性触媒(均一系触媒)が開発されてきた。一方で固定化触媒は,その実用性の高さゆえに古くから有機合成に利用されてきたが分子レベルでの精緻な触媒設計はなされておらず,反応の精密制御(例えば立体選択性など)には適していなかった。分子性触媒が発現する高度な機能を損なうことなく,水中で不均一条件下で機能する高活性有機合成触媒を創製できたならば,それら触媒工程は上述の命題に対する解答となろう[1,2]。

「水と油」と比喩されるように,両者は互いに混じりあわない性質を持っている。有機分子は基本的に「油」であり,水中での有機分子変換は一見では矛盾をはらんだ挑戦に見える。本当にそうであろうか? 実際に多くの有機分子変換反応はフラスコの中で原料基質を有機溶剤に溶解した状態で実践されてきた。しかし有機分子の源泉は生命であることを思い出してほしい。フラスコ反応が試みられる以前,太古の昔から生命は水系の反応場で酵素触媒による有機分子変換を行なってきたではないか!

酵素触媒の反応駆動の仕組みを考えてみよう。酵素の反応活性中心は多くの場合遷移金属錯体触媒が組み込まれている。その活性中心はタンパクという高分子に担持され,タンパクが形成する疎水的なポケットの中で有機分子変換反応が行なわれる。タンパクはアミノ酸のポリマーであり,親水的なアミド結合と疎水的なアルキル側鎖のくり返し構造を持つ両親媒性(水にも油にも馴染む性質)高分子と言える。人工の両親媒性高分子に遷移金属錯体触媒を組み入れることができれば,酵素のような水中での有機分子変換触媒が実現できるであろう。

本稿では筆者らが開発してきた両親媒性高分子担持遷移金属触媒の中から,特にパラジウム触

---

* Yasuhiro Uozumi 分子科学研究所 錯体触媒研究部門 教授

第2章 両親媒性高分子触媒を用いる水中での有機合成

媒を中心に紹介する。

2 両親媒性高分子担持遷移金属錯体触媒の開発

2.1 錯体触媒の高分子担持[3]

両親媒性高分子であるポリスチレン-ポリエチレングリコール共重合体レジン（以下 PS–PEG と略す）はペプチドの固相合成などの利用目的で開発されてきた。筆者らは PS–PEG に配位性官能基を導入し、さらには遷移金属種を配位性官能基との錯体形成反応によって組み入れることで、水中機能性不溶高分子錯体触媒を得た。すなわち末端に一級アミノ基を有する PS–PEG–NH_2 レジン（直径 100 ミクロン程度の高分子ビーズ）にトリアリールホスフィンカルボン酸 1 を縮合し共有結合（アミド結合）で固定化した高分子担持ホスフィン 2 を調製した。高分子ホスフィン 2 にパラジウム種 3 を反応させると、速やかに錯体形成が進行し目的とする両親媒性高分子 Pd 錯体 4 を定量的な収率で与えた。また配位子の形状や、パラジウム源となる前駆体金属種を替えることで図1に示した両親媒性高分子錯体 5–7 も各々効率良く調製することができた。

2.2 アリル位置換反応

これら高分子担持錯体を従来均一系錯体触媒で実施されてきた代表的な反応に水中で適用し、完全水系メディア中での触媒機能を確認した。最初に辻反応として知られるアリル位置換反応への適用を紹介する（図2上）[4]。酢酸アリルエステル 8 とマロン酸ジエチル 9 を 2 mol% Pd 相当の高分子触媒 4 存在下、炭酸カリウム水溶液中で 25 ℃にて振り混ぜたところ期待する置換生成物 10 が 94 %の単離収率で得られた。通常のパラジウム-トリアリールホスフィン錯体は全く水溶性に乏しく同条件では反応を触媒しないし、水溶性に富むトリアリールホスフィンスルホネートを利用した水中での同反応は高分子触媒 4 を利用する上述反応と比較して著しく低い反応性（同じ温度、塩基条件では機能せず）を示すのみである。

ビーズ状の高分子触媒 4 は濾過により簡単に反応系外に分離でき、またその回収触媒は触媒活性の低下を伴うことなく再利用可能であった。従来の均一系錯体触媒では、アリル位置換反応に供する前にマロン酸エステルの活性メチレン（酸性プロトン）を有機媒体中にて無水条件下強塩基によってイオン化しておくことが本変換反応の常道であることを合わせて考慮すると、本水中反応工程の簡便性、安全性、環境調和性、高反応性は議論を待たないであろう。

2.3 雨宿り効果

期待していた完全水系メディア中での触媒機能が確認され、さらには高い反応性が獲得された

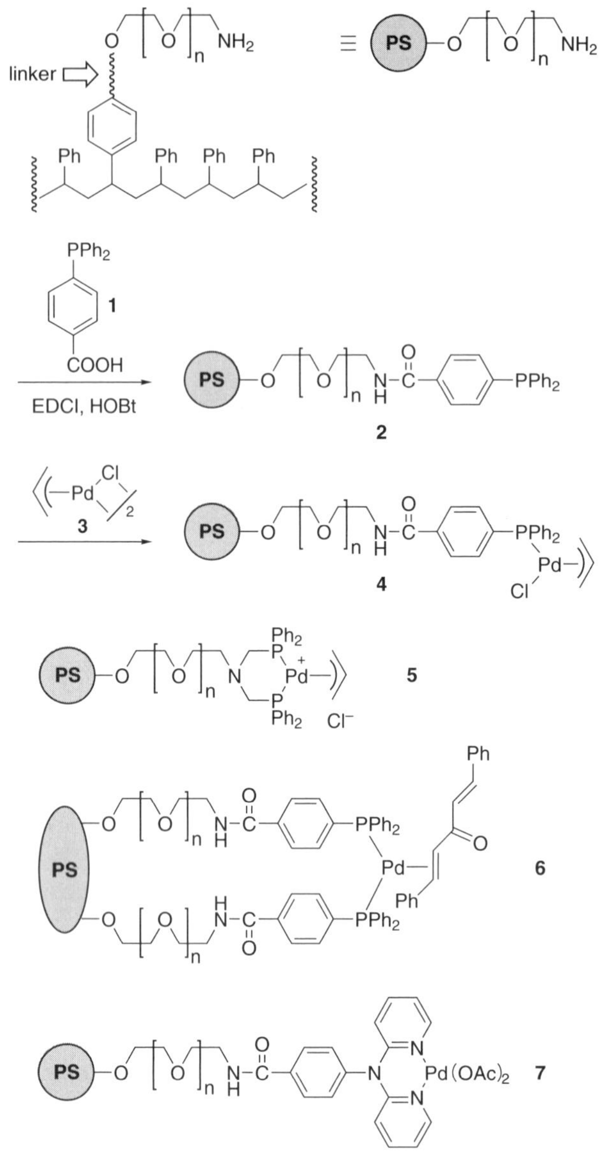

図1 両親媒性 PS–PEG 担持ホスフィン–Pd 錯体

　鍵となるトリックを，われわれは次のように解釈している（図2下）。すなわち，完全水系メディア中では有機基質であるアリルエステル **8** は反応媒体に溶解できないため，系内で最も疎水性の高いポリスチレン内に拡散する。ポリスチレンとしては1％程度の低いジビニルベンゼン架橋のものを選択しており，この高分子の編み目はいわば「ゆるゆる」の状態にあり十分に有機基質を抱え込めるゲル状有機媒体と言い替えることもできる。この高分子マトリクス内には反応を司る遷移金属錯体触媒が事前に組み込まれているため，疎水性相互作用によって自発的に高濃度に集

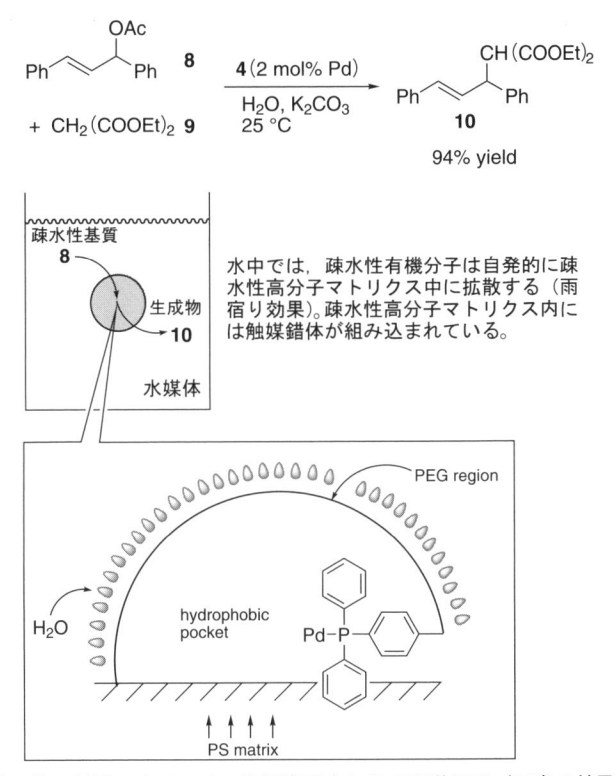

第2章 両親媒性高分子触媒を用いる水中での有機合成

図2 水中不均一触媒によるアリル位置換反応とその駆動原理（雨宿り効果）の概念図

合したアリルエステルは速やかにパラジウムと反応しπ-アリルパラジウム中間体となる。一方、マロン酸エステルは塩基性水溶液中でイオン化し、さらにポリエチレングリコール（クラウンエーテルが鎖状に開いたものとも言える）をインターフェイスとして高分子マトリクス内のπ-アリルパラジウム中間体と反応し目的生成物10を与える。つまり、水中でこそ発現する疎水性相互作用による自発的分子集合が、水－有機物－固体高分子という3重の不均一系での高い反応性の鍵と考えられる。

筆者らは疎水性分子が疎水性反応場に自発集合するこのコンセプトを「雨宿り効果」と呼んでいる。

2.4 その他のPd, Rh錯体触媒反応

所期の戦略が奏功し水中不均一条件下での効率的な錯体触媒工程を実現できた。鍵となる「雨宿り効果」は先述のアリル位置換反応に特化したものではなく、広範な反応駆動原理となりうる。我々が同様のコンセプトによって開発した全ての水中触媒工程のバリエーションを示すには紙面が足りないが、図3に水中高分子触媒工程の代表例を示すとともに、以下に特筆すべき点を

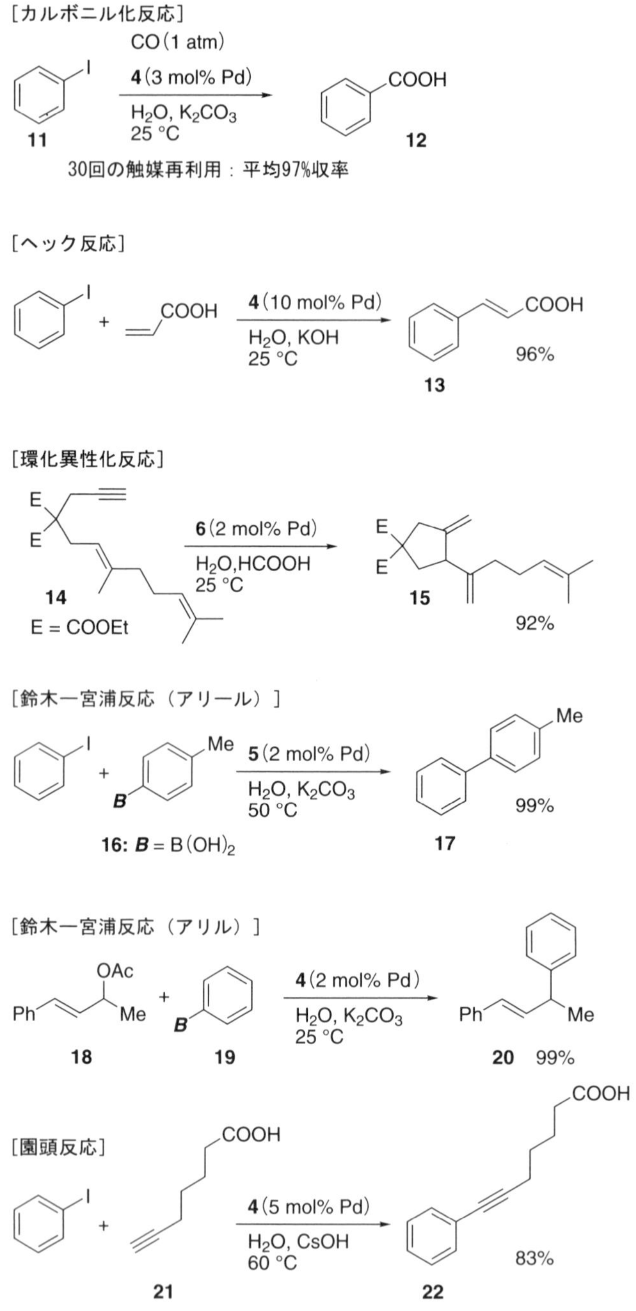

図3 高分子Pd錯体による代表的水中触媒反応

記す。

　カルボニル化反応（一酸化炭素挿入反応）[5]：Pd触媒（**4**：3 mol% Pd）による安息香酸類の合成。反応系は気体（一酸化炭素）−水−有機物（油）−固体（高分子触媒）の4相からなる。反

第2章 両親媒性高分子触媒を用いる水中での有機合成

応進行とともに生成物は速やかに塩基性水系メディアに抽出され，濾過による触媒除去と，得られた濾液（水性）の中和によって目的物が単離される。触媒ビーズは何度でも回収再利用が可能であり，我々は30回の回収再利用において平均97％の収率を得た。

ヘック反応[6]：Pd 触媒（**4**：5-10 mol% Pd）によるスチレン誘導体の合成。カルボニル化反応と同様に中間体のパラジウム-炭素結合への挿入反応（ここではオレフィンの挿入）が鍵となる。

環化異性化反応[7]：Pd 触媒（**6**：2 mol% Pd）を利用する三重結合へのヒドロパラデーション－分子内ヘック反応を経る環化プロセス，原子効率100％。触媒ビーズを濾過によって回収，超臨界二酸化炭素で生成物を抽出する。回収した触媒ビーズとともに濾液（ギ酸水溶液）も再利用される。

鈴木-宮浦カップリング[8]：Pd 触媒（**4** or **5**：2 mol% Pd）によるアリール（あるいはビニル）ハライドとアリール（あるいはビニル）ホウ酸試薬の交差カップリング反応。特に一般性が高く，ハイスループット合成（HTS）に適用可能。100通り以上の組み合わせカップリングにおいて＞94％収率＞97％純度（クロマトグラフ処理無し）を確認している。第三者グループによって再現性と低 Pd 溶出が立証されている。

鈴木-宮浦カップリング（アリル位）：Pd 触媒（**4**：1-2 mol% Pd）によるアリルエステル基質とアリール（あるいはビニル）ホウ酸試薬のπ-アリルパラジウム中間体を経るカップリング反応。一般に，アリル位求核置換反応と比較して反応性が低いため，π-アリルパラジウム中間体からのβ-水素脱離によるジエン生成が致命的な副反応（むしろ優先する）である。モノホスフィン錯体 **4** の創製・利用と「雨宿り効果」による高活性な触媒システムによって効率良く実現された。

園頭反応[9]：アリール（あるいはビニル）ハライドと末端アルキンの Pd 触媒（**4**：1-2 mol% Pd）による交差カップリング反応。通常は共触媒として銅塩の存在が必須。「雨宿り効果」による高活性な触媒システムによって銅塩非存在化でのカップリングが実現。

その他，同様に PS-PEG に固定化されたロジウム錯体も幾つかの代表的なロジウム触媒反応を水中で進行させる[10]。アルキン環化三量化：両親媒性高分子 PS-PEG 担持ロジウム錯体触媒による芳香環合成。ヒドロホルミル化：オレフィン基質と合成ガス（一酸化炭素／水素混合ガス）との Rh 触媒付加反応によるアルデヒド合成。宮浦マイケル反応：アリールホウ酸試薬によるエノン類へのアリール基の1,4-付加反応。PS-PEG 担持 Rh 触媒によって水中で円滑に進行。宮浦マイケル反応は，その後，Hayashi らによって PS-PEG 担持 BINAP を利用した水中不斉触媒へと展開されている。

3 両親媒性高分子担持遷移金属ナノ触媒の開発

　金属ナノ粒子はその名のとおりナノサイズの粒径をもつ金属の微細な粒である。バルク金属表面と原子金属の境界に位置付けられ，その広大な表面積から高い触媒活性が獲得できるのみならず，ナノサイズ領域特有の新規・特異な活性が期待できる。ナノサイズの金属粒子は単体としては不安定であり（自己集合化など），取扱い上では高分子や溶媒によって保護されていることが通常である。水中での有機分子変換を実施する反応場としての両親媒性高分子のマトリクス内にナノ金属粒子を埋め込むことができれば，「雨宿り効果」による高い反応活性発現とナノ金属粒子特有の高活性・新反応性を相乗的に利用する新しい水中ナノ金属触媒工程が実現できるであろう。不均一系ゆえの回収再利用性はいうまでもない。

3.1　PS–PEG 分散ナノ Pd 触媒：ARP-Pd[11]

　両親媒性 PS–PEG 内にビスピリジン型の配位子を導入し，酢酸パラジウムとの錯体形成によって安定な二価錯体 7 を調製する。高分子錯体 7 を水中でベンジルアルコールで扱うと二価 Pd は還元され低原子価 Pd となるとともに解離平衡化で凝集，析出を経て高分子内に分散したナノ粒子 23（Amphiphilic Resin–Dispersion of Particles：ARP と略す）を与える。いわば高校で学ぶ銀鏡反応の Pd 版を高分子マトリクス内で実施したわけである。ここでも「雨宿り効果」が発揮され，(ア) 疎水性の高いベンジルアルコールは高分子内に効率良く取り込まれ，(イ) 中性の低原子価 Pd は水中に漏出することなく高分子内でナノ粒子化する，ことによって水中での金属粒子のコロイド化や用いたガラス反応容器内壁への Pd 鏡の付着は全く見られない。

　得られた PS–PEG 分散型 Pd ナノ粒子（ARP-Pd, 23）はアルコール類の酸素酸化や芳香族クロリドの脱クロロ化水素化反応を触媒した（図 4；酸素酸化反応は後述）。芳香族クロリド構造は PCB やダイオキシンなど毒性物質の基本骨格に含まれており，そのクロリド基を除去すれば毒

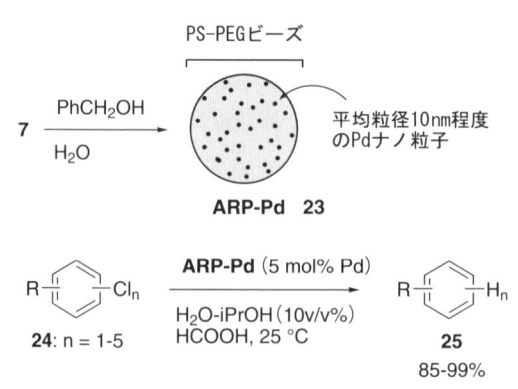

図 4　両親媒性 PS–PEG 担持 Pd ナノ粒子触媒

第2章　両親媒性高分子触媒を用いる水中での有機合成

性は大幅に低減されることが知られている。ARP–Pd は芳香族クロリド 24 の水中（イソプロピルアルコールを共溶媒として使用）でのギ酸による還元的脱クロロ化を触媒することが見い出された。ヒドリド還元剤や水素ガスによらないギ酸による水系不均一触媒反応システムは，汚染水にギ酸を加えて触媒カラムを通すフロー系での解毒化システムに繋がり得る。

3.2　PS–PEG 分散ナノ Pt 触媒：ARP–Pt[12]

　アルコール類の酸化反応は有機分子変換の根幹的工程でありながらも今なお未成熟のプロセスである。実際，教科書的にはクロム酸酸化と DMSO 酸化が酸化工程の代表的反応となっている。毒性の高い重金属を化学量論的に用いたり（当然化学量論的な廃棄重金属が共生成する），厳密な反応制御を要する上に異臭を伴う DMS を共生成するこれら反応が理想の化学変換から懸け離れたものであることは明白である。近年，Pd 触媒によるアルコール類の酸素酸化システムが報告されつつある。中でも完全水系メディアでの触媒的酸素酸化を実現した Sheldon らの成果や高い触媒活性を示す Kaneda らの報告は注目に値する[13]。筆者らも 2003 年に先述の ARP–Pd 23 の水中機能と酸化還元機能を利用し，完全水系不均一条件下でのアルコール類の触媒的酸素酸化の先駆的成果を報告している。しかし，論文には首尾よく進行した反応例を列挙するものの，実際には基質適用範囲に制限があったり，触媒活性が十分では無いことを報告者本人である筆者は認識していた。白金（Pt）はその酸化還元電位で見る限り Pd よりもアルコール酸化における高活性が期待できる。実際に白金触媒によるアルコール類の酸素酸化（接触酸化）は古くから検討報告例が知られてきた。その一方で白金の接触酸化反応は発火・爆発などの危険を伴うことも周知であり，それゆえ白金触媒接触酸化は古典的でありながら置き去りにされてきた触媒系であった。発火・爆発の危険を原理的に回避できる完全水系での触媒駆動を自家薬籠中のものとした我々は，両親媒性高分子分散 Pt ナノ粒子 ARP–Pt を創製するならば安全かつ活性良好なアルコール酸素酸化触媒に繋がると考え，懸案であった ARP–Pd の活性や適用範囲の根本的改善をめざした。

　PS–PEG–NH$_2$ を Zeise 塩と反応させ高分子 Pt 錯体 26 とし，これをベンジルアルコールで還元することで ARP–Pt 27 が得られた（図 5）。ARP–Pt 27 は予想通り水中でのアルコール酸素酸化を円滑に触媒し，ベンジル，アリルなどの活性型アルコールのみならず，環状脂肪族ならびに鎖状脂肪族アルコール 28，30 の酸素酸化を達成することができた。さらには反応活性は下がるものの空気による酸化をも実現する。白金金属の水中への溶出も無く（ICP 発光分析による）回収再利用も簡便に実施できる。お銚子の中にアルコールと触媒ビーズを入れ燗をつければ対応するカルボニル化合物が得られる日も夢ではない。

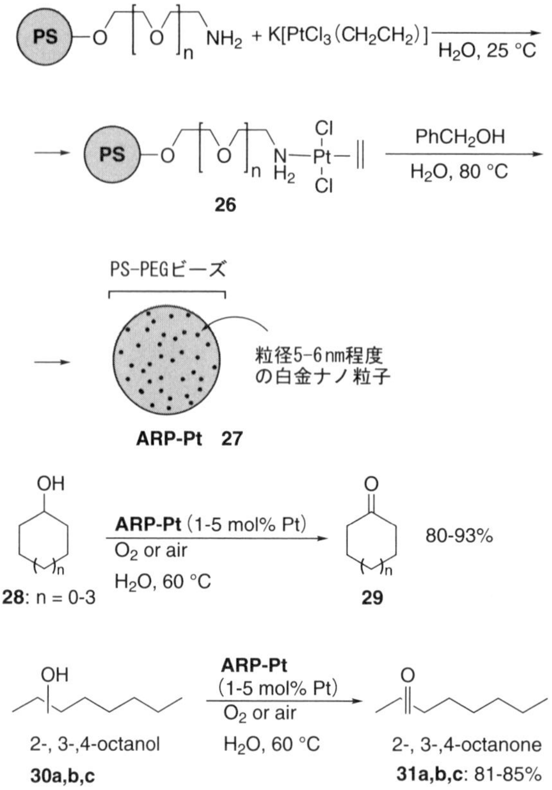

図 5 両親媒性 PS-PEG 担持白金ナノ粒子触媒

3.3 ヴィオロゲン分散ナノ Pd 触媒：ARP-Pd-V[14]

　白金族（Pd, Pt）ナノ粒子触媒の酸化還元反応における活性から，筆者らはアルコールをアルキル化剤としたケトンのα位アルキル化反応を計画した（図7）。すなわち等モル量のアルコールとケトンを白金族ナノ粒子触媒の反応条件に附すならば，アルコールは系中で触媒的にアルデヒドに酸化される。アルコール酸化工程は，2価金属（MX_2）のアニオン性配位子のアルコールとの配位子交換による金属アルコキシド生成（HX 発生）と，引き続き起こる金属アルコキシド中間体からのβ-ヒドリド脱離により進行し金属ヒドリド（H-MX）を与えると予想される。反応を塩基性条件で執行するならば，生成したアルデヒドはケトン基質との交差アルドール縮合によってアルドールを与え，さらに脱水的にエノンが生成するであろう。脱水的アルドール縮合工程は原理的に平衡反応であるが，事前に系中で発生していた金属ヒドリド H-PdX がエノンに付加し，さらに HX によってプロトン化を受けるならば反応は不可逆となり，目的のアルキル化生成物が与えられる，と考えた。種々の金属ナノ粒子を用いて本計画工程を試みたところ，ヴィオロゲン（Viologen）型高分子に分散した Pd ナノ粒子 ARP-Pd-V **34**（図 6）が最も良い結

第2章　両親媒性高分子触媒を用いる水中での有機合成

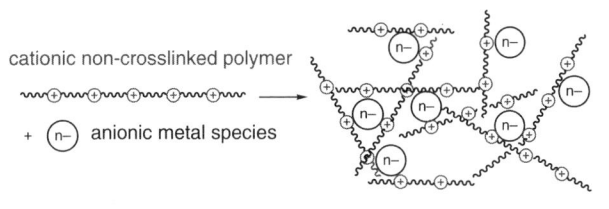

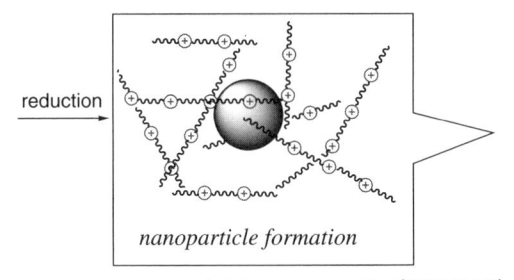

図6　ヴィオロゲン担持ナノ金属粒子触媒の調製：コンセプトと実施例

果を与えた。代表的な結果を図7に示す。ベンジル型の酸化に対して活性なアルコール類のみならず単純な鎖状アルコールも十分にアルキル化剤として利用できる。白金族ナノ粒子のアルコール酸素酸化触媒としての機能が活かされた結果である。

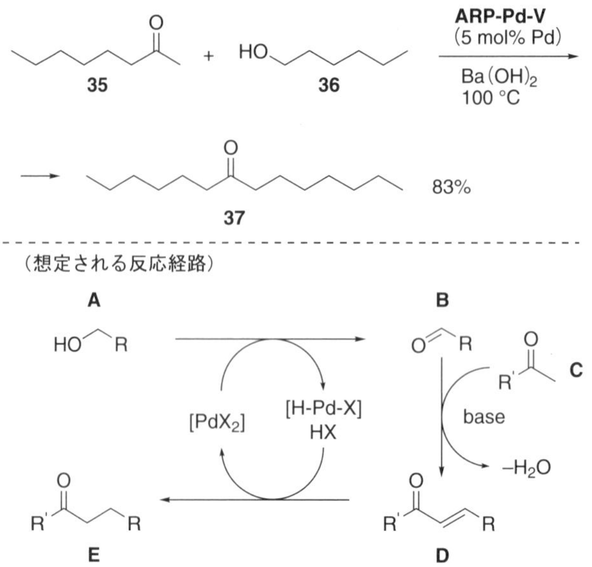

図7 アルコールによるケトンの α-アルキル化

4 両親媒性高分子担持不斉錯体触媒の開発

ここまでに筆者らは両親媒性高分子担体を触媒固定相かつ疎水性反応場として利用する「雨宿り効果」を一貫した反応駆動概念として多様な有機分子変換触媒反応を水中不均一条件下で実現してきた。次なる標的としては「水中不均一不斉触媒」である。本章では不斉ホスフィン–Pd 錯体触媒を利用した触媒的不斉アリル位置換反応を中心に幾つかの水中不均一不成工程を紹介する。

4.1 PS–PEG 担持不斉 Pd 触媒：コンビナトリアル・アプローチ[15]

水中での不斉触媒開発への取り組みを開始した当初，我々は固相合成の利点の一つであるコンビナトリアル合成アプローチによる不斉ホスフィン配位子のライブラリー構築を経て目的不斉工程に適した不斉リガンドの探索を企画した。実際にはスプリット－プール法と呼ばれる手法を利用して図 8，9 に示した不斉リガンド（Aa–Lg）を構成メンバーとするライブラリーを構築し，基質 8 に対する不斉求核置換反応を試みた。その結果，図に示した 38 Cg–Pd 錯体によってほぼ定量的な化学収率と 90 % ee の立体選択性で目的の置換生成物 40 を得ることができた。

水中不均一不斉触媒としては十分な成果とも言えるが，しかし我々が望んでいた触媒性能には遠く及ばない。基質 8 に対する活性メチレン（あるいはメチン）化合物の不斉求核置換反応は均一系不斉触媒研究において最もよく検討がなされている反応であり，既に 90 % ee 以上の選択性

第2章　両親媒性高分子触媒を用いる水中での有機合成

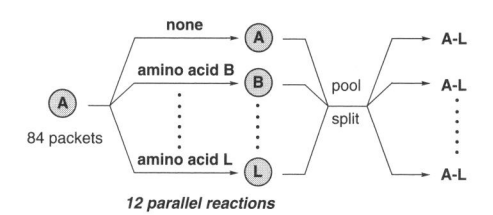

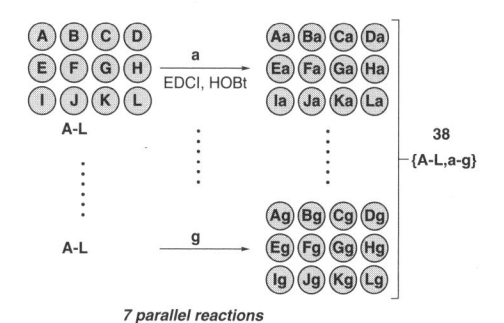

図8　固相担持不斉配位子ライブラリーの調製概要

図9　ライブラリー多様化ユニット一覧

図10　コンビナトリアル・アプローチによる不斉触媒の開発

図11　PS–PEG担持不斉イミダゾインドール・ホスフィン配位子

を与える均一触媒系の報告は100を越えるほどである。そして，そのような多くの研究報告例があるにも関わらず，この反応基質は合成的に有効な応用に極めて乏しい。我々は「水中不均一不斉触媒としては」という限定的な言い訳を要しない触媒系を，つまり均一系不斉触媒と比較しても十分な優位性があり，また合成的な潜在的有用性に富む水中不均一触媒を目指していた。

4.2 PS-PEG担持不斉Pd触媒：イミダゾインドールホスフィン

上述研究と平行して，筆者らは独自の不斉ユニット開発の過程で新たに開発した光学活性ピロロイミダゾロンが有効な不斉誘起能を有することを見い出していた[16]。この骨格の構造多様性から，同骨格へのホスフィノ官能基導入と高分子担体への固定化の容易さに気付いた。そこでこのピロロイミダゾロンを基礎として両親媒性PS-PEG高分子固定化イミダゾインドールホスフィン 41 に到達した[17]。我々は本不斉触媒開発研究開始当時，均一系触媒を用いてさえ90％eeを越える選択性発現の先例が3例しかなかった環状アリルエステル類ラセミ混合物の活性メチレンによる不斉求核置換反応に同ホスフィン-Pd錯体 42 を適用した（図12）。その結果，喜ばしいことに90-99％eeの立体選択性が達成された。均一系でさえ困難な不斉分子変換を水中不均一で実現したのである。

この触媒系は窒素求核剤[18]，酸素求核剤[19]にも適用可能であり，図12に示したいずれの組み合わせにおいても90％eeを越える立体選択性を実現する。さらには有機溶剤中塩基性条件下で

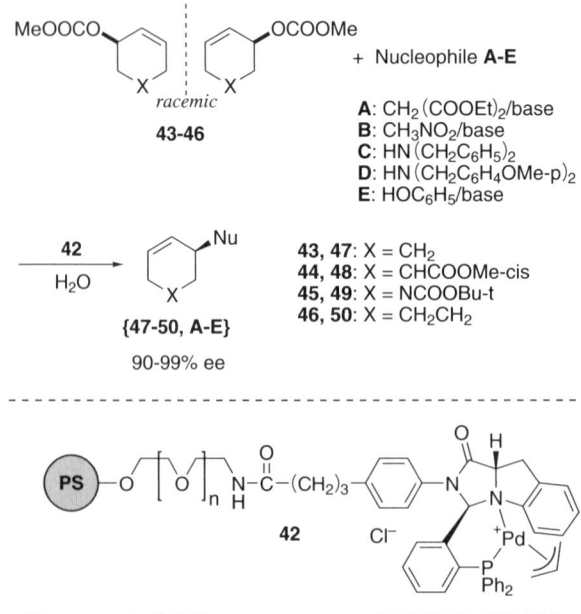

図12 ラセミ体環状アリルエステルの触媒的不斉置換反応

は，その爆発性ゆえに利用が困難なニトロメタン（求核剤B）を用いた場合にも水中反応であるがゆえに全く問題なく安全に反応実施が可能であり[20]，目的のニトロメチル化生成物を高い鏡像異性体過剰率で得ることができた。

PS-PEG担持不斉イミダゾインドールホスフィン–Pd錯体触媒を用いて全く同じ触媒工程を有機溶剤中で実施した場合，これら不斉変換触媒工程は全く進行しない。ここでも前述の「雨宿り効果」が反応駆動を司っていると考えられる。本稿では紹介しきれないものの，我々は同様の反応駆動概念に則ってMOP，boxaxなど独自に開発した不斉配位子を中心に水中不均一触媒への展開を報告している[21]。また我々の研究を追って林（BINAP配位子），Trost（Trost配位子）らをはじめとする幾つかの研究グループからも各々PS-PEG担持の不斉錯体触媒の開発報告がある。特に林らは水中不均一でのRh触媒マイケル付加反応を実現している[22]。これらの報告からもPS-PEG高分子が不斉触媒を含む各種錯体触媒の固定化におけるスタンダード担体の一つとして確立されたものと考えている。

4.3 水中不均一条件下での多段階不斉合成[23]

本稿の最後にこれまで述べてきた「雨宿り効果」による反応駆動力を共通の基本概念とする反応を組み合わせることによる，多段階分子変換の可能性について紹介する。

すなわち，種々のテルペノイドの基本骨格でもあるヒドリンダン骨格を有する化合物53の立体選択的合成を図13に示す経路に従って全て水中で不均一条件で，そして用いた触媒・試薬を回収再利用しつつ実現した。第一工程はラセミ体環状アリルエステルの不斉アルキル化，第二工

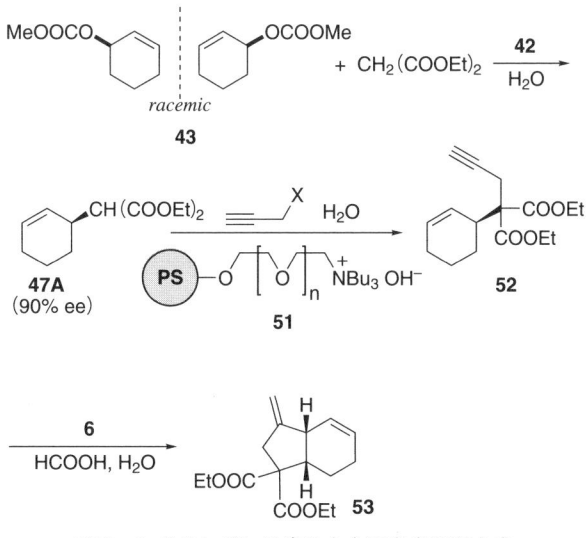

図13 ヒドリンダン骨格の水中不斉多段階合成

程は活性メチンのプロパルギル化，最終工程はプロパルギル化生成物である 1,6-エンインの環化異性化である。

第一工程は前項で述べたように，PS-PEG 担持不斉イミダゾインドールホスフィン–Pd 錯体触媒 42 を用いた 43 とマロン酸エステルとの反応で 90 % ee の選択性で実現し，簡単な濾過操作で回収可能な触媒高分子ビーズは数回の再利用実験においても活性，立体選択性を損なうことはなかった。得られた 47 A をプロパルギルハライドと反応させる第二工程は PS-PEG 担持 4 級アンモニウムヒドロキシド 51 を塩基とすることで[24]，目的プロパルギル化が水中不均一で定量的に進行した。この工程は化学量論的な反応であるが，回収されたアンモニウムハライドは KOH 水溶液で洗浄するのみで再生可能であり数回の再利用を実施している。最終工程は先述の Pd 触媒環化異性化工程を利用し，触媒 6 を用いて達成された。

5　結語

以上，筆者らの研究成果に基づいて，水中不均一での有機変換反応の開発研究について述べてきた。望みとする化合物を効率良く得るための分子レベルでの触媒設計・開発の重要性は言をまたず，事実 20 世紀から現在に至るまで，そして将来的にも，その研究開発は先端化・究極化の方向を歩み，そして多くの成果を生み出すであろう。しかし 21 世紀においては，さらに反応のシステム全体（媒体，装置，接触界面，形状，などなど）のシナジスティックな効果による反応駆動が（生命化学現象がそうであるように）大きな役割を担うのではないだろうか？　また環境調和型化学プロセスに対する社会要請が高まる現在において，その要請に対する対象療法ではない根本からの解答を化学者は提出する責務があろう。水中不均一触媒は理想の化学工程を実現させる解答の 1 つとなり得るだろう。複雑な天然物合成や，有用化学物質の大量合成が水中不均一で実施される日も決して夢ではないだろう。

最後に，本稿で示した筆者らの成果は引用文献に記した者をはじめとする多くの共同研究者の献身的創造的な努力と創意の結晶である。この場をかりてそれら共同研究者の方々に厚く御礼を申し上げたい。また各反応，各化合物の先行報告例などについては引用文献からの孫引きにてあたってほしい。

第 2 章　両親媒性高分子触媒を用いる水中での有機合成

文　　献

1) 水中有機分子変換に関する総説：(a) C.-J. Li, T.-H. Chan, "Organic Reactions in Aqueous Media" Wiley-VCH: New York (1997). (b) P. A. Grieco, P. A. "Organic Synthesis in Water" Kluwer Academic Publishers: Dordrecht (1997). (c) W. A. Herrmann, C. W. Kohlpaintner, *Angew. Chem., Int. Ed. Engl.*, **32**, 1524 (1993)
2) 高分子担体を利用する有機分子変換に関する総説：(a) S. J. Shuttleworth, S. M. Allin, P. K. Sharma, *Synthesis,* 1217 (1997). (b) S. J. Shuttleworth, S. M. Allin, R. D. Wilson, D. Nasturica, *Synthesis*, 1035 (2000). (c) F. Z. Dörwald, "Organic Synthesis on Solid Phase" Wiley-VCH: Weinheim (2000). (d) S. V. Ley, I. R. Baxendale, R. N. Bream, P. S. Jackson, A. G. Leach, D. A. Longbottom, M. Nesi, J. S. Scott, R. I. Storer, S. J. Taylor, *J. Chem. Soc., Perkin Trans. 1*, 3815 (2000). (e) N. E. Leadbeater, M. Marco, *Chem. Rev.*, **102**, 3217 (2002). (f) C. A. McNamara, M. J. Dixon, M. Bradley, *Chem. Rev.*, **102**, 3275 (2002). (g) T. Frenzel, W. Solodenko, A. Kirschning, "Polymeric Materials in Organic Synthesis and Catalysis" (Ed.: Buchmeiser, M. R.), 201, Wiley-VCH, Weinheim, (2003). (h) N. E. Leadbeater, *Chem. Commun.*, 2881 (2005). (i) L. Bai, J.-X. Wang, *Curr. Org. Chem.*, **9**, 535 (2005). (j) K. C. Nicolaou, P. G. Bulger, D. Sarlah, *Angew. Chem. Int. Ed.*, **44**, 4442 (2005)
3) 高分子固定化 Pd 触媒に関する総説：(a) Y. Uozumi, *J. Synth. Org. Chem. Jpn.*, **60**, 1063 (2002). (b) Y. Uozumi, *Top. Curr. Chem.*, **242**, 77 (2004)
4) (a) Y. Uozumi, H. Danjo, T. Hayashi, *Tetrahedron Lett.*, **38**, 3557 (1997). (b) H. Danjo, D. Tanaka, T. Hayashi, Y. Uozumi, *Tetrahedron*, **55**, 14341 (1999). (c) Y. Uozumi, T. Suzuka, R. Kawade, H. Taknaka, *Synlett*, 2109 (2006)
5) Y. Uozumi, T. Watanabe, *J. Org. Chem.*, **64**, 6921 (1999)
6) Y. Uozumi, T. Kimura, *Synlett*, 2045 (2002)
7) (a) Y. Nakai, Y. Uozumi, *Org. Lett.*, **7**, 291 (2005). (b) Y. Nakai, T. Kimura, Y. Uozumi, *Synlett*, 3065 (2006)
8) (a) Y. Uozumi, H. Danjo, T. Hayashi, *J. Org. Chem.*, **64**, 3384 (1999). (b) Y. Uozumi, Y. Nakai, *Org. Lett.*, **4**, 2997 (2002). (b) Y. Uozumi, M. Kikuchi, *Synlett*, 1775 (2005)
9) Y. Uozumi, Y. Kobayashi, *Heterocycles*, **59**, 71 (2003)
10) Y. Uozumi, M. Nakazono, *Adv. Synth. Catal.*, **344**, 274 (2002)
11) (a) Y. Uozumi, R. Nakao, *Angew. Chem., Int. Ed.*, **42**, 194 (2003). (b) R. Nakao, H. Rhee, Y. Uozumi, *Org. Lett.*, **7**, 163 (2005). (c) Y. Uozumi, R. Nakao, H. Rhee, *J. Organomet. Chem.*, **692**, 420 (2007)
12) Y. M. A. Yamada, T. Arakawa, H. Hocke, Y. Uozumi, *Angew. Chem., Int. Ed.*, **46**, 704 (2007)
13) 環境調和型アルコール酸素酸化触媒の最近の報告：K. Mori, T. Hara, (a) T. Mizugaki, K. Ebitani, K. Kaneda, *J. Am. Chem. Soc.*, **126**, 10657-10666 (2004). (b) G.-J. ten Brink, I. W. C. E. Arends, R. A. Sheldon, *Science*, **287**, 1636-1639 (2000). (c) G.-J. ten Brink, I. W. C. E. Arends, M. Hoogenraad, G. Verspui, R. A. Sheldon, *Adv. Synth. Catal.*, **345**, 1341 (2003). (d) A. Abad, P. Concepción, A. Corma, H. García, *Angew. Chem. Int. Ed.*, **44**, 4066-4069 (2005)

14) Y. M. A. Yamada, Y. Uozumi, *Org. Lett.*, **8**, 1375 (2006)
15) (a) Y. Uozumi, H. Danjo, T. Hayashi, *Tetrahedron Lett.*, **39**, 8303 (1998). (b) Y. Kobayashi, D. Tanaka, H. Danjo, Y. Uozumi, *Adv. Synth. Catal..* **348**, 1561 (2006)
16) (a) Y. Uozumi, K. Mizutani, S.-I. Nagai, *Tetrahedron Lett.*, **42**, 407 (2001). (b) Y. Uozumi, K. Yasoshima, T. Miyachi, S.-I. Nagai, *Tetrahedron Lett.*, **42**, 411 (2001). (c) K. Shibatomi, Y. Uozumi, *Tetrahedron Asymmetry*, **13**, 1769 (2002)
17) Y. Uozumi, K. Shibatomi, *J. Am. Chem. Soc.*, **123**, 2919 (2001)
18) Y. Uozumi, H. Tanaka, K. Shibatomi, *Org. Lett.*, **6**, 281 (2004)
19) Y. Uozumi, M. Kimura, *Tetrahedron: Asymmetry*, **17**, 161 (2006)
20) Y. Uozumi, T. Suzuka, *J. Org. Chem.*, **71**, 8644 (2006)
21) (a) H. Hocke, Y. Uozumi, *Synlett*, 2049 (2002). (b) H. Hocke, Y. Uozumi, *Tetrahedron*, **59**, 619 (2003). (c) H. Heiko, Y. Uozumi, *Tetrahedron*, **60**, 9297 (2004)
22) 幾つかの PS-PEG 担持不斉配位子：(a) Y. Otomaru, T. Senda, T. Hayashi, *Org. Lett.*, **6**, 3357 (2004). (b) B. M. Trost, Z. Pan, J. Zambrano, C. Kujat, *Angew. Chem. Int. Ed. Engl.*, **41**, 4691 (2002). (c) K. Hallman, C. Moberg, *Tetrahedron Asymmetry*, **12**, 1475 (2001). (d) M. Glos, O. Reiser, *Org. Lett.*, **2**, 2045 (2000)
23) Y. Nakai, Y. Uozumi, *Org. Lett.* **7**, 291 (2005)
24) K. Shibatomi, T. Nakahashi, Y. Uozumi, *Synlett*, 1643 (2000)

第3章　高分子固定化触媒を用いるオレフィンのヒドロホルミル化

野崎京子[*]

1　はじめに

　現在，生活に必要なさまざまな化合物の合成に，触媒反応は不可欠な手法となった。中でも構造の明確な均一系触媒（いわゆる分子触媒）は活性中心の構造が明確であり，反応機構の理解が容易なため，不均一系触媒（複数の活性サイトをもつ固体触媒）に比較して，より論理的な触媒設計が可能であるという利点をもつ。一方で触媒が反応系に均一に溶けているため，生成物からの触媒除去が困難である。例えば蒸留操作で生成物を単離するためには，大量のコストとエネルギーが必要である。また，加熱条件での生成物の分離精製操作で触媒が失活すると，触媒を再利用できない。これら，分離精製プロセスが問題となり，均一系触媒反応が工業的に用いられる例は，固体触媒に比べて少ないのが現状である。

　触媒を容易に分離するためには，触媒と生成物が別個の相に存在する必要がある。固-液，液-液，固-気，液-気など様々な2相系が考えられ，それぞれに対して多くのアプローチが展開されている。その一つの手法として，固-液2相系を用い，金属錯体触媒が液相に遊離しないよう固相に担持する研究がおこなわれてきた。均一系触媒の一部に基部を設けて担体に共有結合させる方法である。例えば，最も一般的な配位子の一つであるトリフェニルホスフィンをポリスチレンに担持し，その金属錯体を触媒として利用する研究は1970年代からおこなわれている[1]。

　1990年代になって，このような触媒分離技術が，にわかに脚光を浴びた。「固定化触媒のルネッサンス」である。筆者は持続可能な社会の構築を目指す「グリーンケミストリー」の台頭がその背景にあると考えている。均一系触媒や有機合成試薬の回収・再利用は，経済性・実用性の観点からだけでなく，省資源・省エネルギーの点からも重要な課題として再認識された[2,3]。

　本章では，筆者が取り組んで来たオキソ反応（オレフィンのヒドロホルミル化）について，均一系触媒の分離，回収，再利用に関する最近の研究例をいくつか紹介する。オキソ反応は，オレフィンに水素と一酸化炭素を付加させてアルデヒドを得る反応である（式1）。特に，末端オレフィンから直鎖アルデヒドを得る反応が工業的には需要が高い。基質のオレフィンが気体または

---

[*]　Kyoko Nozaki　東京大学大学院　工学系研究科　化学生命工学専攻　教授

液体(場合によっては固体)であり,水素と一酸化炭素が気体であるため,固相に担持した触媒を用いる場合には,気-固2相系,または気-液-固3相系の反応となり,これらの相間の物質移動をいかにスムーズにおこなうかが鍵となる。ここではシリカゲルなどの無機固体担体,液-液2相系など,関連する多くの研究との比較の中で,高分子担持触媒について述べる。

式1

2　固相担持による気-液-固3相系または気-固2相系

高分子担持されたロジウムホスフィン錯体を用いるオレフィンのヒドロホルミル化は,1975年に初めて報告された[4]。Ph_2PCH_2基が結合したポリスチレンを用いる方法である。最近になって,均一系で高い機能を示す触媒を,固定によって回収・再利用する試みが数多く報告されている。例えば,Xantphos(**1**)は,一般に用いられる他の2座リン配位子に比べて挟み角(bite angle＝リン-金属-リンのなす角度)が広いという特徴をもつ。この配位子を用いると直鎖アルデヒド選択性が高いことが知られている。Xantphos(**1**)にトリアルコキシシリル基を結合させると(**2**

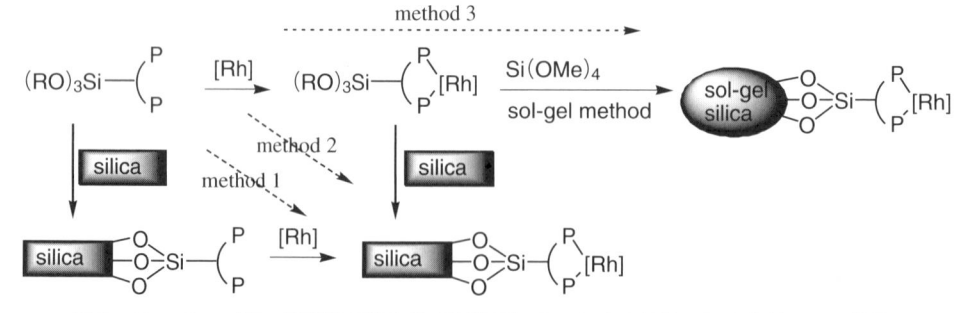

図1　Xantphos(高い直鎖選択性を示す配位子)のロジウム錯体のシリカゲルへの担持

第3章 高分子固定化触媒を用いるオレフィンのヒドロホルミル化

または**3**)、この部分でシリカゲルに担持できる（図1）[5~9]。以下に示す三つの調製法が試みられた。［方法1］配位子の状態でシリカゲルに結合させ、その後ロジウムと錯形成させる方法、［方法2］先に錯形成させてからシリカゲルに結合させる方法、［方法3］錯体とテトラアルコキシシランを反応させ、ゾルゲル法でシリカゲルを形成させる方法。こうして得られたそれぞれの錯体をバッチ条件（50気圧、$CO/H_2=1/1$）で用い、1-オクテンをヒドロホルミル化したところ、いずれも均一系に比べて反応速度は減少した。3種類のアプローチの中では、先に錯形成してからシリカゲルに結合させる方法が最も良い位置選択性（l/b）で直鎖アルデヒドを与えた[8]。

末端オレフィンをヒドロホルミル化して得られる分岐アルデヒドは不斉中心をもつ。キラルな触媒によって、一方の鏡像体を選択的に得られれば、種々の生理活性物質の合成中間体として重要な光学活性アルデヒドを選択的に合成できる。筆者らは、先に開発したキラルホスフィンホスファイト配位子（R,S)-BINAPHOS（**4**）にビニル基を導入した**5**を合成し、**5**：ジビニルベンゼン：エチルスチレンの3者を3：44：53のモル比で、トルエン中ラジカル共重合させた[10,11]。重合後、フリーズドライすることで、トルエンが入っていた空間が細孔として残ったマクロポーラスなポリスチレン（PS-5）となった。

この細孔には、膨潤を促す有機溶媒の助けを借りなくても、気体分子が侵入可能である。このため、PS-5は、芳香族溶媒中でのバッチ系での反応において、均一系の反応に近い、高い活性

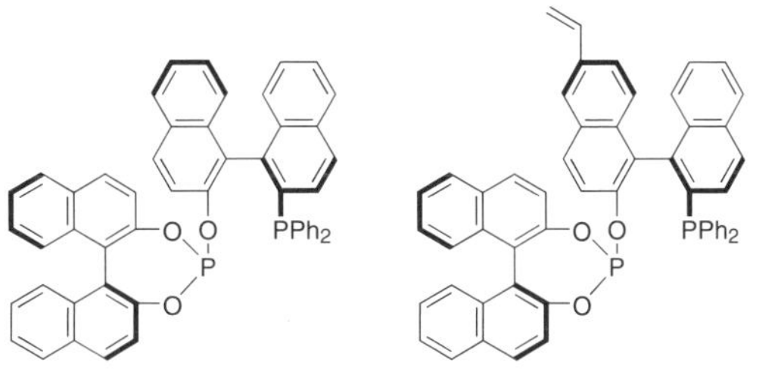

（R,S)-BINAPHOS（**4**）   **5**

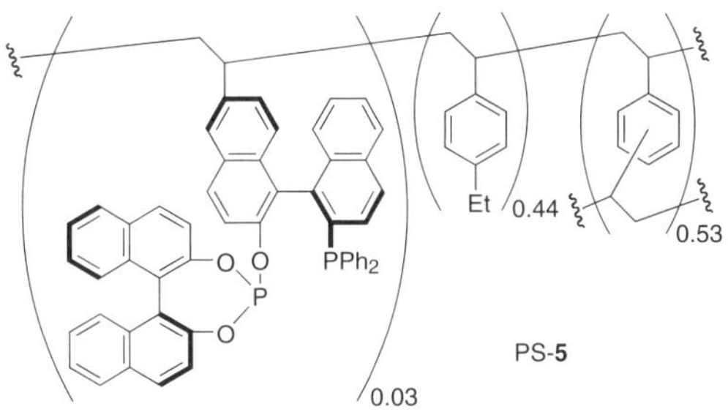

PS-5

図2　BINAPHOS（分岐体の合成で高いエナンチオ選択性を示す配位子）の高架橋ポリスチレンへの担持

$$Ph\diagup \xrightarrow[\text{60 ℃, 24 h in benzene}]{\text{H}_2,\ \text{CO (10 atm/10 atm)}\ \text{catalyst}} Ph\diagup\text{CHO} + Ph\diagup\diagdown\text{CHO}$$

iso-aldehyde　　normal-aldehyde

cat.	iso/normal	%ee
4	89/11	92
PS-**5**	84/16	89

式2

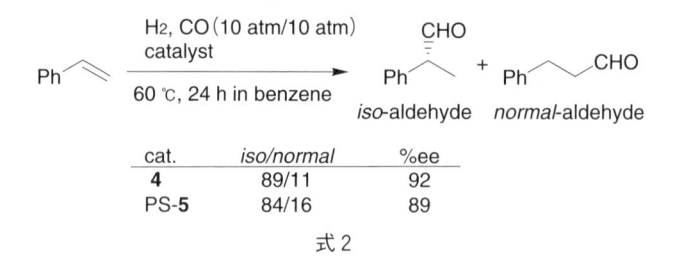

と選択性を示した.例えば,スチレンのヒドロホルミル化で,**4**を用いて60度で反応をおこなうと24時間で反応が完結し,分岐/直鎖比89/11,分岐体のエナンチオ選択性が95%であったが,PS-**5**を用いても同一時間内に反応が完結しており,分岐/直鎖比84/16,分岐体のエナンチオ選択性は89%であった[10~12]。

　この高分子担持触媒は上記の気-液-固3相系反応だけでなく,気体状の基質の場合には気-固2相系での反応も可能だった.(Z)-2-ブテンや3,3,3-トリフルオロプロペンなどの気体状のオレフィンの反応では,有機溶媒を用いない気-固2相系で用いることもできた[13]。3,3,3-トリフルオロプロペンの例を表1に示す.図3に示すようにオートクレーブ内にPS-**5**の触媒床を設置し,ここに気体状のオレフィンと水素,一酸化炭素を圧入して反応をおこなうとベンゼン溶液中の結果を上回る触媒回転数を得た.触媒が水素,一酸化炭素と出会う頻度が上がったためと考えている.さらに,PS-**5**を用いて図3に示す連続流通系を組み,反応をおこなった.装置上の問題で圧力を十分に上げられなかったため,触媒回転数は低いが,均一系に匹敵する選択性を達成した。

3　高分子担持触媒と超臨界相の固-超臨界2相系

　超臨界二酸化炭素は水素と一酸化炭素の極めて優れた溶媒であり,これらの気体を任意の割合で溶かす.したがって,液体状のオレフィンを基質にする場合には,液体と気体の両者を均一に

表1　種々の条件における3,3,3-トリフルオロプロペンのヒドロホルミル化

$$F_3C\diagup \xrightarrow[\text{60 ℃, 24 h}]{\text{H}_2/\text{CO (1/1)}\ \text{catalyst}} F_3C\diagup\text{CHO} + F_3C\diagup\diagdown\text{CHO}$$

iso-aldehyde　　normal-aldehyde

run	cat.	conditions	total pressure (atm)	TOF (h^{-1})	iso/normal	%ee
1	**4**	homogeneous in benzene	80	64	89/11	92
2	PS-**5**	catalyst bed in batch	80	114	97/3	90
3	PS-**5**	catalyst bed in contenuous flow	50	9	95/5	90

第3章　高分子固定化触媒を用いるオレフィンのヒドロホルミル化

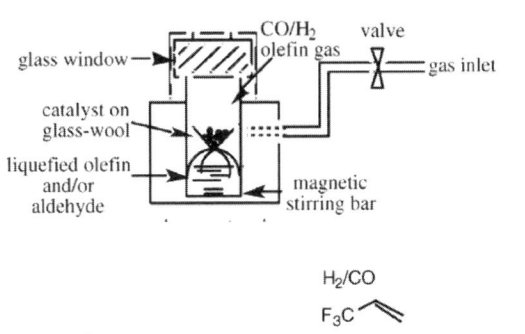

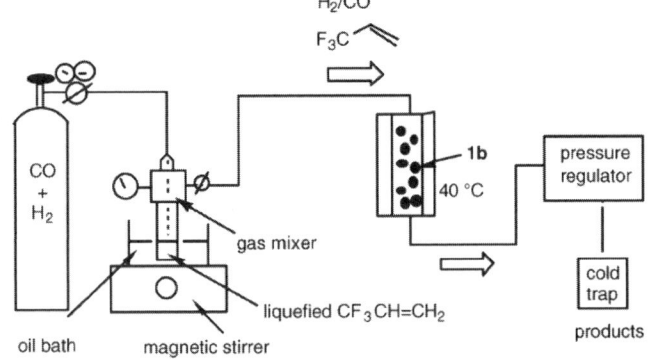

図3　上：バッチ系装置図，下：連続流通系装置図

溶かす超臨界二酸化炭素は理想的な溶媒である。RathkeとKlinglerはCo$_2$(CO)$_8$を触媒とするプロピレンのヒドロホルミル化を超臨界二酸化炭素中でおこなった[14,15]。一般に遷移金属錯体は，超臨界二酸化炭素に溶けにくい。このため，有機配位子部分にフッ素原子を多数導入して超臨界二酸化炭素に可溶化させる研究が報告された[16〜18]。

一方，錯体に基質が効果的に近付けるのであれば，錯体触媒が均一に溶解する必要はない。実際，固相，あるいは液相に担持した触媒と，オレフィン／水素／一酸化炭素の3者を含む超臨界

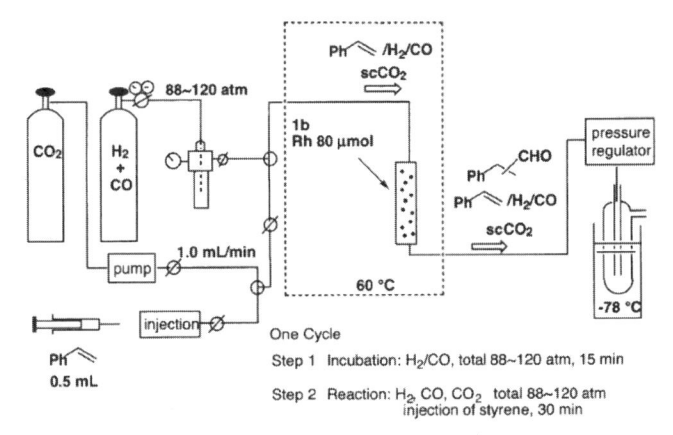

図4　超臨界二酸化炭素流通系へのオレフィンの逐次投入装置

43

表2 オレフィンライブラリーの光学活性アルデヒドライブラリーへの変換

Cycle	Olefin	Conv.(%)	iso/normal	% ee
1 st	styrene	49	82/18	77
2 nd	vinyl acetate	5	70/30	74
3 rd	1-octene	47	21/79	73
4 th	1-hexene	40	21/79	60
5 th	styrene	36	81/19	82
6 th[b]	2,3,4,5,6-penta-fluorostyrene	27	89/11	88
7 th[b]	$CF_3(CF_2)_5CH=CH_2$	21	91/9	78
8 th	styrene	54	80/20	80

二酸化炭素相の2相系でのヒドロホルミル化が何例か報告されている。マクロポーラスなPS-5は,オレフィン／水素／一酸化炭素の3者を含む超臨界二酸化炭素を流通させることで,連続流通系での触媒反応が可能だった[13]。図4に示す装置を用いて,種々のオレフィンを次々に触媒カラムを通過させ,表2に示す結果で光学活性アルデヒドに変換できた。また,シリカゲルに担持された2のRh(acac)錯体を用い,1-オクテン／水素／一酸化炭素を超臨界二酸化炭素に溶かし,連続流通系で利用する系も報告されている[9,19]。

4 デンドリマー触媒

デンドリマーは溶液中に均一に分散する一方で膜による分離が可能なため,触媒の担体として注目されている。デンドリマー表面に錯体触媒を結合させる型と,デンドリマーの核部分に錯体触媒を配置する型の2種類がある。前者の例として,AlperはPPh$_2$基を殻表面に配したデンドリマー6,7を合成し,溶液中でスチレンやビニルエステルのヒドロホルミル化をおこなった[20〜23]。Cole-Hamiltonらは,シルセスキオキサンを核とするデンドリマー8を報告している[24〜29]。後者の例としては,van Leeuwenらが合成した,Xantphos(1)を核とするデンドリマー9がある[30]。いずれも,均一系に匹敵する活性と選択性を示し,また,膜分離によって容易に回収・再利用できる(図5)。

5 触媒の液相への担持による液-液2相系

1976年に開発された水溶性トリアリールホスフィンTPPTS(10)のロジウム錯体は,Rhone-Poulene社にてプロピレンをブタナールに変換するプロセスに用いられている[31]。その後,直鎖体のアルデヒドの選択性を向上させるため,均一系条件で高い直鎖選択性を示す配位子をスルホ

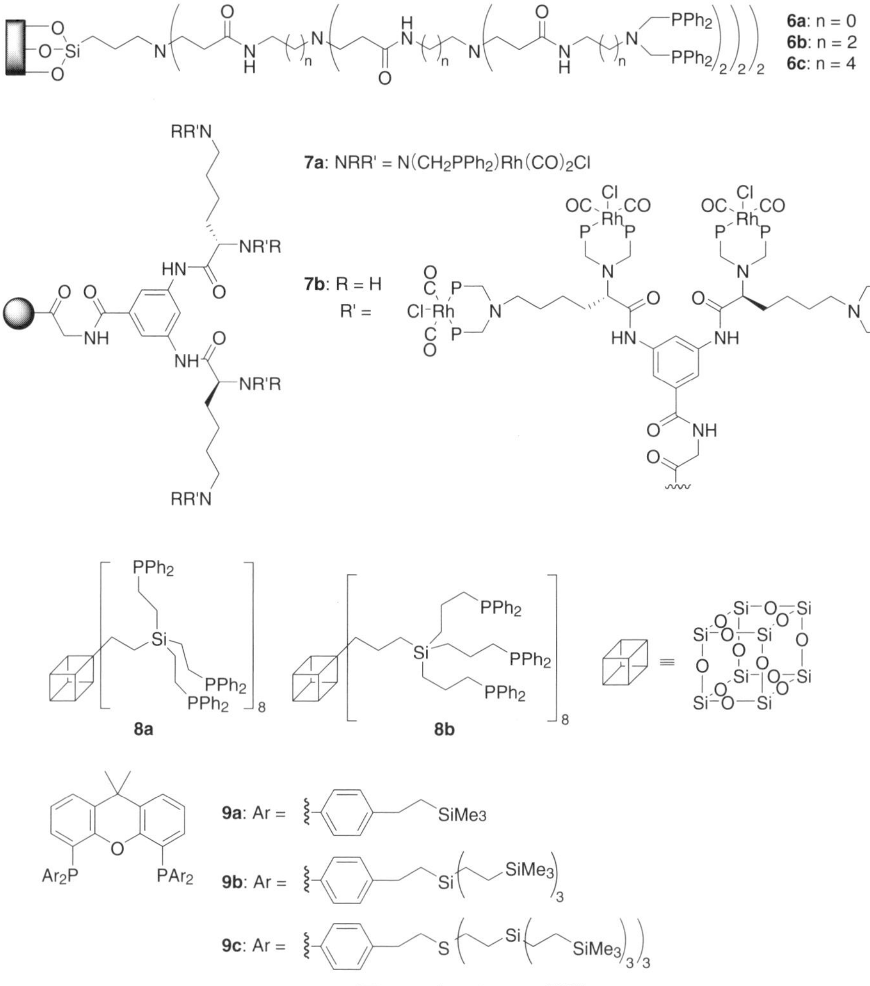

第3章　高分子固定化触媒を用いるオレフィンのヒドロホルミル化

図5　デンドリマー触媒

ン化した配位子 11, 12 が開発された（図6）[32~35]。プロピレンなどの低級オレフィンは水に対してある程度の溶解度を示すが、高級オレフィンは疎水性が高く、基質が触媒を含む水相に十分な量が溶けない。この問題点を解決するため、疎水性部分を増やし、界面活性効果をもつ 13, 14 も報告された[36]。しかし、界面活性剤の添加は分離プロセスにとっては不利である。

　水に代わる液相として、1994 年 Horvath らはフッ素系溶媒の利用を提唱した[37]。一般の有機化合物はフルオラス相と二相系を形成する。ペルフルオロアルキル基を配位子に結合させ、触媒をフルオラス相に溶かすことで、高級オレフィンおよびその生成物であるアルデヒドと触媒の分離を達成した。1996 年 Chauvin らはイオン液体の利用を報告した[38]。イオン液体は水に比べ、高級オレフィンの溶解度が高い。イオン液体に溶ける配位子としては、15, 16 などの例がある[39,40]。

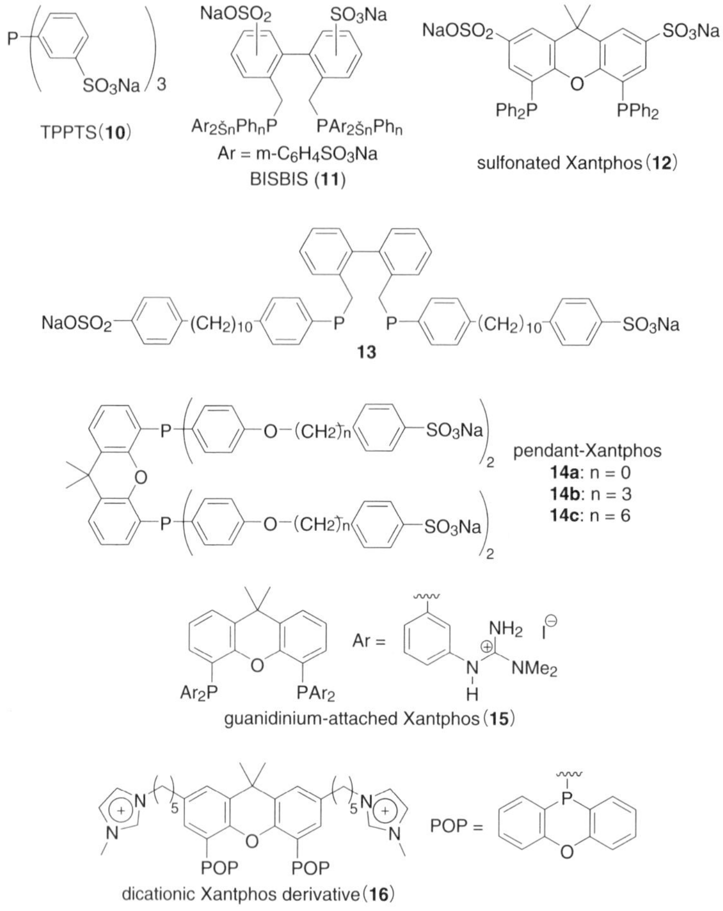

図6 液-液2相系での分離のために開発された配位子

6 まとめと展望

オレフィン類のヒドロホルミル化反応は，多相系の反応であり，触媒とすべての基質分子が効率よく出会うことが反応の鍵となる。本章で紹介したいくつかの例に見られるように，高分子固定化触媒が重要な役割を果たす場合がある。高分子担持触媒の多くはバッチ系で用いられてきた。すなわち，触媒を不溶性の高分子に担持し，基質を含む溶液中で反応をおこない，反応終了後触媒を濾過によって回収する手法である。低架橋度（1～2％）のポリマー担体は良溶媒中では膨潤し，均一系触媒のように振る舞う。温度を下げる，または貧溶媒を加えることで析出させ，炉別することが可能である[41,42]。一方で，ポロゲン（鋳型分子）を用いた分散重合によって合成される高架橋度（>5％）のポリマー担体は，ポロゲンが抜けたあとが細孔となるため内空表面積が大きく，溶媒がポリマーとの親和性と無関係に浸透するという特徴がある。特に，モノ

第3章 高分子固定化触媒を用いるオレフィンのヒドロホルミル化

リス（一枚岩）と呼ばれるカラム内径にフィットするよう重合させた多孔質ポリマーを用いる，連続流通系での反応が注目を集めている[43,44]。錯体触媒あるいはその前駆体である配位子を，担体となるモノマーとともに重合させて担持触媒を合成する方法は，担体が有機系高分子であるかゾルゲル法を用いる無機高分子であるかを問わず，様々な形状のポリマーを自由に設計できる。今後は，この利点を活かして反応装置の改良が進むものと期待される。

文　献

1) Pittman, C. U.; Wuu, S. K.; Jacobson, S. E. *J. Catal*. **44**, 87–100 (1976)
2) Immobilized catalysts: solid phases, immobalization and applications; Ed. Kirschning, A.; Springer: Berlin, 2004; Vol. 242.
3) Gladysz, J. A. Ed. Recoverable Catalysts and Reagents; *Themetic Issue in Chem. Rev*., **102** (2002)
4) Bayer, E.; Schurig, V. *Angew. Chem. Int. Ed. Engl*. **14**, 493–494 (1975)
5) Sandee, A. J.; van der Veen, L. A.; Reek, J. N. H.; Kamer, P. C. J.; Lutz, M.; Spek, A. L.; van Leeuwen, P. *Angew. Chem. Int. Ed*. **38**, 3231–3235 (1999)
6) Sandee, A. J.; Reek, J. N. H.; Kamer, P. C. J.; van Leeuwen, P. *J. Am. Chem. Soc*. **123**, 8468–8476 (2001)
7) Sandee, A. J.; Ubale, R. S.; Makkee, M.; Reek, J. N. H.; Kamer, P. C. J.; Moulijn, J. A.; van Leeuwen, P. *Adv. Synth. Catal*. **343**, 201–206 (2001)
8) van Leeuwen, P.; Sandee, A. J.; Reek, J. N. H.; Kamer, P. C. J. *J. Mol. Catal. A Chem*. **182**, 107–123 (2002)
9) Bronger, R. P. J.; Bermon, J. P.; Reek, J. N. H.; Kamer, P. C. J.; van Leeuwen, P.; Carter, D. N.; Licence, P.; Poliakoff, M. *J. Mol. Catal. A Chem*. **224**, 145–152 (2004)
10) Nozaki, K.; Itoi, Y.; Shibahara, F.; Shirakawa, E.; Ohta, T.; Takaya, H.; Hiyama, T. *J. Am. Chem. Soc*. **120**, 4051–4052 (1998)
11) Nozaki, K.; Shibahara, F.; Itoi, Y.; Shirakawa, E.; Ohta, T.; Takaya, H.; Hiyama, T. *Bull. Chem. Soc. Jpn*. **72**, 1911–1918 (1999)
12) Shibahara, F.; Nozaki, K.; Matsuo, T.; Hiyama, T. *Bioorg. Med. Chem. Lett*. **12**, 1825–1827 (2002)
13) Shibahara, F.; Nozaki, K.; Hiyama, T. *J. Am. Chem. Soc*. **125**, 8555–8560 (2003)
14) Rathke, J. W.; Klingler, R. J.; Krause, T. R. *Organometallics* **10**, 1350–1355 (1991)
15) Guo, Y.; Akgerman, A. *Ind. Eng. Chem. Res*. **36**, 4581–4585 (1997)
16) Kainz, S.; Koch, D.; Baumann, W.; Leitner, W. *Angew. Chem. Int. Ed. Engl*. **36**, 1628–1630 (1997)
17) Koch, D.; Leitner, W. *J. Am. Chem. Soc*. **120**, 13398–13404 (1998)

18) Palo, D. R.; Erkey, C. *Ind. Eng. Chem. Res*. **37**, 4203-4206 (1998)
19) Meehan, N. J.; Sandee, A. J.; Reek, J. N. H.; Kamer, P. C. J.; van Leeuwen, P.; Poliakoff, M. *Chem. Commun*. 1497-1498 (2000)
20) Bourque, S. C.; Maltais, F.; Xiao, W. J.; Tardif, O.; Alper, H.; Arya, P.; Manzer, L. E. *J. Am. Chem. Soc*. **121**, 3035-3038 (1999)
21) Bourque, S. C.; Alper, H.; Manzer, L. E.; Arya, P. *J. Am. Chem. Soc*. **122**, 956-957 (2000)
22) Arya, P.; Panda, G.; Rao, N. V.; Alper, H.; Bourque, S. C.; Manzer, L. E. *J. Am. Chem. Soc*. **123**, 2889-2890 (2001)
23) Lu, S. M.; Alper, H. *J. Am. Chem. Soc*. **125**, 13126-13131 (2003)
24) Ropartz, L.; Morris, R. E.; Schwarz, G. P.; Foster, D. F.; Cole-Hamilton, D. J. *Inorg. Chem. Commun*. **3**, 714-717 (2000)
25) Ropartz, L.; Morris, R. E.; Foster, D. F.; Cole-Hamilton, D. J. *Chem. Commun*. 361-362 (2001)
26) Ropartz, L.; Morris, R. E.; Foster, D. F.; Cole-Hamilton, D. J. *J. Mol. Catal. A Chem*. **182**, 99-105 (2002)
27) Ropartz, L.; Haxton, K. J.; Foster, D. F.; Morris, R. E.; Slawin, A. M. Z.; Cole-Hamilton, D. J. *J. Chem. Soc. Dalton Trans*. 4323-4334 (2002)
28) Ropartz, L.; Foster, D. F.; Morris, R. E.; Slawin, A. M. Z.; Cole-Hamilton, D. J. *J. Chem. Soc. Dalton Trans*. 1997-2008 (2002)
29) Haxton, K. J.; Cole-Hamilton, D. J.; Morris, R. E. *Dalton Trans*. 1665-1669 (2004)
30) Oosterom, G. E.; Steffens, S.; Reek, J. N. H.; Kamer, P. C. J.; van Leeuwen, P. *Top. Catal*. **19**, 61-73 (2002)
31) Kuntz, E. DE 2627354, 1976
32) Herrmann, W. A.; Kohlpaintner, C. W.; Bahrmann, H.; Konkol, W. *J. Mol. Cat*. **73**, 191-201 (1992)
33) Herrmann, W. A.; Kohlpaintner, C. W. *Angew. Chem. Int. Ed. Engl*. **32**, 1524-1544 (1993)
34) Hanson, B. E.; Ding, H.; Kohlpaintner, C. W. *Catal. Today* **42**, 421-429 (1998)
35) Goedheijt, M. S.; Kamer, P. C. J.; van Leeuwen, P. *J. Mol. Catal. A Chem*. **134**, 243-249 (1998)
36) Goedheijt, M. S.; Hanson, B. E.; Reek, J. N. H.; Kamer, P. C. J.; van Leeuwen, P. *J. Am. Chem. Soc*. **122**, 1650-1657 (2000)
37) Horvath, I. T.; Rabai, J. *Science* **266**, 72-75 (1994)
38) Chauvin, Y.; Mussmann, L.; Olivier, H. *Angew. Chem. Int. Ed. Engl*. **34**, 2698-2700 (1996)
39) Wasserscheid, P.; Waffenschmidt, H.; Machnitzki, P.; Kottsieper, K. W.; Stelzer, O. *Chem. Commun*. 451-452 (2001)
40) Bronger, R. P. J.; Silva, S. M.; Kamer, P. C. J.; van Leeuwen, P. *Dalton Trans*. 1590-1596 (2004)
41) Bergbreiter, D. E.; Osburn, P. L.; Frels, J. D. *J. Am. Chem. Soc*. **123**, 11105-11106 (2001)
42) Bergreiter, D. E. *Curr. Drug Disc*. **4**, 736-744 (2001)
43) Fréchet, J. M. J.; Svec, F. *Polym. Mat. Sci. Eng*. **73** (1995)
44) Altava, B.; Burguete, M. I.; Fraile, J. M.; Garcia, J. I.; Luis, S. V.; Mayoral, J. A.; Vicent, M. J. *Angew. Chem. Int. Ed*. **39**, 1503-1506 (2000)

第4章 官能基選択的接触還元触媒
「パラジウム-フィブロイン」

喜多村徳昭[*1], 佐治木弘尚[*2]

1 はじめに

　代表的不均一系触媒であるパラジウム炭素（Pd/C）はオレフィン，アセチレン，芳香族カルボニル，アジドおよびニトロ基の還元ならびにベンジルエーテル，ベンジルアルコール，ベンジルエステル，芳香族ハライド，エポキシドおよびCbz（benzyloxycarbonyl）基の水素化分解に対して高い触媒活性を有している[1]。また接触還元条件下不安定であると認識されてきたTBDMS（tert-butyldimethylsilyl）基[2]が，メタノール中Pd/Cを触媒として接触還元すると容易に水素化分解されることも明らかとなった[3]。しかしPd/Cの高い触媒活性のために同一分子内に複数の還元性官能基を有する場合，特定官能基のみを選択的に還元することは困難である。官能基選択的接触還元触媒は，接触還元を含む多段階工程における官能基の保護，脱保護工程の省略が可能となり，結果として有機合成経路の短縮あるいは新規合成ルートの開拓に繋がるため有機合成化学的価値が高い。特に不均一系触媒は取り扱いだけでなく，反応混合物からの触媒の分離・精製が容易で，回収・再利用も可能であるため環境調和型であり工業的適用性に優れている[1]。著者らはPd/Cを触媒とした接触還元条件下にアミンなどの窒素性塩基を添加することでベンジルエーテルの水素化分解が選択的に抑制されることを明らかとし，ベンジルエーテル存在下における官能基選択的接触還元法として確立している[4]。さらにエチレンジアミンをPd/Cに固定化したPd/C-エチレンジアミン複合体［Pd/C(en)］の調製に成功し（和光純薬工業㈱から試薬として市販[5]），これをベンジルエーテル，ベンジルアルコール，エポキシド，脂肪族アミンのN-Cbz基およびTBDMS基存在下，他の還元性官能基を選択的に接触還元する触媒として適用している（式1）[3,6]。同様の観点から，さらに異なる官能基選択性を有する新規不均一系接触還元触媒の開発は反応の多様性や応用性向上のために極めて重要である。本稿では絹の構成タンパクであるフィブロインにPdを担持したパラジウム-フィブロイン複合体（Pd/Fib）（和光純薬工業㈱から試薬として市販[7]）の開発経緯と特異的官能基選択性について概説する。

＊1　Yoshiaki Kitamura　岐阜薬科大学　創薬化学大講座　薬品化学研究室
＊2　Hironao Sajiki　岐阜薬科大学　創薬化学大講座　薬品化学研究室　教授

式 1

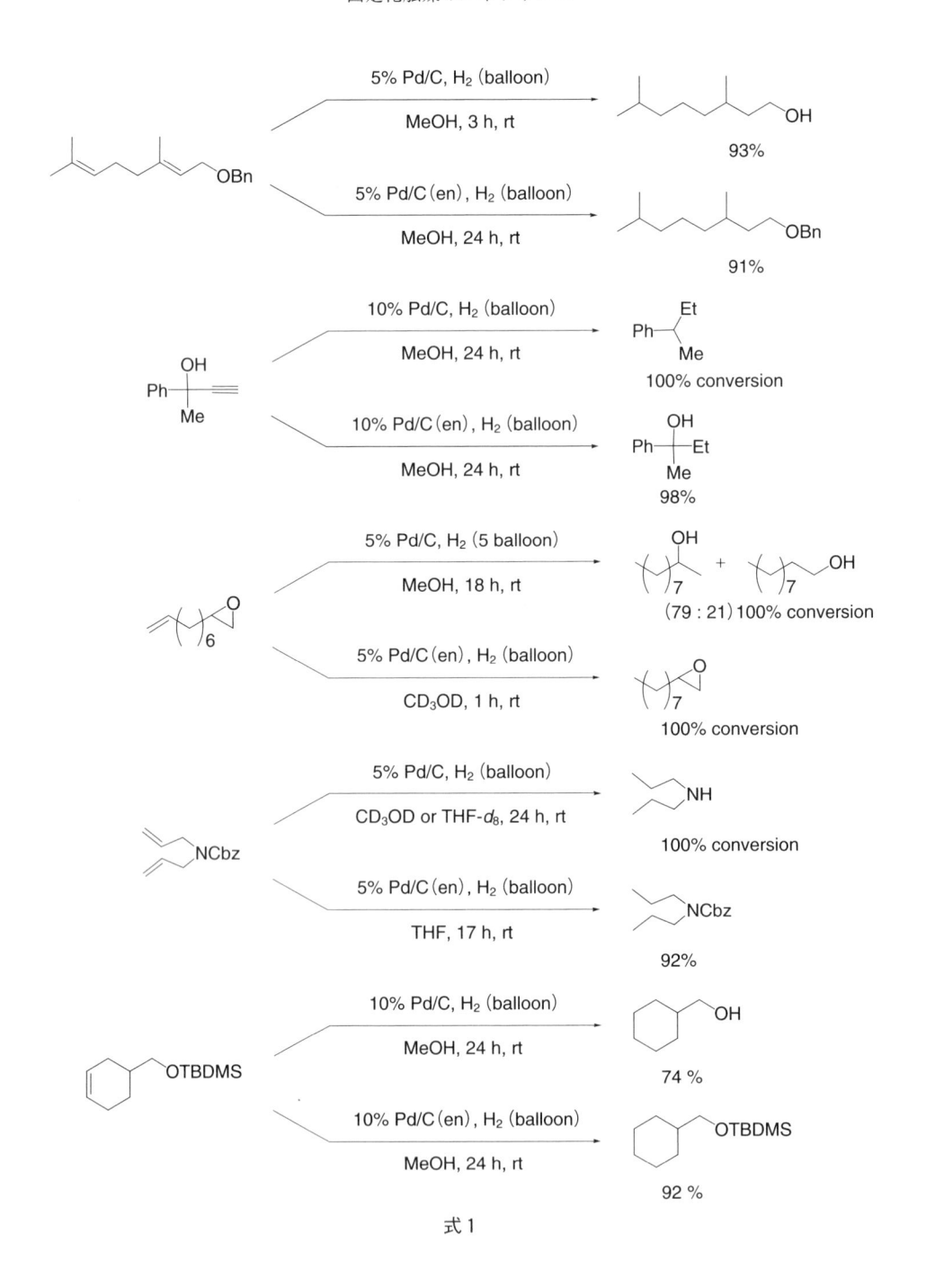

2　Pd/Fib の調製と物性

　絹は蚕が産生する繭からとれる天然繊維でフィブロインとそれを取り巻くセリシンの2種類のタンパク質から構成される[8]。古くから衣料品や楽器の弦などに利用されてきたが，近年，人工

第4章 官能基選択的接触還元触媒「パラジウム-フィブロイン」

皮膚やコンタクトレンズをはじめとする人工医療素材，化粧品など多目的な応用研究が進められている。フィブロインは繊維状で熱的・化学的に安定で水に不溶であるのに対して，セリシンは糊状で結晶性がなく水溶性アミノ酸のセリンを多く含むため，80～90℃に加熱すると容易に水に溶出する。従って精練（極めて弱いアルカリ水溶液中で煮沸する）によりセリシンを除去し，フィブロインのみからなる精練糸（いわゆる絹糸）へと加工される[8a]。フィブロインは構成アミノ酸の一次構造に繰り返しパターンが多く，Pdの触媒毒となる硫黄含有アミノ酸，すなわちシステインやメチオニンをほとんど含有しないことから[8a,8b]，Pd触媒のリガンドまたは反応場として使用することが可能であり，タンパク質の持つ特異的なPd配位能により異なる反応性や選択性を有する触媒を調製できるものと考えた。概念的にはタンパク（絹フィブロイン）に触媒活性中心を埋め込んだ人工酵素様触媒の開発を目指して研究を開始した。

ところで赤堀らは1950年代に絹を高分子担体とした絹-パラジウム触媒を調製している[9]。この触媒はα，β-不飽和アミノ酸の不斉還元等に対する適用が検討されたが，不斉効率および再現性が悪く実用化には至らなかった。なお触媒の調製では絹に担持した2価の$PdCl_2$を高温・高圧条件下水中で水素添加して0価に還元しているため，生成する多量のHClによりタンパクの一次構造または高次構造が大きく変化し均一な触媒が得られなかったものと考えられる。著者らは$PdCl_2$に代えて$Pd(OAc)_2$を用いて触媒を調製すれば高温・強酸性条件を回避することができるため，タンパクの切断や変性なしにパラジウム-フィブロイン複合体（Pd/Fib）の調製が可能となるものと考えた。

$Pd(OAc)_2$をメタノールに完全に溶解した後，フィブロイン（精練糸）を浸して常温，常圧下放置した。すると無色のフィブロインは徐々に黒色に変色し，赤褐色であった$Pd(OAc)_2$のメタノール溶液は4日後には無色透明に変化した。赤堀らの絹-パラジウム触媒では絹に担持した2価の$PdCl_2$を高温・高圧条件下水素添加して0価に還元している[9]。今回調製したPd/Fib触媒は水素で還元していないが，黒色（0価）であることからPdは吸着反応中に0価に還元されたものと考えられる。そこで還元剤としてメタノールに注目し，触媒の調製後に得られた無色透明メタノール溶液中のホルムアルデヒドと酢酸を定量した[10]。その結果，理論生成量の72％に相当するホルムアルデヒドと90％の酢酸が定量されたことから，溶媒として用いたメタノールが還元剤として作用し2価の$Pd(OAc)_2$が0価のPdに還元されていることが明らかとなった（式2）。また，フィブロインを加えることなく$Pd(OAc)_2$のメタノール溶液のみを大気中で放置し

$$Pd(OAc)_2 \xrightarrow[\text{MeOH, rt}]{\text{Fibroin}} Pd(OAc)_2/Fib \xrightarrow{\text{MeOH, rt}} Pd(0)/Fib + HCHO + 2AcOH$$

式2

たところ，時間の経過とともに銀鏡が生成し，褐色の溶液は無色透明に変化した[11b]。すなわち，フィブロインが存在しなくてもメタノールによって2価のPdが容易に0価に還元されることが明らかとなった。しかし，Pd/Fibの調製時には銀鏡の生成が全く観察されなかったことから，Pd(OAc)$_2$のフィブロインへの吸着が還元よりも速く，フィブロインに吸着された後に0価Pdへの還元が進行しているものと考えられる。Pd(OAc)$_2$のフィブロインへの吸着過程でのMeOHを還元剤とした予期せぬ還元反応の進行により，常温・常圧下，しかも水素の添加なしに（極めて穏和な条件で！）Pd/Fibを調製することができた点はまさにセレンディピティーとしか言い様がない。

得られた黒色フィブロインを濾過した後，メタノールで十分洗浄し，減圧下乾燥することで2.5％Pd/Fibが得られた。Pd/Fib触媒は，室温下通常の試薬瓶の中で長期間（5年以上）保存しても反応性は全く変化しない。また，発火性を示さずピンセットで容易に秤量可能であり，反応後は目の粗い濾紙で濾過するのみで除去できる点が特長である[11]。なお最近の研究により，精練糸をPd(OAc)$_2$のメタノール溶液に浸した後超音波処理することで，調製時間が大幅に短縮される（12時間）ことを見いだし実用的な調製法として確立している[12]。

3 Pd/Fibを触媒とした官能基選択的接触還元法

3.1 芳香族ハロゲン共存下での選択的接触還元

芳香族臭素化合物はPd/CやPd/C(en)を用いた接触還元条件下，容易に水素化分解が進行し脱ハロゲン化物が生成する[1,4e,6a,6g]。一方，芳香族塩素化合物では脱塩素化が進行するものの，中途で反応が停止する場合が多く原料との混合物となる。我々はPd/Cを用いた接触還元条件下トリエチルアミンを添加すると脱塩素化が極めて効率的に進行することを見いだし，これを常温常圧下での一般性ある脱塩素化法として確立している[13]。従って分子内に芳香族臭素あるいは塩素を有する化合物において共存する他の還元性官能基のみを選択的に接触還元することは困難である。

そこで2.5％Pd/Fibの芳香族臭素や塩素に対する水素化分解活性を確認すべく，同一分子内にオレフィンまたはアジドが共存する基質を用いて接触還元を行った（表1）。その結果芳香族臭素および塩素は全く水素化分解を受けず，オレフィンおよびアジドのみを官能基選択的に還元することができた。

3.2 芳香族カルボニル基共存下でのオレフィンの選択的接触還元

芳香族カルボニル基はPd/Cを触媒とした接触還元により容易に還元を受け，中間に生成する

第4章 官能基選択的接触還元触媒「パラジウム–フィブロイン」

表1 芳香族ハロゲン共存下での 2.5％ Pd/Fib 触媒によるオレフィンおよびアジドの選択的接触還元

Entry	Substrate	Time(h)	Product	Yield(％)
1	4-Cl-C6H4-CH=CH2	24	4-Cl-C6H4-Et	100
2	4-Cl-C6H4-CO-CH=CH-Ph	20	4-Cl-C6H4-CO-CH2CH2-Ph	98
3	Ph-CO-CH=CH-C6H4-4-Cl	21	Ph-CO-CH2CH2-C6H4-4-Cl	99
4	Et-CO-C(=CH2)- aryl(Cl,Cl,OCH2CO2H)	12	Et-CO-CH(CH3)- aryl(Cl,Cl,OCH2CO2H)	100
5	2-Cl-C6H4-CH2N3	24	2-Cl-C6H4-CH2NH2	91
6	4-Br-C6H4-CH=CH2	24	4-Br-C6H4-Et	100
7	Br4-C6(CO2-allyl)2	3	Br4-C6(CO2Pr)2	94

ベンジルアルコールを経由して最終的に水素化分解（脱水）されメチレン化合物へと変換される[1]。一方，Pd/C(en) はベンジルアルコールの水素化分解に対する触媒活性を有していないため，芳香族カルボニル化合物を還元するとベンジルアルコールが選択的に得られる[6b,6f,6g]（式3）。

$$\text{Ar-CO-R} \xrightarrow{\text{Pd/C, H}_2} [\text{Ar-CH(OH)-R}] \xrightarrow{\text{Pd/C, H}_2} \text{Ar-CH}_2\text{-R}$$

$$\text{Ar-CO-R} \xrightarrow{\text{Pd/C(en), H}_2} \text{Ar-CH(OH)-R}$$

式3

芳香族カルボニル基存在下に他の還元性官能基を選択的に還元することは困難であることから 2.5％ Pd/Fib の芳香族カルボニル基に対する水素化分解活性を確認した（表2）。メタノール中 2.5％ Pd/Fib を触媒として常温常圧下接触還元したところ，芳香族ケトンおよび芳香族アルデ

表2 芳香族カルボニル基共存下での2.5% Pd/Fib 触媒による選択的接触還元

Entry	Substrate	Time(h)	Product	Yield(%)
1	Ph-CO-CH=CH-Ph	30	Ph-CO-CH2-CH2-Ph	97 (99[a], 97[b])
2	Ph-CO-CH=CH-CH=CH-Ph	3	Ph-CO-(CH2)4-Ph	100
3	allyl-(HO)C6H3-COMe	37	Pr-(HO)C6H3-COMe	99
4	allyl-(OH)2-C6H(COPh)2	46	Pr-(OH)2-C6H(COPh)2	74
5	Ph-CO-CH=CH-CO2H	2	Ph-CO-CH2-CH2-CO2H	100
6	Me-C6H4-CO-CH=CH-CO2H	10	Me-C6H4-CO-CH2-CH2-CO2H	99
7	Ph-CH=CH-C6H4-CHO	24	Ph-CH2-CH2-C6H4-CHO	100
8	2-(allyl-O)-C6H4-CHO	27	2-(PrO)-C6H4-CHO	100[c]

[a] The reaction was performed under 5 atm of hydrogen. [b] The reaction was performed at 50 ℃. [c] EtOAc was used as a solvent.

ヒドを全く還元することなく，オレフィンのみを選択的に水素化することができた。さらに水素圧を5気圧あるいは反応温度を50℃としても芳香族ケトンは全く還元されず（Entry 1），オレフィンの選択的水素化が進行し対応する飽和体が定量的に得られた。なおアルデヒドを基質とした場合にベンジルアルコールへの還元が一部進行することがあるが，溶媒を酢酸エチルに変更することでオーバーリダクションを完全に抑制することができた（Entry 8）。

3.3 ベンジルエステル共存下での選択的接触還元

ベンジルエステルは化学的に比較的安定であり，Pd/Cを触媒とした中性接触還元条件下容易に脱保護されるため，カルボン酸の保護基として幅広く利用されている[14]。従って接触還元工程を含む有機合成ではベンジルエステルの使用は困難であり，保護基の掛け替えが必要である。ところが2.5% Pd/Fibを触媒とした接触還元条件下では脱保護反応は強力に抑制を受け，共存す

第4章 官能基選択的接触還元触媒「パラジウム-フィブロイン」

表3 ベンジルエステル共存下での2.5% Pd/Fib触媒による選択的接触還元

Entry	Substrate	Solvent	Time(h)	Product	Yield(%)
1	CH₂=CH-CO₂Bn	CD₃OD	6	EtCO₂Bn	81
2		THF-d_8	7		91
3	CH₂=C(Me)-CO₂Bn	CD₃OD	6	iPrCO₂Bn	69
4		THF-d_8	7		93
5	MeCH=C(Me)-CO₂Bn	MeOH	23	Et-CH(Me)-CO₂Bn	50
6		MeOH	18		77[a]
7	Ph-CH=CH-CO₂Bn	MeOH	24	Ph-CH₂CH₂-CO₂Bn	33
8		THF	24		98
9	CH₂=CH-CH₂-O-CH₂-CO₂Bn	MeOH	8	PrO-CH₂-CO₂Bn	99
10	o-(CH=CH-CO₂Bn)(CO₂Bn)C₆H₄	MeOH	12	o-(CH₂CH₂-CO₂Bn)(CO₂Bn)C₆H₄	100
11	4-(CH₂=CH)-C₆H₄-CO₂Bn	MeOH	6	4-Et-C₆H₄-CO₂Bn	97
12	4-(N₃CH₂)-C₆H₄-CO₂Bn	MeOH	17	4-(H₂NCH₂)-C₆H₄-CO₂Bn	100

[a] The reaction was performed under 5 atm of hydrogen.

るオレフィンまたはアジドのみを選択的に水素化できることが明らかとなった（表3）。

　オレフィンと共役したベンジルエステルは比較的水素化分解を受けやすく，メタノール（あるいはCD₃OD）中ではベンジルエステルの脱保護が一部進行した（Entries 1, 3および5-7）。しかし，溶媒をTHF（あるいはTHF-d_8）に変更することでベンジルエステルの脱保護を完全に抑制することができ，オレフィンの選択的接触還元のみが効率よく進行した（Entries 2, 4および8）。THFは5員環構造をとっているため，酸素原子の孤立電子対が立体障害を受けることなくPd金属に配位し，Pd/Fibの触媒活性に対して抑制的に作用するものと考えている。なお基質によってはメタノール中でも脱ベンジル化が全く進行しない場合もある（Entries 9-12）。従って，2.5% Pd/Fib触媒とメタノールまたはTHFの組み合わせによりベンジルエステル保護基を保持したまま，同一分子内のオレフィンやアジドを高選択的に還元することが可能となった。

3.4 N-Cbz保護基共存下での選択的接触還元

　N-Cbz基は酸性および塩基性両条件下で安定なアミノ基の保護基として汎用され，その脱保護法としてPd/Cを用いた接触還元が用いられている[14]。従ってベンジルエステルと同様に，同一分子内にCbz基を有する基質を接触還元工程で使用する場合保護基の掛け替えが必要であっ

た。しかしTHFの溶媒効果を利用したPd/C(en)触媒による接触還元では脂肪族アミンのN-Cbz基の脱保護が選択的に抑制されることが明らかとなり，脂肪族アミンN-Cbz基共存下でのオレフィンやベンジルエステルの選択的接触還元法として確立されている（式4）[6a,6e]。しかし，芳香族アミンのN-Cbz基はPd/C(en)触媒を用いた接触還元条件下で容易に水素化分解されるため，この官能基選択的接触還元法を適用することはできなかった（式5）[6e]。

表4 N-Cbz保護基共存下での2.5％Pd/Fib触媒による選択的接触還元

Entry	Substrate	Solvent	Time(h)	Product	Yield(%)
1		MeOH	44		64
2		THF	5		92
3		MeOH	48		97
4		THF	24		48
5		THF	34		99[a]
6		MeOH	25		50
7		MeOH	22		100[b]
8		MeOH	32		92[b]

[a] The reaction was performed under 10 atm of hydrogen. [b] The reaction was performed under 3 atm of hydrogen.

第4章 官能基選択的接触還元触媒「パラジウム-フィブロイン」

ところが，2.5％ Pd/Fib 触媒の場合には芳香族アミンの N-Cbz 基に対する触媒活性が極めて低いことが明らかとなった（表4）。すなわちメタノール中では一部 Cbz 基の水素化分解が進行したが（Entry 1），THF の使用により脱保護は完全に抑制され（Entry 2），芳香族アミンの N-Cbz 基共存下オレフィン（Entries 2，3，5 および 7）またはアセチレン（Entry 8）のみを選択的に還元することができた。なお常圧で不飽和結合の還元が進行しにくい場合に 3〜10 気圧の加圧条件下で反応したが，Cbz 基の脱保護は全く進行しなかった（Entries 5，7 および 8）[11b, 11c, 15]。

以上，芳香族アミン N-Cbz 基共存下の官能基選択的接触還元反応が可能となったことで，Cbz 基が接触還元工程を含む有機合成において使用可能となり，Pd/C(en) との使い分けによる保護基としての有用性をさらに拡大することができた。

3.5 オレフィンの還元における適用範囲

2.5％ Pd/Fib は芳香族臭素および塩素，芳香族カルボニル基，ベンジルエステル及び N-Cbz 保護基共存下でのオレフィン，アセチレン及びアジドの官能基選択的接触還元を触媒するが，<u>常圧下</u>では水素化が困難となるオレフィンが存在する（表5）。オレフィンは還元性官能基の中

表5 オレフィンの還元における適用範囲

Entry	Substrate	Time (h)	Conversion (%)
1	Ph〜Ph	53	0
2	Br-C6H4-CH=CH-CO2Me	51	0
3	CbzHN-C6H4-CH=CH-CO2Et	36	0
4	2-(NHCbz)C6H4-CO2-CH2-CH=CH-Ph	25	48
5	MeO-C6H4-CH=CH-CO2H	35	70
6	Ph-CH=CH-CO2H	36	81
7	geraniol	27	—[a]

[a] Trace amount of the isomerizated products were detected.

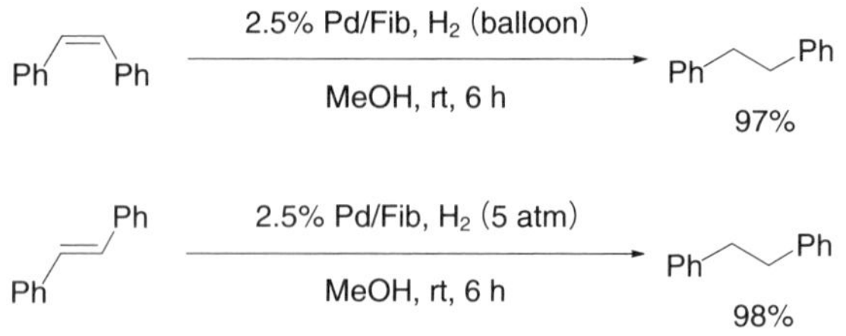

式6

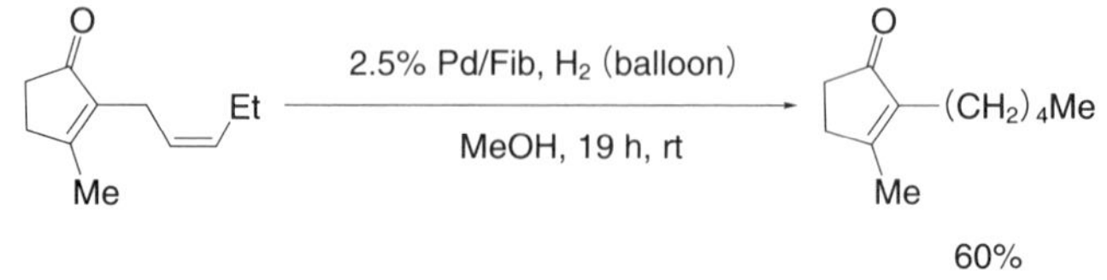

式7

式8

でも比較的容易に水素化されるため，多様な接触還元触媒の使用が可能である。しかし置換基や立体的環境などにより大きな影響を受け，適当な触媒と反応条件を選択しないと水素化が困難となる場合も少なくない[1]。そこで2.5% Pd/Fibのオレフィンの還元における適用範囲を精査した。

表5から明らかなように2.5% Pd/Fibを触媒として接触還元した場合，常温常圧下で水素化が困難となるオレフィンは全てトランス二置換もしくは三置換オレフィンである。trans-stilbeneの場合には常温常圧下2日以上反応しても水素化は全く進行しないのに対して（Entry 1），cis-stilbeneの場合には同様の反応条件下容易に水素化を受けわずか6時間で対応するdiphenylethaneが定量的に得られる（式6 上段）。なお，これはあくまでも常温常圧下での結果であり，trans-stilbeneを基質とした場合でも5気圧に加圧すればdiphenylethaneへの還元は6時間で完結する（式6 下段）。この理由としては，加圧によりPd/Fib触媒によるcis-stilbeneへの異性化が進行し，結果として還元が容易に進行した可能性と，trans-stilbeneの還元そのものが進行しやすくなった可能性が考えられるが，いずれであるかは明らかとなっていない。

常温常圧下での反応性の違いを利用して，シスオレフィンとトランスオレフィン又は多置換オレフィンを同一分子内に有する基質のシス選択的な水素化に関する検討を行った。すなわち2.5% Pd/Fibを触媒として分子内にシスオレフィンと四置換オレフィンが共存するcis-jasmone

第4章 官能基選択的接触還元触媒「パラジウム-フィブロイン」

を接触還元したところ，シスオレフィンのみが還元され対応する dihydrojasmone を収率よく得ることができた（式7）。

なお，ケトンに隣接しているトランスオレフィンの場合は，常温常圧下でも比較的還元を受けやすい（表1，Entry 2 および3；表2，Entry 1, 5 および6）。これは，Pd/Fib 存在下トランスオレフィンがシスオレフィンに容易に異性化するため，*in situ* で生成したシスオレフィンが還元を受け反応が進行するものと考えれば合理的に説明できる（式8）。

以上，オレフィンの常温常圧下での接触還元における 2.5％ Pd/Fib 触媒の適用範囲は，一置換（末端）オレフィン，シスオレフィン，ケトンに隣接するトランスオレフィンであることを明らかにするとともに，多置換オレフィンとの間で官能基選択的接触還元法を確立することができた。また，トランスオレフィン並びに多置換オレフィンは加圧することで水素化できるので，使い分けによる適用性の拡大が可能である。

4 おわりに

以上，Pd/Fib 触媒を用いた官能基選択的接触還元法を紹介した。Pd/Fib は Pd/C や Pd/C(en) を触媒とした場合容易に還元される芳香族ハロゲン，芳香族カルボニル基，ベンジルエステルおよび *N*-Cbz 基等の還元性官能基に対する還元活性を示さず，これら官能基共存下，オレフィン，アセチレンおよびアジドを選択的に水素化することができる。従って，Pd/Fib, Pd/C(en) および Pd/C の使いわけにより，図1に示す多様な還元性官能基間での選択的接触還元が可能となり，有機合成化学における新しい手法が示された[11,16)]。

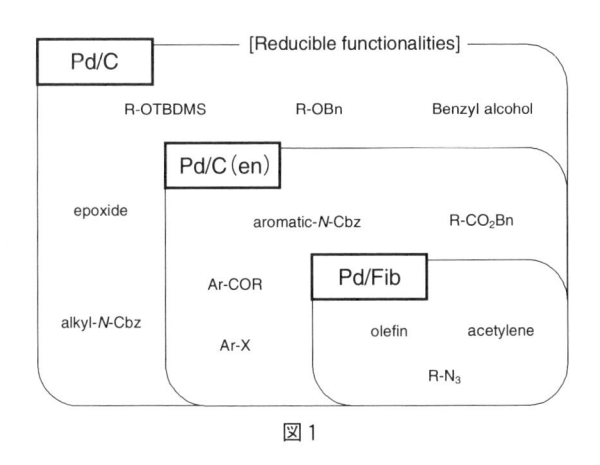

図1

文 献

1) (a) R. C. Larock, "Comprehensive Organic Transformation" 2 nd ed. Wiley-VCH, New York, 1999; (b) S. Nishimura, "Handbook of Heterogeneous Catalytic Hydrogenation for Organic Synthesis" Wiley-Interscience, New York, 2001; (c) M. Hudlicky, "Reductions in Organic Chemistry" 2 nd ed. ACS, Washington DC, 1996; (d) P. N. Rylander, "Hydrogenation Methods" Academic Press, New York, 1985; (e) S. Sigel, "Comprehensive Organic Synthesis" vol. 8, ed. by B. M. Trost, I. Fleming, Pergamon Press, New York, 1991, p 417; (f) S. Nishimura, U. Takagi, "Catalytic Hydrogenation. Application to Organic Synthesis" Tokyo Kagaku Dojin, Tokyo, 1987
2) E. J. Corey, A. Venkateswarlu, *J. Am. Chem. Soc.*, **94**, 6190 (1972)
3) (a) K. Hattori, H. Sajiki, K. Hirota, *Tetrahedron Lett.*, **41**, 5711 (2000); (b) *idem, ibid.*, **57**, 2109 (2001)
4) (a) H. Sajiki, *Tetrahedron Lett.*, **36**, 3465 (1995); (b) H. Sajiki, H. Kuno, K. Hirota, *ibid.*, **38**, 399 (1997); (c) *idem, ibid.*, **39**, 7127 (1998); (d) H. Sajiki, K. Hirota, *Tetrahedron*, **54**, 13981 (1998); (e) 佐治木弘尚, 薬学雑誌, **120**, 1091 (2000); (f) H. Sajiki, K. Hirota, *Chem. Pharm. Bull.*, **51**, 320 (2003)
5) 佐治木弘尚, 廣田耕作, *Organic Square* (WAKO), **12**, 1 (2004)
6) (a) H. Sajiki, K. Hattori, K. Hirota, *J. Org. Chem.*, **63**, 7990 (1998); (b) *idem, J. Chem. Soc., Perkin Trans. 1*, 4043 (1998); (c) *idem, Chem. Commun.*, 4043 (1998); (d) *idem, Chem. Eur. J.*, **6**, 4043 (2000); (e) *idem, Tetrahedron*, **56**, 8433 (2000); (f) *idem, ibid.*, **57**, 4817 (2001); (g) 佐治木弘尚, 廣田耕作, 有機合成化学協会誌, **59**, 109 (2001)
7) 佐治木弘尚, 和光純薬時報, **74**, 2 (2006)
8) (a) 安藤悦郎, 今堀和友, 鈴木友二, タンパク質化学 4, 共立出版, 1978; (b) K. Mita, S. Ichimura, C. J. Tharappel, *J. Mol. Evol.*, **38**, 583 (1994); (c) A. Garel, G. Deleage, J.-C. Prudhomme, *Insect Biochem. Molec. Biol.*, **27**, 469 (1997); (d) K. Komatsu, M. Yamada, Y. Hashimoto, *J. Sericult. Sci. Jpn.*, **38**, 219 (1969); (e) H. Shiozaki, R. Murase, *ibid.*, **38**, 230 (1969)
9) (a) S. Akabori, S. Sakurai, Y. Izumi, Y. Fujii, *Nature*, **178**, 323 (1956); (b) Y. Izumi, *Bull. Chem. Soc. Jpn.*, **32**, 932, 936 and 942 (1959); (c) A. Akamatsu, Y. Izumi, S. Akabori, *ibid.*, **34**, 1067 (1961); (d) *idem, ibid.*, **35**, 1706 (1961)
10) (a) 日本薬学会編衛生試験法・注解, 金原出版, 108 (1990); (b) T. Nash, *Biochem. J.*, **55**, 416 (1953)
11) (a) H. Sajiki, T. Ikawa, K. Hirota, *Tetrahedron Lett.*, **44**, 171 (2003); (b) T. Ikawa, H. Sajiki, K. Hirota, *Tetrahedron*, **61**, 2217 (2005); (c) 井川貴詞, 佐治木弘尚, 廣田耕作, 有機合成化学協会誌, **63**, 1218 (2005)
12) Y. Kitamura, A. Tanaka, M. Sato, K. Oono, T. Ikawa, T. Maegawa, Y. Monguchi, H. Sajiki, *Synth. Commun.*, in press.
13) (a) H. Sajiki, A. Kume, K. Hattori, K. Hirota, *Tetrahedron Lett.*, **43**, 7247 (2002); (b) H. Sajiki, A. Kume, K. Hattori, H. Nagase, K. Hirota, *ibid.*, **43**, 7251 (2002); (c) Y. Monguchi, A. Kume, K. Hattori, T. Maegawa, H. Sajiki, *Tetrahedron*, **62**, 7926 (2006); (d) Y. Monguchi, A.

Kume, H. Sajiki, *ibid*., **62**, 8384 (2006)
14) (a) T. W. Greene, P. G. M. Wuts, "Protective Groups in Organic Synthesis" 3 rd ed., Wiley-Interscience: New York, 1999; (b) P. J. Kocienski, "Protecting Groups" Thieme-Verlag, Stuttgart, 1994; (c) A. J. Pearson, W. R. Roush, "Handbook of Reagent for Organic Synthesis; Activating Agents and Protecting Groups" John Wiley & Sons, New York, 1999
15) H. Sajiki, T. Ikawa, K. Hirota, *Tetrahedron Lett*., **44**, 8437 (2003)
16) 佐治木弘尚, ファルマシア, **42**, 140 (2006)

第5章 ゼオライトの極性ナノ空間による不安定有機分子の反応制御

尾中 篤[*1], 増井洋一[*2]

1 はじめに

　有機合成化学の研究者がゼオライトと言えば，まず脱水剤としてのモレキュラーシブが頭に浮かぶ。反応溶媒や試薬類を簡便かつ安全に脱水するのに，非常に使い勝手が良い乾燥剤だからだ。また，触媒的不斉反応の開発を目指す研究者の間では，しばしば合成収率や不斉収率を向上させる「魔法の添加物」と言う人も多い。

　精密有機合成反応で使われるゼオライトは，数ある種類の中で，圧倒的にA型ゼオライトが多い。脱水剤としては，水分子のみを選択吸着するために，小さな細孔径が必要とされるからである。不斉反応への適用例でも，3Aや4A型ゼオライトが最適で，他のタイプのゼオライトは有効でないことが多い。ゼオライトの脱水作用が触媒活性種の寿命向上に効く場合もあるが，その他の働きをしていることも多いようであり[1]，未だにその役割ははっきりとは解明されておらず，依然不思議な高機能性材料である[2]。

　サブナノメートルの大きさの均一な細孔構造をもつゼオライトは，その類縁体も含めると百数十種類もが知られている。ここでは，天然鉱物としても存在するフォージャサイト型ゼオライトのもつ微小空間が，ホルムアルデヒド，アクロレイン，ジアゾ化合物などの，重合あるいは分解し易い不安定有機分子を安定に貯蔵するばかりか，アルケン・アルキンや芳香族化合物などのπ電子性求核剤を加えると，容易に付加反応を促進する反応場として働くという，筆者らが最近展開している研究を紹介する。

2 ホルムアルデヒドの安定貯蔵とその反応性

　ホルムアルデヒド（HCHO）は反応性に富んだC_1-求電子剤として，有機合成において重要な反応剤である。ホルムアルデヒドは常温・常圧で気体（沸点-19.5℃）であり，重合しやすく

[*1] Makoto Onaka　東京大学大学院　総合文化研究科　広域科学専攻　教授
[*2] Yoichi Masui　東京大学大学院　総合文化研究科　広域科学専攻　助教

第5章　ゼオライトの極性ナノ空間による不安定有機分子の反応制御

不安定であるため，単量体として入手することはできない。したがって，一般にはホルムアルデヒドの重合物であるパラホルムアルデヒドや3量体のトリオキサンなどを，ルイス酸等を用いて反応系中で分解するか，熱分解することにより，ホルムアルデヒドを発生させて用いられる。1990年に山本らは，嵩高いベンゼン環で囲まれた微小配位金属空間を有するルイス酸（MAPH：Methylaluminum bis(2,6-diphenylphenoxide)）を用いて，トリオキサンを分解すると同時に発生するホルムアルデヒドをアルミニウム部位で捕捉し，様々な求核剤との反応に適用することに成功した。しかし，ホルムアルデヒドの寿命は，精巧なMAPHに捕捉されても長くはなく，安定にホルムアルデヒドを保存することは大変困難であるとされてきた[3]。

そこで，筆者らは不安定なホルムアルデヒドをゼオライト細孔内に安定に吸着担持できれば，各種求核剤に対し高活性なC_1-求電子剤が開発できると考えた。その結果，ホルムアルデヒドを安定にゼオライト細孔内に貯蔵できることを初めて見出し，しかも高活性で新機能を有するC_1-求電子剤の開発に成功した[4]。

ゼオライトとしては，①細孔の入口径が0.74 nm，内部径が1.3 nm程度の均一な空洞を有し，様々な低分子量の有機化合物を取り込むことが可能である，②細孔壁を構成するアルミノシリケート構造由来の静電的要因により，極性反応場を提供するなどの特徴を持ち，しかも入手容易なフォージャサイト型ゼオライト（NaX，NaY）に着目した（図1）。

2.1　ホルムアルデヒドの吸着

パラホルムアルデヒドを熱分解（170℃）して，ホルムアルデヒドガスを発生させ，0℃に冷却した活性化ゼオライト（NaX（Si/Al組成比＝1.5）またはNaY（Si/Al組成比＝2.7））に接触させた。ホルムアルデヒド吸着量は，ゼオライトの重量増加から判断し，ゼオライト中の細孔1個あたり，ホルムアルデヒドが3～4分子であった[5]。なお，以後NaXに吸着したホルムアルデ

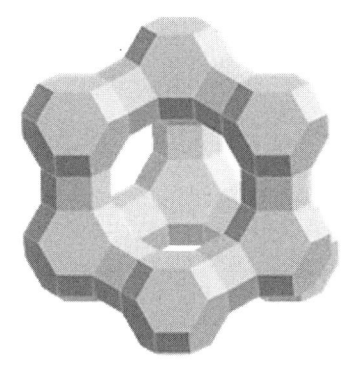

図1　フォージャサイト型ゼオライト（NaX，NaY）の単位格子

ヒドを HCHO@NaX，NaY に吸着したものを HCHO@NaY と表記する。

まず，ゼオライト中に吸着したホルムアルデヒドの状態を ^{13}C MAS NMR 法を用いて調べた。ところで，ホルムアルデヒドがゼオライト中に単量体として吸着されている状態を同定した MAS NMR の報告例は，筆者らが調べた限りでは 1 例のみであった。すなわち，NaX 中でパラホルムアルデヒドを分解した際に，わずかに存在するホルムアルデヒドの ^{13}C MAS NMR シグナルが 207 ppm に観測されたと報告されている[6]。

また，ホルムアルデヒド由来の化合物として，以下のような化合物が同定されている（図 2）。ホルムアルデヒドの重合であるパラホルムアルデヒドは 88 ppm に，3 量体であるトリオキサンは 96 ppm にそれぞれ観測されている[7]。なお，気体のホルムアルデヒドは 197 ppm と報告されている[7]。また重合体以外では，ホルムアルデヒドはゼオライト中の水分により Cannizzaro 反応を起こし，ギ酸イオンとメタノールを生成することも知られている[7]。さらに，無水条件下においては Tishchenko 反応で分解し生成するギ酸メチルの分解物の CO および CH$_3$OH が確認されている[7]。

筆者らは ^{13}C で標識したパラホルムアルデヒドから発生させた HCHO-^{13}C を NaX，NaY に吸着させた後，^{13}C MAS NMR で解析した（図 3）。その結果驚くべきことに，不安定なホルムアルデヒドが NaX，NaY 中で重合または分解することなく，単量体として安定に存在していることが確認された（図 3 (a), (c)）。それぞれ，ホルムアルデヒドのカルボニル基に由来するピークが NaX 中では 207 ppm に，NaY 中では 202 ppm に観測された。このケミカルシフトの違いは，恐らく細孔内の静電場の強さの差によるものと推測している。その他，NaX 上にはホルムアルデヒドの重合体であるパラホルムアルデヒドが，わずかにブロードピークとして 91 ppm に確認された。また，ホルムアルデヒド水和物が 81 ppm に観測された（図 3 (a)）。一方，NaY 上にはほぼホルムアルデヒドのみが観測されている（図 3 (c)）。これらの結果は，NaY に比べ NaX は Al 含有量が高く，完全に脱水することがより困難であるため，NaX ではホルムアルデヒドの水和

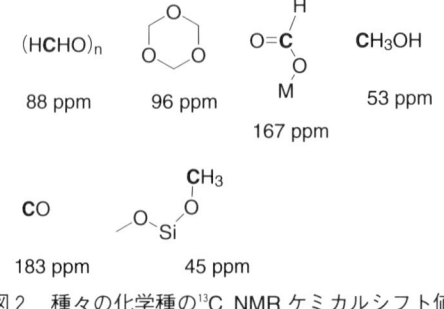

図 2 種々の化学種の ^{13}C NMR ケミカルシフト値

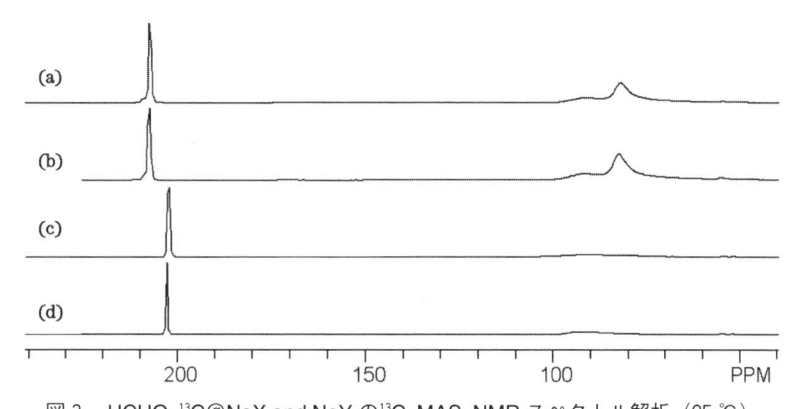

第5章 ゼオライトの極性ナノ空間による不安定有機分子の反応制御

図3 HCHO-¹³C@NaX and NaY の¹³C MAS NMR スペクトル解析（25℃）
(a)HCHO-¹³C@NaX. (b) 5℃で50日間保管後の HCHO-¹³C@NaX. (c)HCHO-¹³C@NaY.
(d) 5℃で50日間保管後の HCHO-¹³C@NaY

物が NaY より多く副生したものと考えている。

このようにホルムアルデヒドを，ほぼ単一のシグナルとして確認した報告例は過去にはなく，特に弱い酸性を有する NaY に吸着されたホルムアルデヒドとしては，初めての報告である。

次に，ゼオライト吸着ホルムアルデヒドの安定性を調べた。その結果，50日間冷蔵庫（5℃）中で保管しても，ほとんどホルムアルデヒドの重合や分解は確認されず，ホルムアルデヒドが単量体のまま存在することが確認された（図3(b), (d)）。

以上のように，ゼオライトの微小細孔をホルムアルデヒドの貯蔵容器として利用すると，不安定なホルムアルデヒドを長期保存可能であることが初めて明らかとなった。常温・常圧において気体であり，不安定なホルムアルデヒドを長期保存できることは，その活用の道が開かれたことになる。なお，このゼオライト吸着ホルムアルデヒドは水には不安定であるが，空気中で取り扱っても特に問題は生じない。

2.2 ゼオライト吸着ホルムアルデヒドの反応性

ゼオライトのナノ細孔に保持されたホルムアルデヒドは，重合を起こさずに単量体で存在し続けるということは，ホルムアルデヒドの反応性が低下しているためなのであろうか。吸着ホルムアルデヒドの反応性を調べるために，π電子性求核剤であるアルケンを加えて，カルボニル-エン反応の成否を検討した（式1)[8]。

HCHO@NaY は，種々のアルケンとのカルボニル-エン反応を円滑に起こし，対応するホモアリルアルコールが高収率で得られた（表1）。とりわけ，ルイス酸を用いたカルボニル-エン反応では従来困難であったスチレン誘導体基質との反応も，HCHO@NaY 試剤を用いると良好な収率

式 1

表 1　HCHO@Zeolite を用いたカルボニル–エン反応の一般性[a]

Run	Substrate	Reaction temp./℃	Isolated yield/%	Products	
1		20	94		
2 [b,e]	α-メチルスチレン	20	92	PhC(=CH₂)CH₂CH₂OH	only
3 [b,f]		20	32		
4 [b,g]		20	0		
5 [b]	3,4-ジクロロ-α-メチルスチレン	20	99	3,4-Cl₂C₆H₃C(=CH₂)CH₂CH₂OH	only
6 [c]	2-メチル-2-ヘプテン	0	90	2-(プロピル)ブテ-3-エン-1-オール	only
7 [c]	メチレンシクロヘキサン	0	90	(37 : 37 : 26)	
8 [c]	1-メチルシクロヘキセン	0	76	(50 : 50)	

[a] HCHO@NaY（HCHO 含量 2.4 mmol/g）　[b] 溶媒：cyclohexane　[c] 溶媒：cyclohexane/hexane＝9/1
[d] 溶媒：hexane　[e] 室温下，30 日間保存した HCHO@NaY を使用　[f] HCHO/NaX（HCHO 含量 2.4 mmol/g）．
[g] ゼオライトを用いないで，ホルムアルデヒドガスとの反応を行った

を与えた（Run 1, 5）。本試剤は 1 ヶ月間室温下で保管しても活性は全く低下しない（Run 2）。HCHO@NaX を用いた場合，反応性は低下した（Run 3）。これは NaX の方が，NaY よりも酸性が弱いためであると考えられる。また，パラホルムアルデヒドを熱分解して発生させたホルムアルデヒドガスをアルケンに作用させただけではエン反応は進行しないことから（Run 4），ゼオライト中でホルムアルデヒドが活性化され，反応が進行していることがわかる。3 置換アルケンを用いても反応は良好に進行した（Run 6）。メチレンシクロヘキサン，メチルシクロヘキセンな

第5章 ゼオライトの極性ナノ空間による不安定有機分子の反応制御

どの環状アルケンでも，位置選択性は低いものの良好な収率を与えた（Run 7, 8）。

これらの反応の後処理において，反応懸濁液にメタノール溶媒を添加した後に，ゼオライトを濾別しないと，生成物を定量的に回収できない。このことは，本反応がゼオライト外表面（細孔外）ではなく，主に細孔内で進行していることを強く示すものである。すなわち，本反応はゼオライト細孔内で進行し，生成物がゼオライト細孔内に強力に吸着されているため，極性の高いメタノールで抽出することにより，初めて生成物が細孔外へ溶出してくると考えられる。

次に，HCHO@NaY試剤を用いたカルボニル-エン反応の位置選択性を，従来のルイス酸触媒反応と比較した。分子中に二重結合を2つ有するリモネンを用いて検討した結果を示す（表2）。興味深いことに，HCHO@NaYを用いた場合，ルイス酸を用いた反応系と異なる選択性を

表2 リモネン(1)のカルボニル-エン反応

Run	Conditions	Products
1	HCHO@NaY pyridine 0.5 eq, 0℃	2 : 3 : 4 : 5 = 13 : 7 : 80 : 0 77% yield
2	HCHO@NaY −70 − 0 ℃	2 : 3 : 4 : 5 = 15 : 5 : 80 : 0 78% yield
3	HCHO@NaY −20℃	2 : 3 : 4 : 5 = 20 : 13 : 67 : 0 92% yield
4	(HCHO)n, Me₂AlCl, 25℃	2 : 3 : 4 : 5 = 42 : 2 : 0 : 56 89% yield
5	trioxane, MAPH, −78℃	2 : 3 : 4 : 5 = 72 : 28 : 0 : 0 97% yield

MAPH：methylaluminum bis(2,6-diphenylphenoxide)

示した。すなわち，ルイス酸として Me_2AlCl を用いた場合，過剰反応（5の生成）も起こった（Run 4）。また，嵩高いルイス酸 MAPH を用いた場合，側鎖のアルケン部位との反応性が高い（Run 5）[3b]。一方，HCHO@NaY を用いた場合では，シクロヘキセン骨格の環状アルケンとの反応性が高く，5は得られなかった。シクロヘキサンはヘキサンよりゼオライトから脱着するのが困難であることから推測すると[9]，シクロヘキセン骨格は側鎖部位よりもゼオライトへの親和性が高いため，シクロヘキセン骨格内のアルケン部位で反応が選択的に起こると考えられる。また，ゼオライトの分子篩能により，過剰反応を抑制できたと説明できる。

以上のように，HCHO@NaY 試薬を用いると，新たに反応促進剤を添加することなく，様々なアルケンとのカルボニル-エン反応が−20から0℃という温和な反応条件下，円滑に進むことが明らかとなった。

3　不安定な不飽和アルデヒドの安定貯蔵とその反応性

3.1　アクロレインの吸着[10]

次に，比較的不安定な吸着分子としてアクロレインに着目した。アクロレインは最も単純な不飽和アルデヒドであり，Diels-Alder 反応の基質や，ポリマーの原料としてもしばしば用いられる化合物である。アクロレインはホルムアルデヒドと同様，熱，酸素に対する安定性が低く，自己重合しやすいので通常重合防止剤とともに低温で保存しなければならない。アクロレインをゼオライト NaY に吸着させた場合，ホルムアルデヒドと同様にカルボニル酸素が Na カチオンへの吸着点となれば，アクロレイン分子同士の接触が妨げられ，安定性が向上すると考えられる。

アクロレイン（沸点53℃）のゼオライトへの吸着は，導入 N_2 ガスで気化させたアクロレインを，直接3種の多孔質固体（NaX, NaY, SiO_2）へ吹き付けて行った。アクロレインは Na 含有量の異なる NaX, NaY に対して，ともに同じ吸着量で飽和した。飽和吸着状態では，細孔当たり6分子のアクロレインが収容されていると見積もられる[11]。アクロレインは SiO_2（シリカゲル）にも吸着されるが，NaY, NaX と比べると吸着量が少ない。

次に，細孔内のアクロレインの吸着状態を見るために，^{13}C MAS NMR 測定を行った。1.0 g の NaY に対し n mmol のアクロレインが吸着した試料を acrolein(n)@NaY と表記する。

図4にアクロレイン吸着試料の ^{13}C MAS NMR，および重クロロホルム中に溶解したアクロレインの ^{13}C NMR を示す。なお，スペクトル b）〜d）中の110 ppm 付近のブロード化したピークは，NMR 装置のプローブ近くに位置するテフロン材に由来するシグナルである。

acrolein(1.0)@NaY, acrolein(1.0)@NaX, acrolein(1.6)@SiO_2 の各スペクトルとも，3本の比較的鋭いピークが確認された。これは，重クロロホルム中でのアクロレイン（カルボニル炭

第5章 ゼオライトの極性ナノ空間による不安定有機分子の反応制御

a) acrolein in CDCl$_3$ (δ 193.9, 138.0, 137.6 ppm)

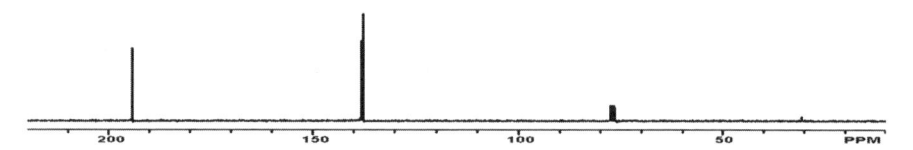

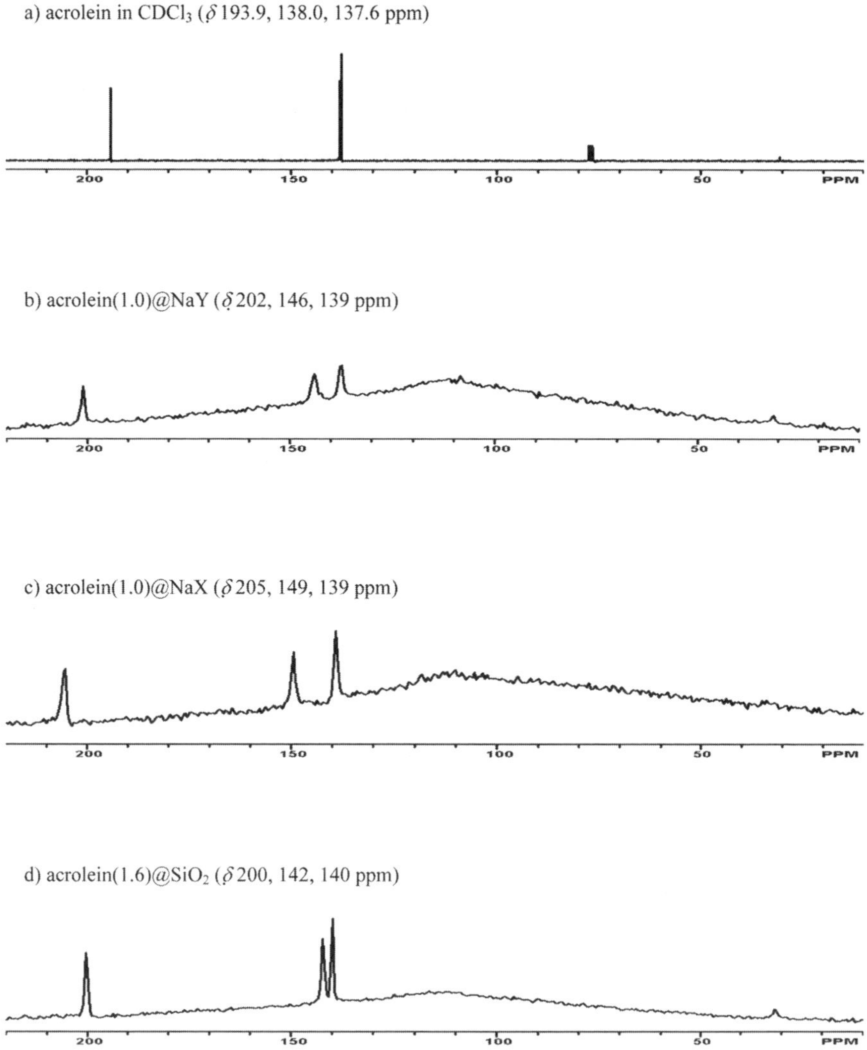

b) acrolein(1.0)@NaY (δ 202, 146, 139 ppm)

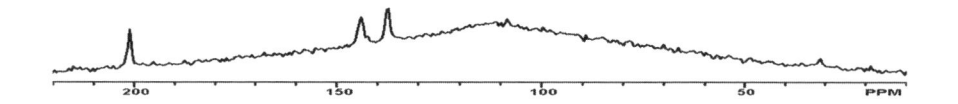

c) acrolein(1.0)@NaX (δ 205, 149, 139 ppm)

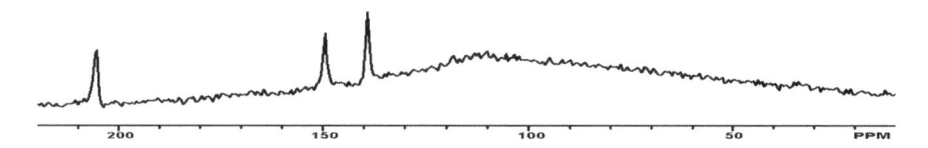

d) acrolein(1.6)@SiO$_2$ (δ 200, 142, 140 ppm)

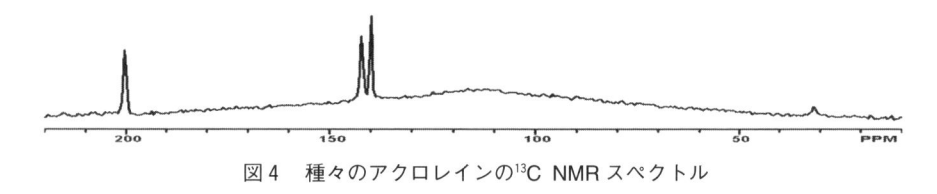

図4　種々のアクロレインの^{13}C NMRスペクトル

素：193.9, α位炭素：138.0, β位炭素：137.6 ppm）と比較すると（図5），各固体の細孔中でアクロレインが単量体で吸着していることを示している。

また，固体吸着アクロレインは，それぞれのカルボニル炭素のシグナルが重クロロホルム中に比べて低磁場側へシフトしている。シフト値は固体により異なり，NaX, NaYが大きな値（それぞれ－11, －8 ppm）を示した。これは，NaXがより多くのNaカチオンを含有しているため静電場が強く，アクロレインが強く分極された結果と推定される。同様のカルボニル炭素の低磁場側へのシフトは，ホルムアルデヒドをNaX, NaYへ吸着させた場合にも観測されている[4]。

カルボニル炭素の低磁場側へのシフトの大きさは，各固体とアクロレインとの相互作用の強さ

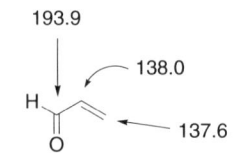

$$\text{図5 アクロレインのケミカルシフト（}\delta\text{値；CDCl}_3\text{中）}$$

H (193.9), 138.0, 137.6 (アクロレイン構造図)

にも反映する。実際に，アクロレインを飽和吸着させたacrolein(3.6)@NaYおよびacrolein(1.6)@SiO$_2$に対し同一の減圧処理（0.5 Torr，室温，1時間）を施すと，シリカゲルに吸着したアクロレインはすべて脱着したのに対し，acrolein(3.6)@NaYでは脱着が全く認められなかった。

以上のように，アクロレインがNaYゼオライト中に安定に貯蔵されること，また^{13}C MAS NMRスペクトルより，NaXとNaY中ではアクロレイン分子が異なる吸着状態をとっていることがわかった。

3.2 ゼオライト吸着アクロレインの反応性

アクロレインは未置換の不飽和アルデヒド分子であり，反応性が高い反面，反応制御が困難である。アクロレインへの1,4-付加反応は，末端にホルミル基を残し3炭素増炭できるため，合成化学的な利用価値が高い。しかし，アクロレインに対し選択的に求核剤が1,4-付加した報告例は少なく，汎用性の高い1,4-付加手法の確立が望まれている。

上述したように，ゼオライト細孔内には静電場が形成され，特にアルミニウム含有率の高いゼオライトほど，より極性な反応場を提供する。従って，アルミニウム含有率の高いNaYゼオライトの細孔内に吸着したアクロレインは，静電場の影響で大きく分極し，活性化されていると考えられるので，穏やかなπ電子性求核剤である芳香族化合物との反応を検討した。

酸性条件下で行われる芳香族化合物のアルキル化反応は，実用的な芳香族求電子置換反応として広く利用されている[12]。塩化アルミニウムや，BF$_3$・OEt$_2$等のルイス酸触媒がよく用いられるが，固体酸触媒によるアルキル化反応も活発に研究されている[13]。特にインドール類のアルキル化反応は，医農薬品として期待される様々なインドール類縁体を合成する上で重要な反応である。しかし，インドール類のFriedel-Craftsアルキル化反応において，α,β-不飽和アルデヒドに対する1,4-付加反応は一般に困難とされている[14]。

はじめに，NaY 1 g当たり3 mmolのアクロレインを吸着したacrolein(3.0)@NaYを用いて，塩化メチレン溶媒中インドールを作用させたところ，予期したように目的の1,4-付加体のみが選択的に得られた（表3，Run 1）。おもしろいことに，予めアクロレインをNaYに吸着さ

第5章　ゼオライトの極性ナノ空間による不安定有機分子の反応制御

表3　NaYゼオライトによるインドールのアクロレインへの1,4-付加反応

Run	Catalyst	Time/h	Yield/%
1	acrolein(3.0)@NaY	18	58
2	NaY	18	56

せずに，インドールを加えた後にアクロレインを添加した場合にも，ほぼ同等の収率が得られることがわかった（Run 2）。これは，インドールと比べてアクロレイン分子の極性が高いため，インドールとアクロレインの共存下において，アクロレインがNaYに選択的に吸着するためと考えられる。そこで，以後の実験では操作がより簡便な，アクロレインと芳香族化合物を同時にゼオライトに加える簡便法で行うことにした。

NaYゼオライトを用いた各種インドール類のアクロレインへの1,4-付加反応の結果を表4に示す。種々のインドール類を用いた場合も反応は円滑に進行した。特に，5位に電子求引性基を導入した5-クロロインドールでは，反応性，収率ともに向上した。一般にFriedel-Craftsアルキル化反応では，芳香環上に電子求引基が存在すると反応性が低下するが，本反応条件では逆の傾向が見られた。また，窒素上に水素をもつインドール環を保護することなく利用できる点も注目される（Run 1, 3, 4, 5）。

さらに，インドールに比べ芳香族求電子置換反応性が低いアニソールを用いて，アクロレイン

表4　各種インドール類との反応

Run	R^1	R^2	Time/h	Yield/%
1	H	H	18	56
2	H	Me	18	45
3	Me	H	12	56
4	OMe	H	24	42
5	Cl	H	3	72

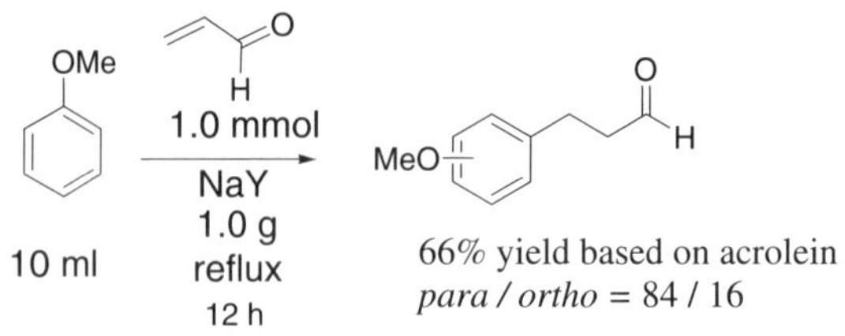

図6 アニソールの1,4-付加反応

との反応を検討した（図6）。アニソールを溶媒量用いてNaYゼオライト存在下アクロレインを作用させたところ，1,4-付加反応は進み，中程度の収率で目的の付加体が得られた。この場合も，1,2-付加体の生成は全く認められなかった。ちなみに，アクロレインとアニソールから直接3-フェニルプロパナール誘導体を合成する方法は，過去に報告例がない新規なものである。

一般に，芳香環への酸性条件下でのFriedel-Craftsアルキル化反応では，骨格の異性化により枝分かれしたアルキル基が付きやすく，直鎖状のアルキル基の導入は難しい。本法を使用することで，直鎖のC3ユニットを導入できるばかりでなく，末端にホルミル基を保有することにより，更に化学変換が可能である合成的なメリットもある。

4　α-ジアゾ酢酸エステルの吸着とその反応性[15]

4.1　α-ジアゾ酢酸エチルの吸着

α-ジアゾ酢酸エステルはジアゾ化合物の中では比較的安定な物質であるが，ゼオライトNaYは弱い酸性をもつので，その極性ナノ細孔中で脱窒素を伴う分解等を受けずに安定に吸着されるかが心配された。そこで，活性化したNaY 1 gにα-ジアゾ酢酸エチル1.4 mmolの蒸気を導入して吸着させ，^{13}C MAS NMRで分析した（図7）。その結果，α-ジアゾ酢酸エチルの4種の炭素原子のみが観測され，分解せずに保持されていることがわかった。なお，スペクトル(a)中の110 ppm付近を中心としたブロード化したピークは，NMR装置のプローブ周囲にあるテフロン材に起因するもので，α-ジアゾ酢酸エチル由来のものではない。また，重クロロホルム中に比べ，吸着種のカルボニル炭素が5 ppm低磁場シフトしていることから，カルボニル基がゼオライト細孔中でより分極していることが示唆された。更に，NaY吸着α-ジアゾ酢酸エステル（N_2CHCO_2Et@NaY）は，吸着後室温で3ヶ月間放置しても全く分解されない安定性を示した。また，α-ジアゾ酢酸エステルはNaYに吸着すると，その熱分解温度が10℃上昇することも，示差走査熱量分析よりわかった。

図7 α-ジアゾ酢酸エチルの¹³C NMR スペクトル
(a) N₂CHCO₂Et@NaY, (b) CDCl₃中

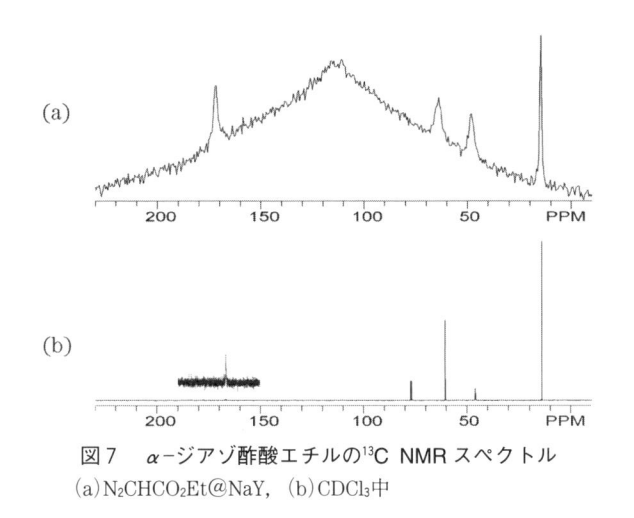

4.2 α-ジアゾ酢酸エチルの反応性

　一般に，ジアゾ化合物の炭素-炭素三重結合への1,3-双極子付加反応は，ピラゾール複素環化合物を与える優れた合成法として知られている。しかし，電子求引基のエステル基が隣接するα-ジアゾ酢酸エステルのアルキンへの1,3-双極子付加は意外に進みにくく，成功例は塩化インジウム触媒を用い，しかも水溶媒中でのみ進むと報告された1例のみである[16]。Al含有率の高いゼオライトの細孔中は，水中の様な極性の高い空間であるので，NaYの細孔をナノフラスコとして利用すると，水中でのみ促進されるこの1,3-双極子付加反応が起こるのではないかと考えた。

　実際，塩化メチレンに活性化NaYを懸濁させ，そこへα-ジアゾ酢酸エチルとプロピオール酸エチル（HC≡CCO₂Et）を加え，室温で12時間攪拌すると，1,3-双極子付加したピラゾール生成物が97％収率で単離された（表5，Run 1）。ちなみに，NaYの代わりにシリカゲルを用いると，生成物の収率はわずか19％であり，ゼオライトの細孔空間の有用性が明らかである。この合成手法は種々の電子求引基をもつ三重結合に対して有効であった。特に，ホルミル基を有するプロピナール（HC≡CCHO）（表5，Run 3）は，－20℃でも重合が進む非常に不安定なアルキンであるが，ゼオライトの存在下ではα-ジアゾ酢酸エチルとの付加が効率的に進み，新規のピラゾール誘導体を与えた点は特筆できる。ホルムアルデヒドやアクロレインと同様に，プロピナールはゼオライト細孔内で安定化して重合が抑制されるので，1,3-双極子付加が優先的に起こったと考えられる。

　表5中のいずれの反応も，ゼオライトの細孔内のNaイオンに，アルキン分子中のカルボニル基が配位して，アルキン分子のLUMOが低下することで，α-ジアゾ酢酸エチルの協奏的1,3-双極子付加が促進されたものと考えられる。

表5 アルキンへのα-ジアゾ酢酸エチルの1,3-双極子付加

Run	R^1	R^2	Yield/%
1	CO$_2$Et	H	97
2	CO$_2$Me	H	95
3	COMe	H	92
4	CHO	H	82
5	CO$_2$Et	Me	74

5 おわりに

ゼオライトの仲間の中では最もありふれた種類のフォージャサイトの極性ナノ空間は，意外にも重合しやすい化学種を単量体のまま安定に保つ貯蔵庫として有効であり，しかも吸着化学種の反応性を高めていることを明らかにした。それぞれの不安定化学種がゼオライト細孔表面にどのような形態で吸着しているのかはまだ十分わかっていない。しかし，ゼオライトに吸着したこれらの化学種の^{13}C MAS NMR測定において，吸着密度を変えたり，測定温度を変えていくと，それぞれの炭素のNMRスペクトル巾が鋭くなったり，あるいはブロード化する線形変化の様子から，これらの不安定化学種は細孔表面で固定しているのではなく，細孔内を移動していることも判明した。常温で，細孔空間を動き回っているのに，なぜ不安定分子同士の重合が抑制されるのか，まだ十分な説明をすることはできない。これからの研究課題である。

文　　献

1) たとえば，Okachi, T.; Murai, N.; Onaka, M. *Org. Lett.* **5**, 85 (2003)
2) 尾中篤，増井洋一，化学と工業，**58**, 549 (2005)
3) (a) Maruoka, K.; Concepcion, A. B.; Hirayama, N.; Yamamoto, H. *J. Am. Chem. Soc.* **112**, 7422 (1990); (b) Maruoka, K.; Concepcion, A. B.; Murase, N.; Oishi, M.; Hirayama, N.; Yamamoto, H. *J. Am. Chem. Soc.* **115**, 3943 (1993)
4) Okachi, T.; Onaka, M. *J. Am. Chem. Soc.* **126**, 2306 (2004)
5) Freeman, J. J.; Unland, M. L. *J. Catal.* **54**, 183 (1978)

6) Sefcik, M. D. *J. Am. Chem. Soc.* **101**, 2164 (1979)
7) (a) Philippou, A.; Anderson, M. W. *J. Am. Chem. Soc.* **116**, 5774 (1994); (b) Hunger, M.; Schenk, U.; Weitkamp, J. *J. Mol. Cat. A: Chem.* **134**, 97 (1998); (c) Hunger, M.; Schenk, U.; Weitkamp, J. *J. Mol. Cat. A: Chem.* **156**, 153 (2000)
8) (a) Mikami, K.; Terada, M.; Shimizu, M.; Nakai, T. *J. Synth. Org. Chem., Jpn.* **48**, 292 (1990); (b) Mikami, K.; Shimizu, M. *Chem. Rev.* **92**, 1021 (1992)
9) (a) Eberly, P. E.; Baker, L. E. *J. Apple. Chem.* **17**, 44 (1967); (b) Wu, P.; Ma, Y. *Zeolites* **3**, 118 (1983)
10) Imachi, S.; Onaka, M. *Chem. Lett.* **34**, 708 (2005)
11) Monduzzi, M.; Monaci, R.; Solinas, V. *J. Colloid Interface Sci.* **120**, 8 (1987)
12) Olah, G. A.; Krishnamurti, R.; Prakash, G. K. S. In Comprehensive Organic Synthesis; ed. by Trost, B. M.; Fleming, I. Pergamon Press; Oxford, 1991 Vol. 3, p. 293.
13) Mortikov, E. S.; Andreev, V.; Lishchiner, I. I.; Pakhomova, I. E.; Levin, D. Z.; Chekesova, M. P.; Kononov, N. F.; Gol'dovskii, A. E.; Minachev, K. M. *Zh. Prikl. Khim.* **50**, 1867 (1977)
14) (a) Austin, J. F.; MacMillan, D. W. *J. Am. Chem. Soc.* **124**, 1172 (2002); (b) Denhart, D. J.; Mattson, R. J.; Ditta, J. L.; Macor, J. E. *Tetrahedron Lett.* **45**, 3803 (2004)
15) Kobayashi, K.; Igura, Y.; Imachi, S.; Masui, Y.; Onaka, M. *Chem. Lett.* **36**, 60 (2007)
16) Jiang, N.; Li, C.-J. *Chem. Commun.* 394 (2004)

第6章 無機結晶表面を配位子とする固定化金属触媒の創製と環境調和型物質変換反応への展開

金田清臣[*1]，海老谷幸喜[*2]，水垣共雄[*3]

1 はじめに

新規な高機能性触媒の開発は，環境に調和した化学プロセスを創製するために必要不可欠である。本研究グループでは，大量の廃棄物を生成する従来型の化学プロセスを一新する，分子状酸素を酸化剤に用いる選択的酸化反応や高効率的な炭素－炭素結合形成反応をターゲットに，新世代の高機能固定化金属触媒の開発を目指している。本稿では特に，無機結晶性化合物表面を触媒活性種の配位子と捉え，構造を原子レベルで制御した固定化金属種を用いる，以下の自然共生型の物質変換反応について述べる[1]。

2 環境に負荷をかけない選択的酸化反応

アルコールの酸化によるカルボニル化合物の合成は，重要な有機合成反応のひとつであるが，未だにその多くが有害かつ，廃棄物を多量に生成する試薬を用いた量論反応にて行われている。最近，クリーンな酸化剤として分子状酸素（O_2）を用いた金属錯体触媒による均一系反応が報告されているが，低活性で，触媒との分離・再使用が困難という実用上の問題が残されている。

ハイドロキシアパタイト（HAP）は，骨や歯など生体硬組織の主成分であり，$Ca_{10}(PO_4)_6(OH)_2$なる一般組成をもち，イオン交換能や非化学量論性等の特徴をもつ機能性無機材料である（図1）。この HAP を $PdCl_2(PhCN)_2$ の溶液で処理すると，表面に Pd^{2+} が吸着し，固体表面を配位子としたパラジウム錯体（PdHAP）が容易に得られる（図2A）。HAP 表面に固定化された単核 Pd^{2+} 種はアルコールにより還元され，アルコールの種類を選択することで平均粒子径が制御された Pd ナノクラスターへとその形態を変化させる（図2B）。

この Pd ナノ粒子は，常圧酸素を酸化剤とし種々のアルコールを効率的に酸化できる。この

[*1] Kiyotomi Kaneda　大阪大学大学院　基礎工学研究科　物質創成専攻　教授
[*2] Kohki Ebitani　北陸先端科学技術大学院大学　マテリアルサイエンス研究科　教授
[*3] Tomoo Mizugaki　大阪大学大学院　基礎工学研究科　物質創成専攻　助教

第6章　無機結晶表面を配位子とする固定化金属触媒の創製と環境調和型物質変換反応への展開

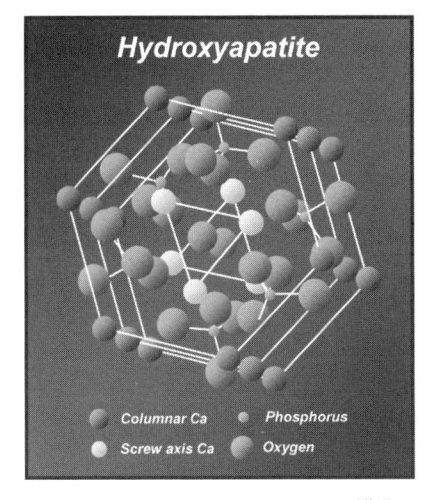

図1　ハイドロキシアパタイトの構造

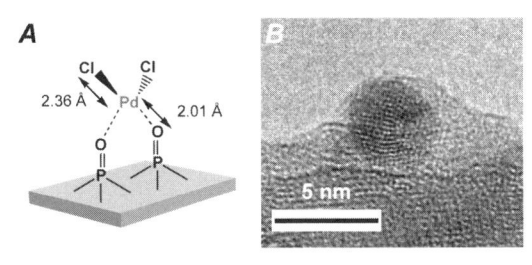

図2　(A) PdHAP の表面構造，(B) 反応後に生成する Pd 粒子の TEM イメージ

式1

時，Pd 1 モルあたりの生成物のモル数（TON）は 236,000 にも達し，O_2 を用いた従来の反応系に比べ3桁以上も高い[2]。また，HAP 表面固定化 Pd ナノクラスターは，アルゴン雰囲気下でインドリンのインドールへの脱水素反応，および常圧水素雰囲気下での脱ハロゲン化反応や Z 基の脱保護反応に極めて高い触媒活性を示す（式1）。

さらに HAP マトリックス内に磁性ナノ粒子（γ-Fe_2O_3）を内包させた HAP-γ-Fe_2O_3 を触媒担体に用い，表面に Ru を固定化した触媒（RuHAP-γ-Fe_2O_3）は，HAP の特性を保持したまま磁性という機能を付与した新規不均一系触媒となることを見出した（図3）[3]。RuHAP-γ-Fe_2O_3 触媒は，O_2 を用いたアルコール酸化反応において，既存の Ru 触媒系の中で最も高い活性を示す。

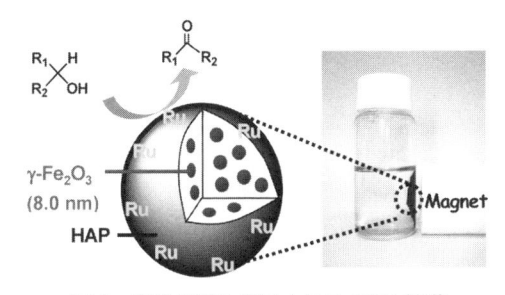

図3　酸化鉄磁性粒子内包 RuHAP 触媒

例えば、ベンジルアルコールの酸化における TOF は 196 h^{-1} に達し、これは従来の RuHAP 触媒 (TOF＝2 h^{-1})[4]のほぼ 100 倍にあたる。高活性発現の要因は、従来の RuHAP では Ru^{3+} であったのに対し、本触媒では高原子価の Ru^{4+} 種を固定化できたためと考えられる。本 RuHAP-γ-Fe$_2$O$_3$ 触媒は磁性をもつため磁石による分離・回収も容易である。

塩基性層状粘土鉱物の一種であるハイドロタルサイト（HT；Mg–Al–CO$_3$）は、Mg^{2+} と Al^{3+} からなるカチオン性基本層とアニオン性中間層（通常 CO$_3^{2-}$）から形成され、基本層のカチオン交換能、中間層のアニオン交換能、吸着能、および表面塩基強度の精密制御といった特徴をもっており、さらに組成の均一な Mg–Al 複合酸化物の前駆体となる[5]など、多様な触媒設計を可能とする機能性材料である。HT 表面では、Ru と Mn から成る heterotrimetallic 種が形成され、Ru と Mn との共同効果によりアルコール酸化反応が促進される。

Ru と Mn カチオンを HT 表面に同時に固定化した触媒では、XAFS 測定の結果、Mn–Mn 結合距離 2.32 Å、配位数 0.9 であり、また、Ru–Mn 結合も観測された。この結果は、Mn^{4+} カチオンはダイマー種として HT 表面に固定化されており、水酸基により Ru(IV)–OH 種と結合した RuMnMn trimetallic site を形成していることを示している[6]。この時、反応速度は HT 固定化 Ru 触媒の約 7 倍となった。速度論的解析により、RuMnMn trimetallic site 中での Mn は、アルコール酸化反応の律速過程である Ru-alcoholate 中間体から β 水素の脱離を促進する役割を果たしていると考えられる。

3 廃棄物を最小限とする炭素–炭素結合形成反応

炭素–炭素結合の選択的な形成は、有機合成化学において重要な位置を占めるが、未だに AlCl$_3$ などを化学量論量近く使用することが多い。これらは、反応後の中和処理で多量の無機塩を廃棄物として生成するため、反応の原子効率（atom efficiency）[7]が極めて低い。

Ca^{2+} と Ru^{3+} の交換により調製した RuHAP を AgSbF$_6$ あるいは AgOTf で処理すると、図 4 の様に配位不飽和 Ru^{3+} 種が固定化されたカチオン性 RuHAP 触媒が得られ、均一系 Ru 錯体では反応しないジエノフィルを用いた Diels–Alder 反応に有効な不均一系触媒となる[8]。

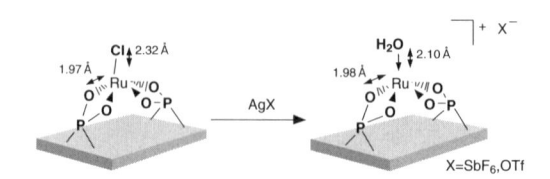

図 4 RuHAP およびカチオン性 RuHAP 触媒の表面構造

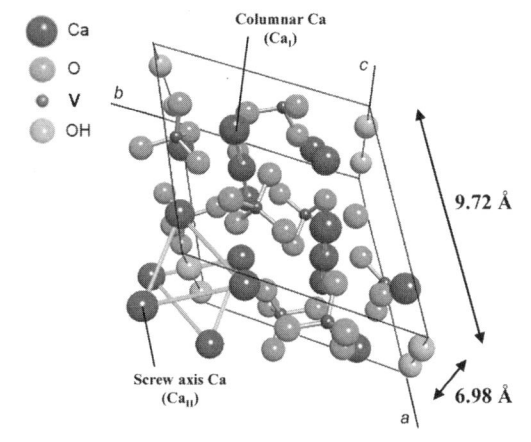

第6章　無機結晶表面を配位子とする固定化金属触媒の創製と環境調和型物質変換反応への展開

図5　カルシウムバナジン酸アパタイト（VAp）の構造模式図

式2

また，HAP のアニオン交換能を用い，リン酸部位（PO_4^{3-}）をオルトバナジン酸（VO_4^{3-}）に全置換して調製したカルシウムバナジン酸アパタイト（VAp，図5），$Ca_{10}(VO_4)_6(OH)_2$，は水溶媒中での Michael 反応を効率良く進行させる優れた固体 Brønsted 塩基触媒となる。例えば200 mmol スケールの Michael 反応は，水溶媒中 40 ℃にて速やかに進行し，対応する付加体が高収率で得られ（単離収率：92 %），表面バナジウム基準の TON は 260,400（TOF＝48 sec^{-1}）に達する（式2）[9]。

本触媒反応系は図6に示す様に3相系で進行し，固体触媒は遠心分離により容易に分離回収できる。また，高い活性を保持したまま少なくとも4回の再使用が可能であり，反応溶液の ICP 測定から，V 種のリーチングはないことが確認されている。

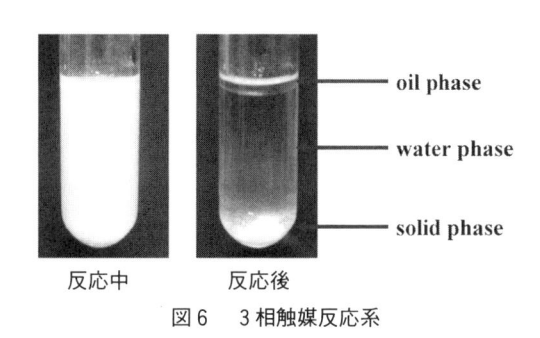

図6　3相触媒反応系

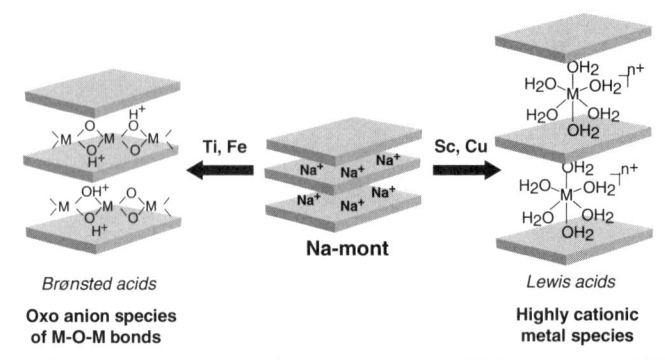

図7 金属交換モンモリロナイト（M^{n+}-mont）における層間金属カチオンの構造と酸性質

酸性層状粘土鉱物であるモンモリロナイト（mont）は，層間金属カチオンの高い交換能に基づき，種々の多価カチオン種を層間に導入できる特徴をもつ。多価金属イオンで交換した mont（M^{n+}-mont）の固体酸触媒としての魅力は，交換する金属カチオンによって酸量，酸強度，および酸の種類が制御できる点にある[10]。これは，金属塩の加水分解のされやすさ，すなわち水中での安定性に関連していると考えられている。加水分解を受けやすいチタンなどは mont 層間で水酸化物種を形成し，M–O–M 結合のオキソアニオン種上のプロトンが酸点となる。一方，加水分解を受けづらいスカンジウムや銅は単核のアクア錯体として mont 層間に固定化されルイス酸点として作用する（図7）。

Na^+-mont を水中にて Sc(OTf)$_3$ で処理すると Sc 固定化 mont（Sc^{3+}-mont）が得られる。Sc^{3+} 種は，6個の水を配位子としシリケート層間に単核で固定化されている。本 Sc^{3+}-mont は，水中で機能するルイス酸として知られる Sc(OTf)$_3$ より高活性を示し，種々の1,3-ジカルボニル化合物のエノンによる Michael 反応を水中あるいは無溶媒条件下で極めて効率よく進行させる[11]。mont のシリケート層は弱求核性の巨大カウンターアニオンとして機能し，Sc カチオンの強いルイス酸性を発現させると考えている。なお，EXAFS により，反応後も単核構造を保持していることを確認している。

一方，Na^+-mont を四塩化チタン水溶液で処理すると，4つの Na イオンが1つの Ti^{4+} カチオンと交換した Ti^{4+}-mont 触媒が調製できる。Ti K 殻 EXAFS 解析の結果，mont 層間に固定化された Ti^{4+} カチオン種は，シリケート層に沿った鎖状の水酸化物種を形成していることが示された。Ti^{4+}-mont はフルオレノンによる，2-フェノキシエタノールのアルキル化反応に高い触媒活性を示し，高機能性ポリマーの原料を高収率で与える。現行の合成プロセスでは硫酸とメルカプト酸を用いているが，Ti^{4+}-mont は腐食性の酸を代替する固体酸触媒となる。

極性溶液中で容易に膨潤する柔軟な mont の層状構造のため，M^{n+}-mont 触媒はゼオライト触媒では反応しない大きな分子を変換できる特徴をもつ。例えば，層間距離の広がった Ti^{4+}-mont

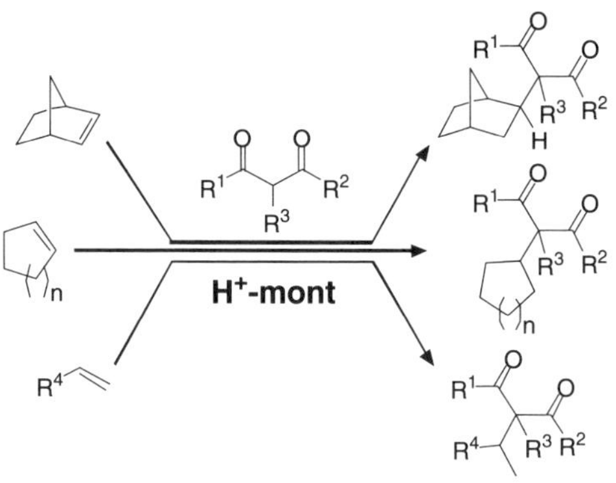

第 6 章　無機結晶表面を配位子とする固定化金属触媒の創製と環境調和型物質変換反応への展開

式 3

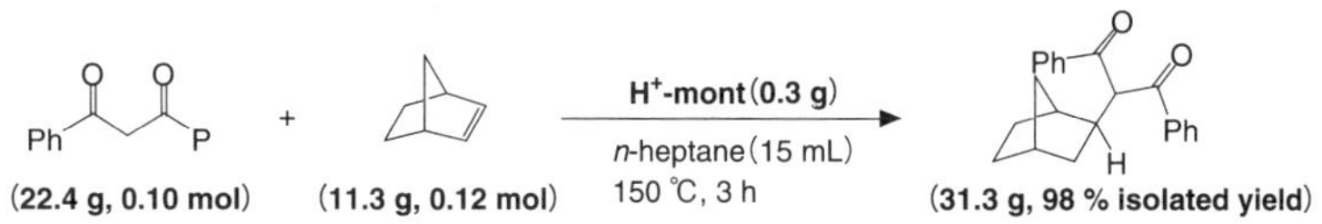

式 4

では，層間のプロトン酸点が有効に利用できるため，嵩高い基質分子のエステル化反応，アセタール化反応，脱保護反応，およびアシル化反応等の酸触媒反応を極めて効率よく進行させる。

また，mont 層間に H^+ を導入した，プロトン交換型モンモリロナイト（H^+-mont）が様々な 1,3-ジカルボニル化合物の単純オレフィンへの求核付加反応を効率よく進行させることを見出した（式 3）[12]。H^+-mont は反応終了後，反応系から容易に分離回収が可能であり，活性および選択性の低下なく 7 回の再使用が可能であった。また，100 mmol スケールのノルボルネンとジベンゾイルメタンとの反応は，H^+-mont（0.3 g）を用いると 3 時間でほぼ完了する（式 4）。

さらに，反応終了後，生成物は溶媒である n-heptane から再結晶で容易に単離が可能である。この反応において H^+-mont の酸点あたりの TON は 327，TOF は 109 h^{-1} となり，この値はこれまでの報告よりもはるかに大きい。本反応は，均一系試剤である硫酸や p-トルエンスルホン酸を用いても全く進行しない。この H^+-mont は，基質と求核剤の両方を活性化（dual activation）できるため，ユニークな触媒作用が発現したと考えられる。

1 ナノメートル以下のクラスターはサブナノクラスターと呼ばれており，全く新しい性質を示す物質群として注目されている[13]。我々は，オングストロームサイズの mont 層空間にパラジウムサブナノクラスターを調製し，アリル位置換反応において均一系 Pd 錯体では見られない新規な触媒作用を見出している[14]。mont 層間のサブナノパラジウム粒子は，ホスフィンなどの配位子を必要とせず，水溶媒，空気中でのアリル位置換反応に高活性を示す。サブナノパラジウム種表面の配位不飽和サイトにより，π-アリル中間体が効率的に形成されることが本触媒活性の鍵

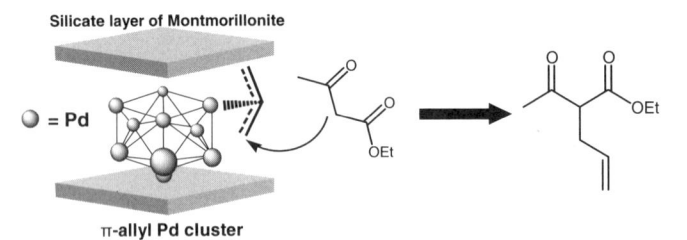

図8 モンモリロナイト層間での Pd サブナノクラスターによるアリル位置換反応

と考えられる（図8）。

4　多機能表面の創製と one-pot 合成への展開

　持続可能な化学変換プロセスの構築には，これまで不可能とされてきた物質変換を可能とする新規な触媒や触媒反応系の創出が鍵となることは言うまでも無い。また，グリーン・サステイナブルケミストリーを強く意識した物質合成では，目的とする化合物をいかにスマートに作るかといった点が重要視されている。つまり，エネルギー，資源，労力の投入を最小限として，目的物質を高収率で作るためのシンプルな合成ストラテジーが必要となる。

　ワンポット合成反応は，一つの反応器の中で複数の反応を連続して行い生成物を得るため，中間生成物の分離・精製を必要とする従来の多段階合成反応に比べ，エネルギー・時間・試薬を最小限にとどめる理想的な合成手法として注目を集めている。ワンポット合成では，同一反応器の中で，異なる作用を示す触媒同士がお互いの作用を阻害しないことが最も重要である。複数の触媒活性点を独立に作用させるため，"site isolation"という概念がある[15]。これは，各活性点（サイト）が接触せずに，同一反応器で共存することであり，各サイトを別々の空間に固定化することがその指針となる。

　我々は，固体表面に特有の触媒機能として複数の活性種を固定化した多機能表面による one-pot 合成反応を見出している。層状粘土鉱物ハイドロタルサイト（HT）の表面は，塩基性と単核 Ru カチオン種を固定化する吸着能を併せもっている。HT 固定化 Ru 触媒は，アルコールとニトリルを出発物質に用い，以下の4つの反応を連続的に進行させ，α-アルキル化ニトリルを one-pot で合成する優れた固体触媒となる（式5）[16]。

式5

第 6 章　無機結晶表面を配位子とする固定化金属触媒の創製と環境調和型物質変換反応への展開

式 6

均一系では酸と塩基は，中和反応によりお互いに失活するため，反応系内に共存することができない。金属カチオン交換モンモリロナイトは，固体酸触媒として機能することを見出しているが，その酸点は数Åの mont 層間の金属カチオン種に起因する。また，約 40 μm の粒子である HT は，上記の様に表面塩基点をもっている。この2つの固体触媒を混合しても，mont 層間の酸点と HT 表面の塩基点は接触することなくお互いの機能を発揮でき，複数の酸塩基触媒反応を連続的に進行させる one-pot 反応を可能とする。たとえば，強いブレンステッド酸性を示す Ti^{4+}-mont と HT を用いると，エステル化反応（①酸触媒反応），脱アセタール反応（②酸触媒反応），アルドール反応（③塩基触媒反応），およびエポキシ化反応（④塩基触媒反応）の4つの異なる反応を連続的に進行させ，ワンポットでのエポキシニトリルの合成に成功している（式6）[17]。

固体触媒を用いたこれらの one-pot 合成反応は，目的物質をシンプルに作る新しい合成ストラテジーを提供し，自然共生型のモノづくりを可能とすると考えている[18]。

5　おわりに

これまで，ハイドロキシアパタイト，モンモリロナイト，ハイドロタルサイトといった無機結晶性化合物をマクロリガンドとして，単核配位不飽和種・ヘテロトリメタリック種・金属ナノクラスターなどの特異な構造をもつ金属活性種を創出し，分子状酸素を用いた選択酸化反応，炭素–炭素結合反応，およびそれらを組み合わせた one-pot 合成反応におけるユニークな触媒作用を明らかにしてきた。上記の固定化金属触媒は，有機配位子をもつ金属錯体触媒に比べ，熱や酸化雰囲気に安定であり，固定化触媒金属種の溶出は無く，高価な金属を有効に利用している。今後は，エネルギー・資源問題を解決する，さらに高度な物質変換反応の実現を目指した高機能化固定化金属触媒の開発が重要となるであろう[19]。

文　献

1) K. Kaneda, K. Mori, T. Mizugaki, K. Ebitani, *Bull. Chem. Soc. Jpn.*, **79**, 981 (2006)
2) K. Mori, T. Hara, T. Mizugaki, K. Ebitani, K. Kaneda, *J. Am. Chem. Soc.*, **126**, 10657 (2004)
3) K. Mori, S. Kanai, T. Hara, T. Mizugaki, K. Ebitani, K. Jitsukawa, K. Kaneda, *Chem. Mater.*, **19**, 1249 (2007)
4) K. Yamaguchi, K. Mori, T. Mizugaki, K. Ebitani, K. Kaneda, *J. Am. Chem. Soc.*, **122**, 7144 (2000)
5) K. Yamaguchi, K. Ebitani, T. Yoshida, H. Yoshida, K. Kaneda, *J. Am. Chem. Soc.*, **121**, 4526 (1999); K. Ebitani, K. Motokura, K. Mori, T. Mizugaki, K. Kaneda, *J. Org. Chem.*, **71**, 5440 (2006)
6) K. Ebitani, K. Motokura, T. Mizugaki, K. Kaneda, *Angew. Chem. Int. Ed.*, **44**, 3423 (2005)
7) R. A. Sheldon, *CHEMTECH*, 38 (1994)
8) K. Mori, T. Hara, T. Mizugaki, K. Ebitani, K. Kaneda, *J. Am. Chem. Soc.*, **125**, 11460 (2003)
9) T. Hara, S. Kanai, K. Mori, T. Mizugaki, K. Ebitani, K. Jitsukawa, K. Kaneda, *J. Org. Chem.*, **71**, 7455 (2006)
10) T. Kawabata, M. Kato, T. Mizugaki, K. Ebitani, K. Kaneda, *Chem. Eur. J.*, **11**, 288 (2005)
11) T. Kawabata, T. Mizugaki, K. Ebitani, K. Kaneda, *J. Am. Chem. Soc.*, **125**, 10486 (2003)
12) K. Motokura, N. Fujita, K. Mori, T. Mizugaki, K. Ebitani, K. Kaneda, *Angew. Chem. Int. Ed.*, **45**, 2605 (2006)
13) K. Okamoto, R. Akiyama, H. Yoshida, T. Yoshida, S. Kobayashi, *J. Am. Chem. Soc.*, **127**, 2125 (2005)
14) T. Mitsudome, K. Nose, K. Mori, T. Mizugaki, K. Ebitani, K. Jitsukawa, K. Kaneda, *Angew. Chem. Int. Ed.*, **46**, 3288 (2007)
15) Voit, B. *Angew. Chem. Int. Ed.*, **45**, 2 (2006)
16) K. Motokura, D. Nishimura, K. Mori, T. Mizugaki, K. Ebitani, K. Kaneda, *J. Am. Chem. Soc.*, **126**, 5662 (2004)
17) K. Motokura, N. Fujita, K. Mori, T. Mizugaki, K. Ebitani, K. Kaneda, *J. Am. Chem. Soc.*, **127**, 9674 (2005)
18) K. Motokura, N. Fujita, K. Mori, T. Mizugaki, K. Ebitani, K. Jitsukawa, K. Kaneda, *Chem. Eur. J.*, **12**, 8228 (2006)
19) 「化学レポート 2007：現状と将来」（触媒化学および環境・安全化学・グリーンケミストリー・サスティナブルテクノロジーディビジョン），日本化学会 (2007)

第7章　固定化水酸化ルテニウム触媒を用いた酸素酸化反応・水和反応

水野哲孝[*1]，山口和也[*2]

　無機酸化物担体上に高分散担持した水酸化ルテニウム触媒が，分子状酸素を酸化剤とするアルコール，アミン，芳香族炭化水素類，ナフトールなどの酸化反応に対して他に類を見ない高活性，高選択的な優れた不均一系触媒となることを見出した。また，本触媒は，ニトリル類の水和反応，水素化反応，異性化反応，などに対しても高い触媒作用を示すことを明らかにした。本稿では，それらの詳細について述べる。

1　はじめに

　種々の有機基質の含酸素有機化合物への変換と脱水素反応に代表される酸化的官能基変換は，有機化学の基本となる反応の一つであり，実験室レベルの合成から医薬品やファインケミカルズの合成，さらに石油化学工業におけるバルクケミカルズの製造にいたるまで幅広く利用されている。しかしながら，酸化的官能基変換は最も基本的な化学反応の一つであるにもかかわらず，反応の制御といった観点から多くの問題点を抱えている。また，含酸素有機化合物の合成には未だにクロム，マンガン，鉛等を含む重金属塩，次亜塩素塩，硝酸などの試薬が用いられるケースが多く，これら酸化試剤は量論量必要とする他，毒性重金属塩の処理等の問題もある。したがって，分子状酸素や過酸化水素といった，水のみが副生成物として生じる酸化剤を用いて効率的かつ触媒的に基質の選択酸化反応を進行させることができれば，汚染物質を大幅に低減もしくは出さないようにする"環境調和型酸化反応"が達成できる。

　我々は，金属酸化物クラスターの一種であるポリオキソメタレートをベースとした環境調和型酸化触媒の開発を行ってきた[1]。その中で，ルテニウムを置換したシリコタングステートが分子状酸素を酸化剤とするアルカン，アルコール類の酸化反応に対する優れた触媒となることを見出した[1a]。これらの反応活性と構造の相関，反応機構を検討していく過程で，単核もしくは高分散

---

* 1　Noritaka Mizuno　東京大学大学院　工学系研究科　応用化学専攻　教授
* 2　Kazuya Yamaguchi　東京大学大学院　工学系研究科　応用化学専攻　講師

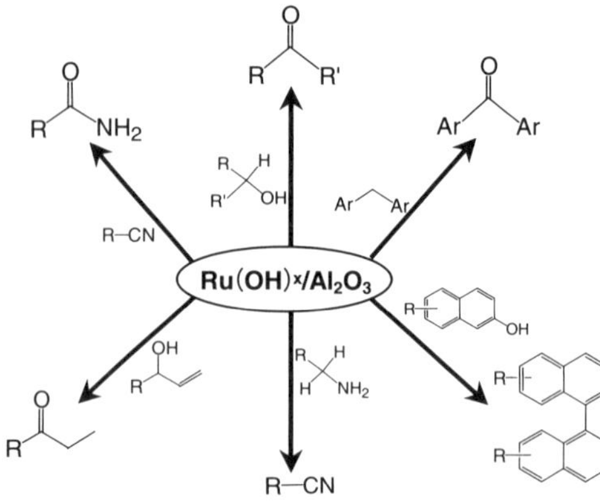

図1　固定化水酸化ルテニウム触媒 Ru(OH)$_x$/Al$_2$O$_3$ を用いた種々の有機合成反応

のルテニウム水酸化物種が本酸化反応に対する活性点となり得ることが明らかとなった[1a]。そこで，無機酸化物担体上にこのような活性点を選択的に創製できれば，より実用的な触媒の設計が可能になるのではという着想に至り，無機酸化物担体上にルテニウム水酸化物種を創製することを行った。イオン濃度，pH のコントロールといった非常にシンプルな工夫のみで，Al$_2$O$_3$ のような無機酸化物担体上にルテニウム水酸化物種を高分散担持させることに成功した(Ru(OH)$_x$/Al$_2$O$_3$ 触媒)。本触媒が分子状酸素を酸化剤とするアルコールの酸化反応に対して他に類を見ない高活性，高選択的な優れた不均一系触媒となることを見出した[2]。また，本触媒はアミンのイミン，ニトリルへの酸化反応[3]，芳香族炭化水素類の脱水素・酸素化反応[4]，ナフトールおよびフェノール類の酸化カップリング反応[5]，などの酸素酸化反応に対して高い触媒活性を示すことが明らかとなった。酸化反応以外にも，ニトリル類の水和反応[6]，水素化反応[7]，異性化反応[7]，などに対しても高い触媒作用を示すことを明らかにした。以下にそれらの詳細について述べる（図1）。

2　アルコールおよびアミン類の酸化反応[2,3]

Ru(OH)$_x$/Al$_2$O$_3$ 触媒を用いて分子状酸素を酸化剤とするアルコールの酸化反応を行った結果を表1に示す。本触媒は，特にベンジル型アルコールに対して高い触媒活性を示した。アリル型アルコールに対しても，分子内水素移行反応や C-C 二重結合の異性化などは進行せず，アルコール酸化反応のみが良好に進行した。さらに，本反応系は，脂肪族アルコールに対しても極めて高い活性を示し，脂肪族2級アルコールからはケトンが高収率で得られた。同様に，脂肪族1級アルコールである1-オクタノールの反応も効率よく進行し，オクタナールが主に生成した。このときカルボン酸の生成は少量のハイドロキノンの添加により完全に抑制できた。一般に，2-ピリジンメタノール，3-チオフェンメタノールのようなヘテロ原子を含むアルコールは，ヘテロ

第7章 固定化水酸化ルテニウム触媒を用いた酸素酸化反応・水和反応

表1 種々のアルコール類の酸素酸化反応[a]

エントリー	基質	時間[h]	転化率[%]	生成物	選択率[%]
1	PhCH₂OH	1	>99	PhCHO	>99
2[b]	PhCH₂OH	1	>99	PhCHO	>99
3	4-MeC₆H₄CH₂OH	1	>99	4-MeC₆H₄CHO	>99
4	4-MeOC₆H₄CH₂OH	1	>99	4-MeOC₆H₄CHO	>99
5	4-ClC₆H₄CH₂OH	1	>99	4-ClC₆H₄CHO	>99
6	4-O₂NC₆H₄CH₂OH	3	97	4-O₂NC₆H₄CHO	>99
7	PhCH(OH)CH₃	1	>99	PhC(O)CH₃	>99
8	PhCH(OH)(c-C₃H₅)	1	>99	PhC(O)(c-C₃H₅)	>99
9	PhCH=CHCH₂OH	1.5	>99	PhCH=CHCHO	98
10	CH₃CH=CHCH(OH)CH₃	6	84	CH₃CH=CHC(O)CH₃	>99
11	geraniol型アルコール	6	89	対応アルデヒド	97
12[c,d]	n-オクタノール	4	87	n-オクタナール	98
13[c,d]	n-デカノール	4	71	n-デカナール	99
14	2-ペンタノール	5	90	2-ペンタノン	>99
15	2-オクタノール	2	91	2-オクタノン	>99
16[c]	シクロペンタノール	8	92	シクロペンタノン	>99
17[c]	シクロオクタノール	6	81	シクロオクタノン	>99
18	2-チオフェンメタノール	1.5	>99	2-チオフェンカルバルデヒド	>99
19[c]	3-ピリジンメタノール	2	93	3-ピリジンカルバルデヒド	>99

[a] 反応条件:基質(1 mmol),Ru(OH)$_x$/Al$_2$O$_3$(2.5 mol%),トリフルオロトルエン(1.5 mL),80℃,酸素(1 atm)。[b] 7回目再使用結果。[c] Ru(OH)$_x$/Al$_2$O$_3$(5 mol%)。[d] ハイドロキノン添加(Ruに対して1当量)。

原子の金属への配位阻害のため反応はほとんど進行しない。一方,本触媒ではヘテロ原子を含むアルコールにおいても対応するアルデヒドが高収率で得られた。同様の反応条件下で,各種アミン類のニトリルおよびイミン類への酸化反応も効率よく進行した(表2)。本触媒反応系では無溶媒条件でも良好に反応が進行した。また,酸素の代わりに空気を用いても反応速度,選択性はほとんど低下しなかった。

反応中にRu(OH)$_x$/Al$_2$O$_3$触媒をろ過により除去すると,反応は速やかに停止した(図2)。さ

表2 種々のアミン類の酸素酸化反応[a]

エントリー	基質	時間[h]	転化率[%]	生成物	選択率[%]
1	PhCH₂NH₂	1	>99	PhCN	82
2	2-MeO-C₆H₄CH₂NH₂	1	>99	2-MeO-C₆H₄CN	97
3	3-MeO-C₆H₄CH₂NH₂	1	94	3-MeO-C₆H₄CN	93
4	4-MeO-C₆H₄CH₂NH₂	1	>99	4-MeO-C₆H₄CN	96
5	4-Me-C₆H₄CH₂NH₂	1	>99	4-Me-C₆H₄CN	93
6[b]	3-Cl-C₆H₄CH₂NH₂	1	>99	3-Cl-C₆H₄CN	90
7	ゲラニルアミン	10	98	ゲラニルニトリル	90
8	オクチルアミン	2	>99	オクタンニトリル	96
9	ドデシルアミン	3	84	ドデカンニトリル	90
10	PhCH₂NHPh	15	85	PhCH=NPh	94

[a] 反応条件:基質(1 mmol),Ru(OH)$_x$/Al$_2$O$_3$(2.8 mol%),トリフルオロトルエン(5 mL),100 ℃,酸素(1 atm)。[b] p-キシレン(5 mL),130 ℃。

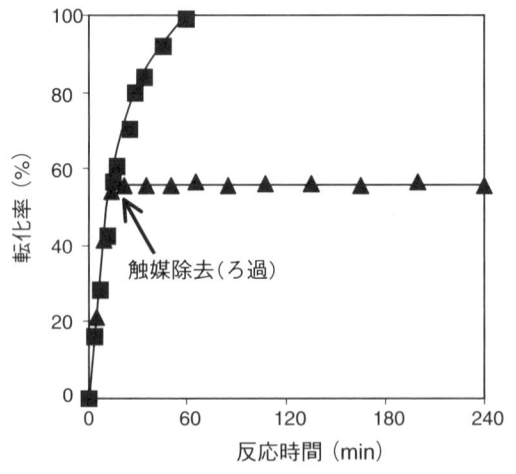

図2 ベンジルアルコール酸化反応における触媒除去の効果
触媒除去により反応が完全に停止する。表1と同条件で反応を行った。

第7章　固定化水酸化ルテニウム触媒を用いた酸素酸化反応・水和反応

図3　Ru(OH)$_x$/Fe$_3$O$_4$触媒の分離，回収
(a) 反応溶液，(b) 磁石を近づけたときの様子。Ru(OH)$_x$/Fe$_3$O$_4$触媒は磁石を近づけるだけで容易に分離，回収が可能。

らに反応溶液へのルテニウム種の溶出は観測されなかった。したがって，Ru(OH)$_x$/Al$_2$O$_3$触媒では，固体触媒表面上でのみ反応が進行していることが明らかとなった。回収した触媒は活性，選択性を低下させることなく少なくとも7回の再使用が可能であった。マグネタイト（Fe$_3$O$_4$）上に固定化したルテニウム水酸化物触媒（Ru(OH)$_x$/Fe$_3$O$_4$）も上記の反応に高活性を示し，Ru(OH)$_x$/Fe$_3$O$_4$は磁石を近づけるだけで容易に分離，回収が可能であった（図3）[8]。

ラジカル捕捉剤（2,6-ジ-*tert*-ブチル-*p*-クレゾール，ハイドロキノン）の添加は反応に影響を与えなかった。また，ラジカルクロックであるシクロプロピルフェニルメタノールやシクロブタノールの反応でも，シクロプロピルおよびシクロブチル環の開裂は起こらなかった。したがって，本反応ではラジカル的な活性種は含まれないと考えられる。ベンジルアルコールと1-フェニルエタノールの分子間競争反応では，ベンズアルデヒドおよびアセトフェノンがそれぞれ90，24％の収率で得られた。1-オクタノール，2-オクタノールの分子間競争反応の結果も同様に，1-オクタノールが選択的に酸化された。さらに，分子内に1級，2級水酸基をもつ4-(1'-ヒドロキシエチル)ベンジルアルコールの反応においても，1級の水酸基のみが選択的に酸化され，4-(1'-ヒドロキシエチル)ベンズアルデヒドが94％の選択率で得られた。メタルアルコキシド中間体を経由して反応が進行するとき，このような2級アルコール共存下での1級アルコールの選択的酸化が進行することが知られている。したがって，本反応系ではルテニウムアルコキシド中間体を経由して反応が進行していると推察される。

種々のパラ置換ベンジル型アルコールを基質に用いて，置換基の電子効果による反応性の効果を検討した。$\log(k_X/k_H)$はBrown-Okamoto σ^+と良い直線関係を与え，このときのHammett ρ値は-0.461であった（図4）。したがって，ルテニウムアルコキシド中間体からのヒドリド引き抜きによるカルボカチオン型の中間体の生成が示唆される。アセトフェノンをアルゴン雰囲気下で2-プロパノールと反応させると，ほぼ定量的に1-フェニルエタノールとアセトンが得られた[7]。さらに，酸素分子1 molの吸収に対して生成物が2 mol得られること，生成物と水が1：1

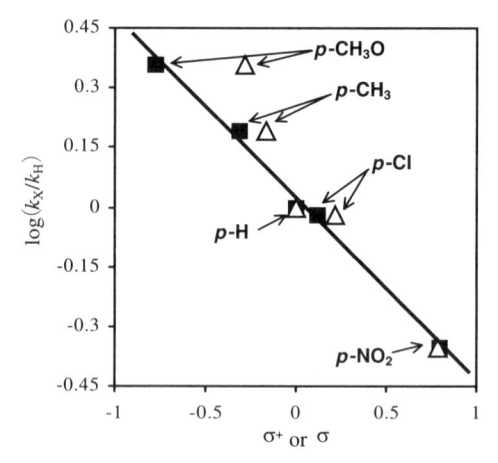

図4 Ru(OH)$_x$/Al$_2$O$_3$触媒によるp-置換ベンジルアルコール類の競争反応（Hammettプロット）
log(k_X/k_H) vs. σ^+プロット（■），log(k_X/k_H) vs. σプロット（△）。k_Xおよびk_Hはp-置換ベンジルアルコールおよびベンジルアルコール酸化の反応速度定数。

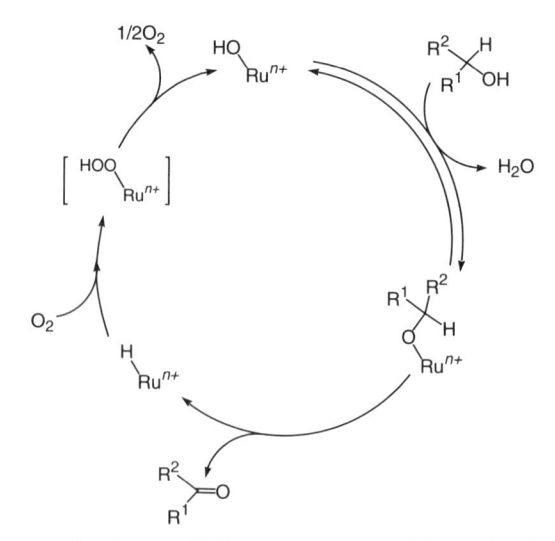

図5 Ru(OH)$_x$/Al$_2$O$_3$触媒によるアルコール酸化の推定反応機構

の比で生成する，という実験結果も得られた。これらの実験結果をもとに，反応機構を以下のように推定した（図5）。Ru(OH)$_x$/Al$_2$O$_3$触媒によるアルコール類の酸化反応は，まずRu(OH)$_x$/Al$_2$O$_3$上のRu-OH種との配位子交換によりルテニウムアルコキシド中間体が生成する。このルテニウムアルコキシド種からのβ-ヒドリド脱離によりカルボニル化合物とルテニウムヒドリド種が生成する。ルテニウムヒドリド種は酸素分子により再酸化され，触媒サイクルが形成される。反応速度は酸素分圧（0.2-3 atm）に依存しないことから，ヒドリド種の再酸化は速やかに進行する

と思われる。また，速度論および速度論的同位体効果の検討より，β-ヒドリド脱離が律速過程であることが明らかとなった。アミン酸化もアルコール酸化と同様に図5に示す反応機構に従うと推定した。

3 芳香族炭化水素類の脱水素・酸素化反応[4]

Ru(OH)$_x$/Al$_2$O$_3$ 触媒を用いて，種々の基質に対する酸化反応を行った結果を表3に示す。9,10-ジヒドロアントラセン，9,10-ジヒドロフェナントレン，1,4-ジヒドロナフタレンなどのベンジル位メチレン基を2つ以上もつ基質に対しては高選択的に脱水素反応が進行した。フルオ

表3 種々の芳香族炭化水素類の酸素化・脱水素反応[a]

エントリー	基 質	条 件	時 間[h]	転化率[%]	生 成 物	選択率[%]
1		A	2	>99(92)		>99
2[b]		A	2	97		>99
3		B	4	93(92)		>99
4		B	5	98		88
5		C	4	>99(88)		93
6		B	1.5	86(71)		92
7		C	7	85		82
8		B	4	82(79)		>99
9		C	8	89(81)		>99
10		A	4	99		>99
11		A	7	95(91)		>99
12		A	2	>99(90)		>99
13[b]		A	2	>99		>99
14		A	5	97(88)		98

[a] 反応条件A：基質（1 mmol），Ru(OH)$_x$/Al$_2$O$_3$（2 mol%），トリフルオロトルエン（6 mL），100℃，酸素（1 atm）。反応条件B：基質（1 mmol），Ru(OH)$_x$/Al$_2$O$_3$（5 mol%），o-ジクロロベンゼン（6 mL），170℃，酸素（1 atm）。反応条件C：基質（1 mmol），Ru(OH)$_x$/Al$_2$O$_3$（2 mol%），p-キシレン（6 mL），130℃，酸素（1 atm）。（ ）内の数字は単離収率。[b] 再使用実験。

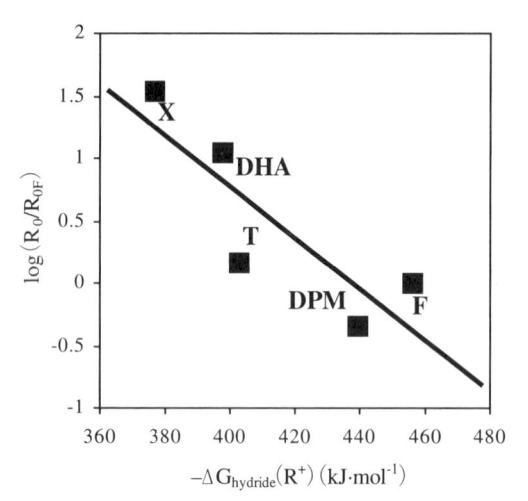

図6 Ru(OH)$_x$/Al$_2$O$_3$触媒による種々の炭化水素類の競争酸化反応
(log(R_0/R_{0F}) vs. $-\Delta G_{hydride}$(R$^+$)プロット)

キサンテン(X),9,10-ジヒドロナフタレン(DHA),トリフェニルメタン(T),ジフェニルメタン(DPM),フルオレン(F)。$-\Delta G_{hydride}$(R$^+$)は基質がカルボカチオンとヒドリドに解離するときの自由エネルギー変化。R_0およびR_{0F}は種々の炭化水素類およびフルオレン酸化の反応速度。

レン,キサンテンなどのベンジル位メチレン基を1つだけもつ基質に対しては酸素化反応が効率よく進行し,対応するケトンが選択的に得られた。また,反応後回収した触媒は上記の脱水素反応,酸素化反応に対して活性,選択性を低下させることなく再使用が可能であった。

ラジカル捕捉剤(2,6-ジ-*tert*-ブチル-*p*-クレゾール)を系中に加えて,キサンテンの酸化反応を行ったところ,添加しない場合と反応速度,選択性などは全く変化しなかった。さらに,9,10-ジヒドロアントラセン,キサンテン,ジフェニルメタン,トリフェニルメタン,フルオレンの競争反応を行った場合の反応速度比log(R_0/R_{0F})と,基質がカルボカチオンとヒドリドに解離するときの自由エネルギー変化$-\Delta G_{hydride}$(R$^+$)との間に良好な直線関係が得られた(図6)。このような相関は,均一結合解離エネルギー,イオン化ポテンシャル,pKaとの間にはみられなかった。したがって,本反応系において,C-H結合の解離はラジカル的ではなく,ルテニウムによるヒドリド引き抜きによるカルボカチオン型の中間体を経由して反応が進行すると考えられる(図7)。

4 ナフトールおよびフェノール類の酸化的カップリング反応[5]

Ru(OH)$_x$/Al$_2$O$_3$を触媒とする2-ナフトールカップリング反応における溶媒効果を検討した。極性の高い有機溶媒ほど金属への配位阻害の影響で活性は低下した。ところが,極性が高く,基

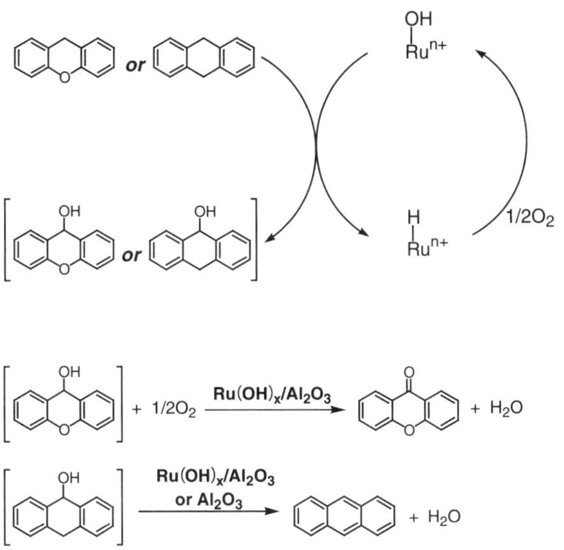

第7章　固定化水酸化ルテニウム触媒を用いた酸素酸化反応・水和反応

図7　Ru(OH)$_x$/Al$_2$O$_3$触媒による芳香族炭化水素類酸化の推定反応機構

質，生成物とも溶解度の低い水を溶媒に用いた場合には，特異的に高い活性を示した。表4に示すように，水溶媒中でRu(OH)$_x$/Al$_2$O$_3$触媒を用いることによって，各種ナフトールおよびフェノール類の酸化カップリング反応が効率よく進行することが明らかとなった。本反応系においても反応は溶出したルテニウム種ではなく，Ru(OH)$_x$/Al$_2$O$_3$固体表面上で進行した。

　酸化電位（E_{ox}）の異なる2-ナフトール（E_{ox}＝1.15 V）と2-ヒドロキシ-3-ナフトエ酸メチル（E_{ox}＝1.55 V）の競争反応において，より酸化されやすい2-ナフトール同士のセルフカップリング生成物のみが選択的に得られた。一方，同じ酸化電位をもつ2-ナフトールと2-ナフトール-d_7の競争反応では，それぞれのセルフカップリング生成物と，2-ナフトールと2-ナフトール-d_7のクロスカップリング生成物がそれぞれ1：1：2の比率で得られた。Ru(OH)$_x$/Al$_2$O$_3$を触媒として酸素遮断下で2-ナフトールカップリング反応を行い，グローブボックス中で空気に触れることなく触媒を回収した。回収した触媒のESRスペクトルには有機ラジカルに由来すると考えられる1本のシャープなシグナルが観測された（g＝2.0044）。この酸素遮断下で反応，回収した触媒とスピントラップ剤であるフェニル-N-$tert$-ブチルニトロンをトルエン中，酸素遮断下，室温で1時間反応させた。その後，触媒とろ液にろ別し，それぞれのESRを測定した。スピントラップ剤と反応させた後の触媒のESRスペクトルでは，先程観測された有機ラジカルと考えられるシグナルはほとんど消失した。一方，ろ液のESRからは，有機ラジカルがスピントラップ剤に捕捉されたニトロキシドラジカル付加物に由来するシグナルが観測された（g＝2.0067, A_N＝1.54 mT, A_H＝0.11 mT, 図8）。以上の結果より，反応中にRu(OH)$_x$/Al$_2$O$_3$表面上

表4 種々のナフトール・フェノール類の酸化的カップリング反応[a]

エントリー	基質	時間[h]	転化率[%]	生成物	単離収率[%]
1	2-ナフトール	4	>99	BINOL	98
2	6-ブロモ-2-ナフトール	6	>99	6,6'-ジブロモBINOL	99
3	6-メトキシ-2-ナフトール	4	>99	6,6'-ジメトキシBINOL	87
4	7-メトキシ-2-ナフトール	4	96	7,7'-ジメトキシBINOL	95
5	9-フェナントロール	6	97	カップリング体	83
6[b]	2,6-ジ-tert-ブチルフェノール	48	92	ジフェノキノン	92

[a] 反応条件:基質 (0.3 mmol), Ru(OH)$_x$/Al$_2$O$_3$ (5 mol%), 水 (1.5 mL), 100℃, 酸素 (1 atm)。[b] 基質 (0.2 mmol), 水 (1 mL), 90℃。

にナフトキシラジカルのような有機ラジカルが生成し,反応は生成したラジカル2分子のカップリングにより進行すると考えられる(図9)。

5 ニトリル類の水和反応[6]

ベンゾニトリルの水和反応において,種々の触媒の活性比較を行ったところ,Ru(OH)$_x$/Al$_2$O$_3$ が高い活性を示すことが明らかとなった。このとき,生成物はベンズアミドのみで,安息香酸などの副生はなかった。同条件下で,Ru(OH)$_x$/Al$_2$O$_3$ を用いたベンズアミドの安息香酸への加水分解反応は全く進行しなかった。本反応系では反応終了後,容易に触媒,生成物の分離,回収が可能であった。例えば,ベンゾニトリルの水和反応において,反応終了後,熱時ろ化により触媒の

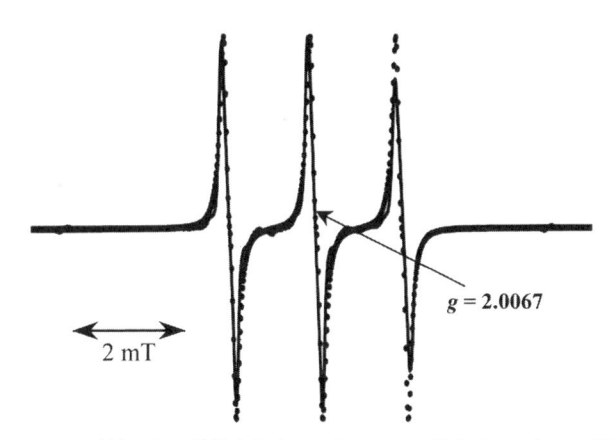

第7章　固定化水酸化ルテニウム触媒を用いた酸素酸化反応・水和反応

図8　スピントラップ剤により捕捉された 2-ナフトール酸化カップリング反応における中間体の ESR スペクトル（ニトロキシドラジカル付加物）
実線はスペクトル，点線はシミュレーション（$g=2.0067$, $A_N=1.54\,\text{mT}$, $A_H=0.11\,\text{mT}$）。

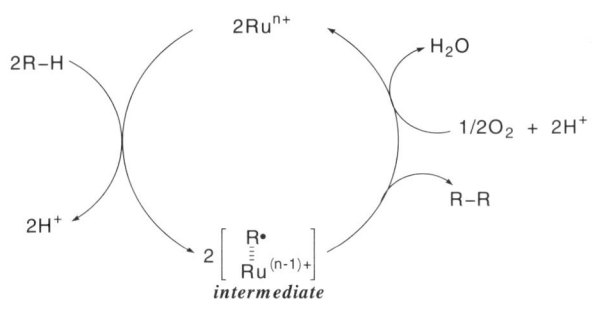

図9　Ru(OH)$_x$/Al$_2$O$_3$触媒によるナフトール類酸化カップリングの推定反応機構

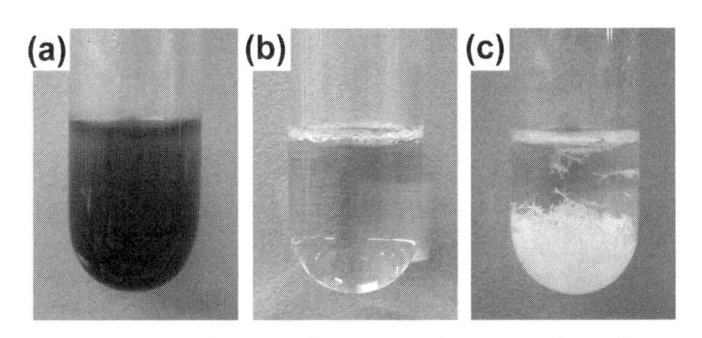

図10　Ru(OH)$_x$/Al$_2$O$_3$触媒によるベンゾニトリルの水和反応
(a) 反応溶液，(b) 熱時ろ過により触媒を除去，(c) 溶液を冷却するとベンズアミドの結晶が析出。

みを分離できた（図9）。このろ液を冷却するだけで，高純度のベンズアミドの結晶を容易に単離することができた（単離収率90％，図10）。このように，本反応系では，生成物の単離の過程においても蒸留や有機溶媒を用いる抽出などの操作を一切必要としない非常に優れた反応であ

表5 種々のニトリル類の水和反応[a]

エントリー	基質	時間[h]	転化率[%]	生成物	選択率[%]
1	PhCN	6	99	PhC(O)NH$_2$	>99
2[b]		6	99		>99
3[b]		6	99		>99
4	3-MeC$_6$H$_4$CN	6	96	3-MeC$_6$H$_4$C(O)NH$_2$	>99
5	4-MeC$_6$H$_4$CN	6	>99	4-MeC$_6$H$_4$C(O)NH$_2$	99
6	4-MeOC$_6$H$_4$CN	6	>99	4-MeOC$_6$H$_4$C(O)NH$_2$	>99
7	4-ClC$_6$H$_4$CN	6	>99	4-ClC$_6$H$_4$C(O)NH$_2$	>99
8	4-AcC$_6$H$_4$CN	6	>99	4-AcC$_6$H$_4$C(O)NH$_2$	99
9	PhCH=CHCN	5	>99	PhCH=CHC(O)NH$_2$	99
10[c]	CH$_2$=CHCN	24	>99	CH$_2$=CHC(O)NH$_2$	>99
11	4-NC-C$_5$H$_4$N	6	91	4-H$_2$NCO-C$_5$H$_4$N	98
12	3-thienyl-CN	6	>99	3-thienyl-C(O)NH$_2$	>99
13[d]	C$_5$H$_{11}$CN	10	92	C$_5$H$_{11}$C(O)NH$_2$	99
14[d]	C$_7$H$_{15}$CN	24	91	C$_7$H$_{15}$C(O)NH$_2$	97

[a] 反応条件:基質(1 mmol),Ru(OH)$_x$/Al$_2$O$_3$(4 mol%),水(3 mL),140℃。[b] 再使用実験。[c] 反応条件:基質(10 mmol),Ru(OH)$_x$/Al$_2$O$_3$(2.3 mol%),水(20 mL),120℃。[d] 130℃。

る。本反応においても,Ru(OH)$_x$/Al$_2$O$_3$表面上でのみ反応が進行していることを確認した。さらに,反応終了後回収した触媒は,活性,選択性を全く低下させることなしに再使用が可能であった。

Ru(OH)$_x$/Al$_2$O$_3$触媒を用いて,種々のニトリル類の水和反応を行った結果を表5に示す。ベンゾニトリル類の水和反応は効率よく進行し,ベンズアミド類がほぼ定量的に得られた。α,β-不飽和ニトリルからもα,β-不飽和アミドが定量的に得られた。アクリロニトリルを基質としても

第7章　固定化水酸化ルテニウム触媒を用いた酸素酸化反応・水和反応

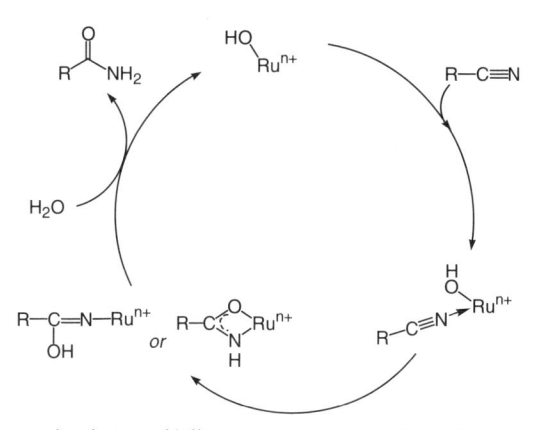

図11　Ru(OH)$_x$/Al$_2$O$_3$触媒によるニトリル類の水和の推定反応機構

二重結合への水和および重合はおこらず，アクリルアミドのみが定量的に得られた。一般にピリジン環，チオフェン環などの複素環式ニトリル類は，ヘテロ原子の金属への配位阻害のため反応は進行しにくいが，本触媒では，これらのニトリル類においても対応するアミドが高収率で得られた。脂肪族ニトリルに関しても対応するアミドが選択的に得られた。

種々のパラ置換ベンゾニトリルの競争反応を行い，置換基の電子効果による反応性の影響を検討したところ，$\log(k_X/k_H)$は Brown-Okamoto σ^+ と良い直線関係を与え，このときの Hammett ρ 値は -0.21 であった。一方，NaOHを用いたニトリルの水和反応においては，Hammett ρ 値は正となった。o-, m-, p-トルニトリルの反応においては，o-トルニトリルの反応速度は m-, p-トルニトリルに比べて遅いことが明らかとなった（立体効果）。一方，NaOHを触媒としたときは，o-, m-, p-トルニトリルの反応速度に差異はみられなかった。以上の結果より，フリーなOH$^-$種が本反応の活性種ではなく，ニトリルのルテニウムへの配位，続くRu-OH種のニトリル炭素への分子内求核反応により反応が進行していると考えた。このため，本反応系では，二重結合の水和反応が完全に抑制されたと推察した。

本ニトリル水和反応の反応機構を以下のように推定した（図11）。まず，ニトリルがRu(OH)$_x$/Al$_2$O$_3$上のルテニウム種に配位し，Ru-OH種のニトリル炭素への分子内求核反応によりイミノレートもしくはη^2-アミデート中間体が生成する。これら中間体と水との配位子交換により，対応するアミドの生成とRu-OH種の再生が起こり，触媒サイクルが形成される。

6　まとめ

以上，我々が行ってきた固定化水酸化ルテニウム触媒を用いた環境調和型触媒酸素酸化および水和反応系の開発について述べた。上述した以外にも種々の活性点構造を有する新規固体触媒

（主として水酸化物，酸化物）[9]や均一系錯体の優れた触媒活性を全く損なうことなく固定化できる触媒担体の開発[10]なども行っており，今後もこれらを用いた新しい触媒反応系の開発を行っていきたい。

文　　献

1) 例えば，a) K. Yamaguchi, N. Mizuno, *New J. Chem.*, **26**, 972 (2002); b) K. Kamata, K. Yonehara, Y. Sumida, K. Yamaguchi, S. Hikichi, N. Mizuno, *Science*, **300**, 964 (2003); c) K. Kamata, K. Yamaguchi, N. Mizuno, *Chem. Eur. J.*, **10**, 4728 (2004); d) S. Shinachi, H. Yahiro, K. Yamaguchi, N. Mizuno, *Chem. Eur. J.*, **10**, 6489 (2004); e) Y. Nakagawa, K. Kamata, M. Kotani, K. Yamaguchi, N. Mizuno, *Angew. Chem. Int. Ed.*, **44**, 5136 (2005); f) Y. Goto, K. Kamata, K. Yamaguchi, K. Uehara, S. Hikichi, N. Mizuno, *Inorg. Chem.*, **45**, 2347 (2006); g) K. Kamata, M. Kotani, K. Yamaguchi, S. Hikichi, N. Mizuno, *Chem. Eur. J.*, **13**, 639 (2007)
2) a) K. Yamaguchi, N. Mizuno, *Angew. Chem. Int. Ed.*, **41**, 4538 (2002); b) K. Yamaguchi, N. Mizuno, *Chem. Eur. J.*, **9**, 4353 (2003)
3) K. Yamaguchi, N. Mizuno, *Angew. Chem. Int. Ed.*, **42**, 1479 (2003)
4) K. Kamata, J. Kasai, K. Yamaguchi, N. Mizuno, *Org. Lett.*, **6**, 3577 (2004)
5) M. Matsushita, K. Kamata, K. Yamaguchi, N. Mizuno, *J. Am. Chem. Soc.*, **127**, 6632 (2005)
6) K. Yamaguchi, M. Matsushita, N. Mizuno, *Angew. Chem. Int. Ed.*, **43**, 1576 (2004)
7) K. Yamaguchi, T. Koike, M. Kotani, M. Matsushita, S. Shinachi, N. Mizuno, *Chem. Eur. J.*, **11**, 6574 (2005)
8) M. Kotani, T. Koike, K. Yamaguchi, N. Mizuno, *Green Chem.*, **8**, 735 (2006)
9) K. Yamaguchi, H. Fujiwara, Y. Ogasawara, M. Kotani, N. Mizuno, *Angew. Chem. Int. Ed.*, in press.
10) a) K. Yamaguchi, C. Yoshida, S. Uchida, N. Mizuno, *J. Am. Chem. Soc.*, **127**, 530 (2005); b) J. Kasai, Y. Nakagawa, S. Uchida, K. Yamaguchi, N. Mizuno, *Chem. Eur. J.*, **12**, 4176 (2006)

第8章　固体表面を媒体とした触媒反応

唯　美津木[*1]，岩澤康裕[*2]

1　序

　酸化物表面を媒体とした金属錯体の固定化では，酸化物表面の水酸基と前駆体の金属錯体を選択的に反応させることで，表面独自の新しい触媒構造を作成することができる。一般に，固体表面には性質の異なる複数の表面活性構造が存在することから，その触媒表面の活性構造を制御し，選択的な触媒反応を実現するためには様々な工夫が必要である。触媒反応における反応経路を目的の方向に制御するには，分子レベルで表面の活性構造を精密に規定する必要があり，反応に関与することのできる表面の活性サイトは，均一かつ高分散に担体の表面上に担持されなければならない。

　構造の規定された金属活性点構造を表面に作成するために，金属錯体が前駆体として用いられるが，均一系で活性な金属錯体構造そのものを担体表面に固定化すると一般に活性，選択性は遥かに低下してしまい十分な触媒性能は得られない。酸化物表面の水酸基と直接反応させる金属錯体の固定化では，中心金属と表面酸素種の間に形成された新しい化学結合により，中心金属の化学状態が変化するため，形成された表面構造に応じた特異な反応特性が得られる。このように精密設計された触媒表面では，表面活性構造と触媒作用の相関を原子分子レベルで理解することができ，新たな触媒設計への指針を与える[1]。

2　表面を媒体とした固定化Nbモノマー・ダイマー・モノレイヤーの作り分け

　Nbはもともと触媒活性の低い元素の一つとして知られているが，シリカ表面固定化Nb触媒は，その表面構造に応じてエタノールの酸化反応に特徴ある触媒活性を示す[2]。図1のNb(η^3-C$_3$H$_5$)$_4$モノマー，[Nb(η^5-C$_5$H$_5$)H-μ-(η^5, η^1-C$_5$H$_4$)]$_2$ダイマー，Nb(OC$_2$H$_5$)$_5$を反応させると，それぞれNbモノマー（**1**），ダイマー（**2**），モノレイヤー（**3**）の異なる固定化Nb触媒をシリカ

[*1]　Mizuki Tada　東京大学大学院　理学系研究科　化学専攻　助教
[*2]　Yasuhiro Iwasawa　東京大学大学院　理学系研究科　化学専攻　教授

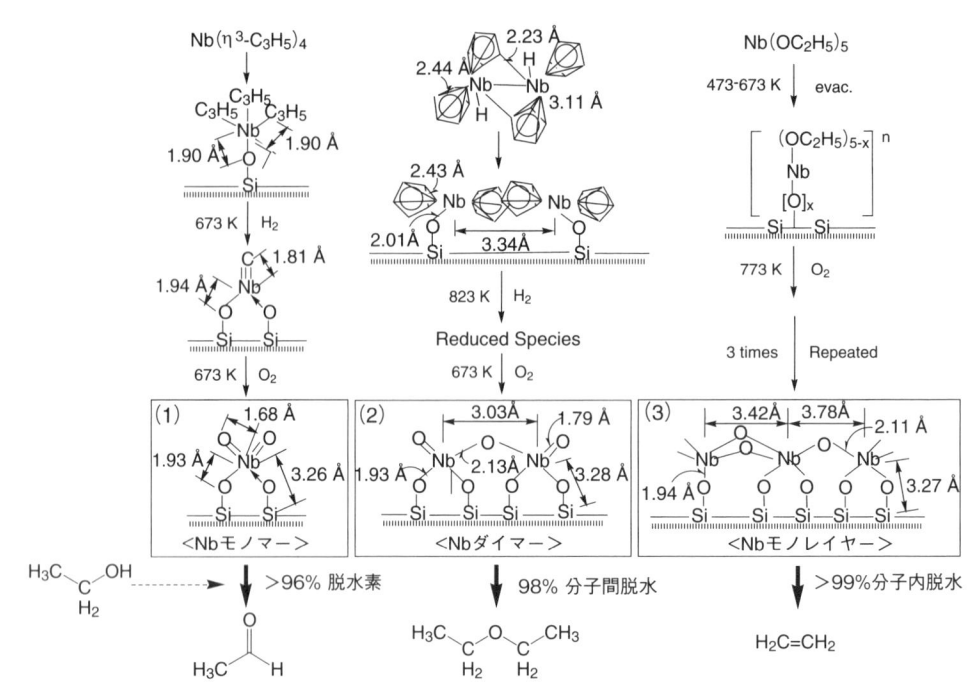

図1 シリカ表面に固定化した Nb モノマー (1), Nb ダイマー (2), Nb モノレイヤー構造 (3)
前駆体錯体を選ぶことで,表面上に3つの構造を作り分けることができる。固定化Nb種は,その
表面構造に応じて全く異なる触媒特性を示す。

表面に作り分けることができる。各固定化触媒の表面構造は,IR,ラマン分光,ESR,XPS,EXAFSなどの解析手法を組み合わせることによって明らかにすることができる。

これらの固定化Nb触媒は,エタノール酸化反応において,その表面構造に応じた特徴的な触媒作用を示す。Nbモノマー(1)は,423-523 Kで選択的に脱水素反応を進行させ,ほぼ100％の選択性でアセトアルデヒドを生成する。触媒活性は,通常の含浸法によって調製したNb触媒よりも一桁高く,選択性も100％に近い[2]。一方,Nbダイマー(2)はモノマー(1)とは全く異なり,同温度で酸触媒作用が発現して98％の選択性で分子間脱水反応が進行し,ジエチルエーテルを与える。2つのNb原子を結ぶO架橋によって,Nb中心の酸性度が増加し,触媒反応の選択性を完全に変えてしまう。モノレイヤー(3)にすると,423-573 Kの範囲で選択的に分子内脱水が進行し,エチレンが99％の選択性で生成する[1b,2]。このように,形成される表面上の固定化構造により,その反応特性は大きく異なり,表面活性構造の作り分けが触媒機能の制御に非常に重要である。

3 HZSM-5 ゼオライト担持 Re 10 核クラスター触媒によるベンゼンと酸素からのフェノール直接合成

　HZSM-5 は，5.6Å の細孔が 3 次元的に連なった構造を有するゼオライトであり，ゼオライトの中では中程度の酸強度を持つ物質である。CH_3ReO_3 前駆体は HZSM-5 ゼオライト細孔表面の水酸基と選択的に反応し，CH_4 を定量的に発生しながらゼオライト細孔内に固定化される（図 2）。我々は，最近この担持 Re 種が NH_3 と選択的に反応して，窒素原子内包型 Re 10 核クラスターが形成されることを明らかにし，このゼオライト担持 Re クラスターがベンゼンと酸素から転化率 10 %，最高 94 % の選択性でフェノールを生成することを見出した[3]。

　前駆体 CH_3ReO_3 は昇華性を持つ物質であり，CVD（気相化学蒸着）法でゼオライト担体に担持させることができる。Re 担持量は，ゼオライト内部の Al 酸点の数に依存し，Al 酸点の数が多い HZSM-5 が最も触媒活性が高く（表 1），また他のゼオライト（beta, USY, mordenite）ではベンゼン転化率，フェノール選択性共に低く，HZSM-5 に特異的にフェノール合成活性が発現する（表 1）。NH_3 共存下での定常反応では，最高ベンゼン転化率 5.8 %，フェノール選択性 88 % でフェノールが生成する。一方，NH_3 がないと反応は全く進行しない。同じ HZSM-5 担持触媒

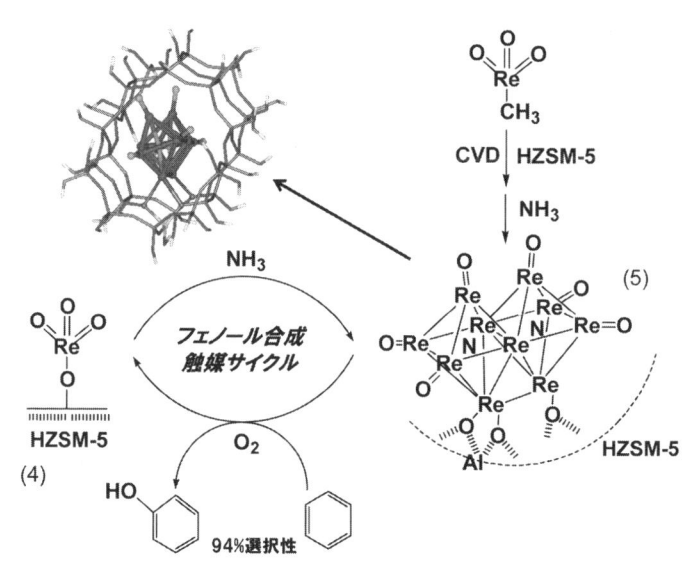

図 2　HZSM-5 ゼオライト担持 N 原子内包型 Re クラスター触媒の構造
CH_3ReO_3 前駆体はゼオライト表面の水酸基と選択的に反応し，メタンを生成して固定化される。これを NH_3 と反応させると（**5**）の窒素原子内包型 Re 10 核クラスターが形成され，これがベンゼンと酸素分子から 94 % の選択性でフェノールを生成する。反応後は不活性な Re モノマー（**4**）に変換され，NH_3 により再び活性 Re 10 核クラスターに変換される。DFT による構造モデリングから，左上図のようにゼオライトの細孔サイズとほぼ同等のクラスターであることがわかる。

表1 担持Re触媒を用いたベンゼンと酸素からのフェノール合成[a]

触 媒	SiO$_2$/Al$_2$O$_3$	合成法	Re担持量/wt%	反応速度 TOF/10^{-5} s^{-1}[b]	フェノール選択性/%[c]
HZSM-5	19	—	—	trace	0
Re/HZSM-5[d]	19	CVD	0.58	trace	0
Re/HZSM-5	19	CVD	0.58	65.6	87.7
Re/HZSM-5[e]	19	CVD	0.58	51.8	85.6
Re/HZSM-5[f]	19	CVD	2.2	83.8	82.4
Re/HZSM-5	19	含浸	0.6	11.8	27.7
Re/HZSM-5[d]	23.8	CVD	0.58	trace	0
Re/HZSM-5	23.8	CVD	0.58	36.2	68.0
Re/HZSM-5	23.8	含浸	1.2	18.5	15.3
Re/HZSM-5	39.4	CVD	0.59	31.0	48.0
Re/HZSM-5	39.4	含浸	1.2	16.4	14.3
Re/H-Beta	37.1	CVD	0.53	18.5	12.0
Re/H-USY	29	CVD	0.60	trace	0
Re/H-Mordenite	220	CVD	0.55	26.3	23.4

[a] Catalyst=0.20 g;W/F=6.7 g$_{cat}$ h mol^{-1};He/O$_2$/NH$_3$/benzene=46.4/12.0/35.0/6.6(mol%).553 K. [b] Consumed benzene/Re/s. [c] Carbon%. [d] In the absence of NH$_3$. [e] W/F=5.2 g$_{cat}$ h mol^{-1}. [f] W/F=10.9 g$_{cat}$ h mol^{-1};He/O$_2$/NH$_3$/benzene=46.4/12.0/35.0/6.6(mol%)

でも，通常の含浸法で調製したものは，やはり活性，選択性ともに低かった（表1）．

そこで，HZSM-5担持Re触媒をNH$_3$と反応させると，担持Re触媒の構造は大きく変化した．Re L$_{III}$端のEXAFS解析により，定常反応後には，図2（4）の7価のモノマー構造が得られたが，これを反応温度でNH$_3$と2時間反応させると図2（5）のReクラスターが生成する．Re-Re結合の距離は平均で2.76ÅでありRe 6核のオクタヘドロン構造の中心部分に窒素原子を内包している．NH$_3$は，還元剤としてReクラスターを生成するだけでなく窒素原子も供給することで安定なReクラスター骨格を形成させる役割を担っている．この窒素原子内包型Re 10核クラスターは，ベンゼンと酸素と反応して94％の選択性でフェノールを生成し，ベンゼン転化率は最高で10％にも達する．クラスター中の格子酸素は活性でなく，ベンゼンとは反応しない．酸化反応を進行させたReクラスターは，再び不活性な7価のReモノマーに変換され，これがまたNH$_3$で活性クラスターへと変換されることで触媒サイクルが進行する（図2）．

4 表面を媒体としたモレキュラーインプリンティング固定化金属錯体の設計

近年，クロマトグラフィーや化学センサーなどの分野において，モレキュラーインプリンティング（分子刷り込み）法による形状選択的空間の作成が報告されている[4]．モレキュラーインプ

第8章　固体表面を媒体とした触媒反応

リンティングは，分子を鋳型とし，その周辺で有機ポリマーや無機マトリックスを重合させ，マトリックス形成後に鋳型分子（テンプレート）を脱離させることにより，マトリックス内部に鋳型分子と同形状の空間（キャビティー）を持った物質を作成する手法である。このキャビティーは鋳型分子の形状を記憶した空間であり，鋳型分子と同形の分子を認識することが期待され，分子吸着や分子選別の場として応用されている。しかしながら，例えば触媒反応のように，反応の進行に応じて分子形状の変化を伴う動的な過程については，その適応はそれほど簡単ではなく，単に分子形状のキャビティーを作っても，形状選択的な触媒反応は実現できない。これは，活性点となる金属中心の上（ごく近傍）に，形状選択的な反応場となるキャビティーを作成しないと反応の選択性を決定できないからである。

我々の提案したモレキュラーインプリンティング固定化金属錯体の設計方法は以下の通りである[5]。まず，活性点となる金属錯体前駆体を酸化物表面に固定化する。この表面固定化錯体に，合成したい分子と同じ形状を有する鋳型配位子（テンプレート）を配位させる。金属錯体の配位子をテンプレートとすることで，活性中心となる金属のごく近傍にキャビティーを作成することが可能である。次に，この固定化表面に表面マトリックスを形成させる。最後に，テンプレート配位子を脱離させると，表面上にはテンプレート配位子が脱離した配位不飽和な金属活性構造とテンプレート分子の形状を有した反応空間キャビティーが同時形成される。

基質特異性の非常に高い酵素触媒は，酵素内部に目的分子を選択的に取り込める反応の遷移状態類似の空間を有しており，反応分子を分子識別すると同時に，反応の律速段階の遷移状態の活性化エントロピーを増加させて高い触媒能を発揮する。従って，目的反応の遷移状態様の反応空間を自在に設計することができれば，基質特異的な人工酵素型触媒の設計が可能になる。しかしながら，遷移状態そのものを取り出すことは不可能であるため，モレキュラーインプリンティング触媒の設計には，遷移状態類似の構造をテンプレートとして選ぶ必要がある。反応の律速段階の前の中間体構造に類似した配位子を鋳型分子として選ぶことで，律速段階の遷移状態に近い構造を有する反応空間を活性点である金属中心の近傍に設計することができる。

図3に亜リン酸トリメチル（$P(OCH_3)_3$）をテンプレートとしたモレキュラーインプリンティングRhダイマー触媒の設計法を示す[6]。一般に，複核構造は水素分子の解離などに活性であり，単核構造と比べて高活性を示すことが多い。ダイマー構造の設計のために，$Rh_2Cl_2(CO)_4$ダイマー（**6**）を前駆体錯体として用い，シリカ表面にRhダイマー（**7**）を固定化した。固定化前後の配位子COの伸縮振動を調べると，Cl架橋型の2核構造に由来した3つの振動モードがその比を保ったままシフトしていることがFT-IRにより確認され[6]，前駆体のRhダイマーがそのCl架橋型のダイマー構造を保ったまま，シリカ表面に固定化されたことがわかった。（**7**）は，$P(OCH_3)_3$と速やかに反応し，Rh-P錯体（**8**）を与える。XPS及びRh K吸収端のEXAFSの解析から，Cl

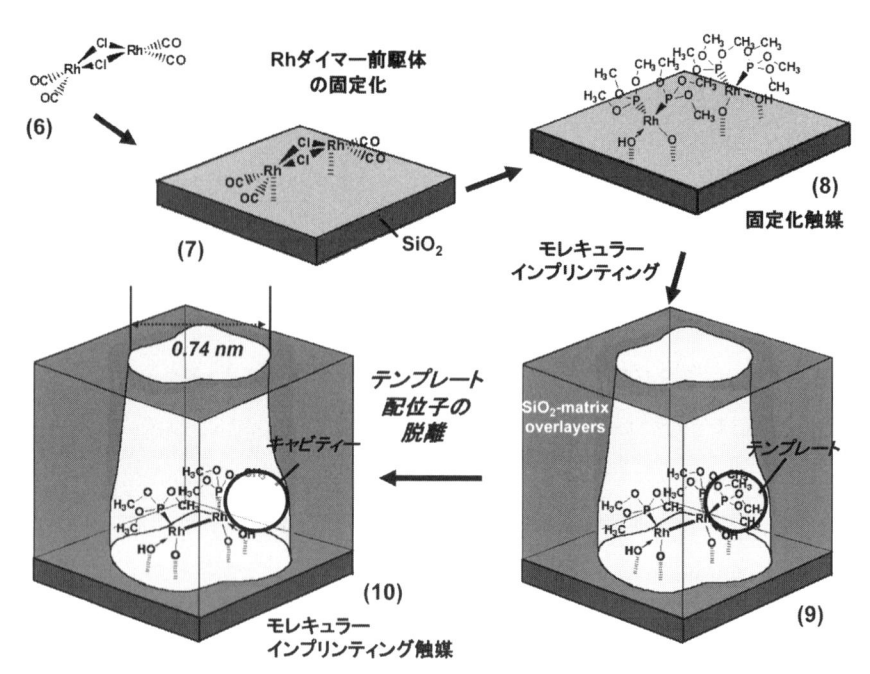

図3 亜リン酸トリメチル（P(OCH$_3$)$_3$）を鋳型配位子としたシリカ固定化モレキュラーインプリンティング Rh ダイマー触媒の設計

架橋型のダイマー（**7**）は，Rh あたり2つの P(OCH$_3$)$_3$ 配位子を配位した2つの Rh モノマー（**8**）に変換されたことが明らかになった。ダイマーとして表面に固定化したので，2つの Rh モノマーは表面上で互いにペアになって固定化されているものと考えられる。

この表面に，Si(OCH$_3$)$_4$ と H$_2$O を CVD 法で蒸着し，加熱することによって Si(OCH$_3$)$_4$ の加水分解を促進させ，表面シリカマトリックスを作成した。最後に，加熱排気を行うことにより，テンプレートである P(OCH$_3$)$_3$ を脱離させると，モレキュラーインプリンティング触媒（**10**）が得られる。Rh 錯体の局所配位構造は，Rh K 端の EXAFS からわかり，P(OCH$_3$)$_3$ の脱離とともに，2つの Rh モノマー（**8**）はその配位不飽和性を補うように 2.68 Å に Rh–Rh 結合を有した Rh ダイマー（**10**）に構造変化した。表面シリカマトリックスの形成後，Rh 3d の XPS の強度が大きく低下したことから，表面の固定化 Rh 錯体の周辺がシリカマトリックスで覆われ，表面シリカマトリックスの細孔内に配位不飽和 Rh ダイマー（**10**）が形成されたことがわかる[6]。

この固定化 Rh 錯体の構造変化過程における密度汎関数法の理論計算（DFT 計算）から，シリカマトリックスの積層に伴って，ダイマーを前駆体としたことで形成された隣り合う2つの Rh モノマー錯体（**8**）の4つの P(OCH$_3$)$_3$ 間の立体反発が増加し，1つの P(OCH$_3$)$_3$ が脱離することで，Rh–Rh 結合を有した中間体構造（**9**）が形成されることが示唆された。更に，加熱排気を行うと，表面細孔内で安定に保持された Rh ダイマー（**9**）は，もう1つの P(OCH$_3$)$_3$ 配位子

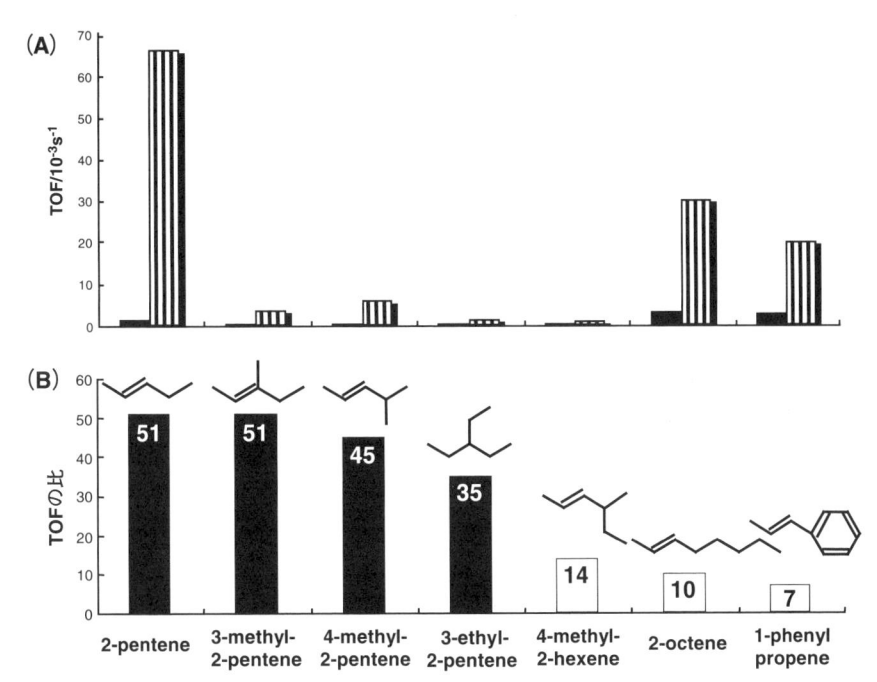

第8章　固体表面を媒体とした触媒反応

図4 （A）　固定化 Rh モノマー（**8**）及びモレキュラーインプリンティング Rh ダイマー（**10**）のアルケン水素化触媒活性（348 K）　黒：固定化 Rh モノマー（**8**），縞：モレキュラーインプリンティング Rh ダイマー（**10**）
（B）　モレキュラーインプリンティングによる活性増加度

　を脱離して（**10**）に変換され，この時テンプレート形状のキャビティーが形成される。つまり，中間体構造の（**9**）がインプリントされて，Rh ダイマーあたり一つの $P(OCH_3)_3$ 配位子に相当するキャビティーが形成されたことになる。触媒設計の各段階において，分子レベルで表面の構造を選択的に変換することが非常に肝要である。
　テンプレート配位子の $P(OCH_3)_3$ は，3-エチル-2-ペンテンの水素化反応における半水素化中間体 $(C_2H_5)_3C^*$ と同形であり，モレキュラーインプリンティング触媒（**10**）は，3-エチル-2-ペンテンの水素化反応の遷移状態類似の中間体構造がインプリントされたものである。モレキュラーインプリンティング触媒（**10**）の触媒特性を検討するために，7つの形状の異なるアルケン分子を反応基質として水素化反応を行った。図4（A）は，固定化 Rh モノマーペア（**8**）及びモレキュラーインプリンティング Rh ダイマー（**10**）の触媒活性（TOF）である。これらの表面固定化錯体は，溶液中の均一系錯体と異なり，特異な反応特性を示す。前駆体である Rh カルボニルダイマー（**6**）とこれを固定化した固定化 Rh ダイマー（**7**），（**8**）と同様に $P(OCH_3)_3$ 配位子を配位した $RhCl(P(OCH_3)_3)_3$ は，アルケン水素化反応に全く活性を示さなかった。一方で，テンプレート配位子を配位した固定化 Rh モノマー（**8**）は 348 K で水素化活性を発現した

(図4 (A))。

　表面モレキュラーインプリンティング後には,触媒活性の飛躍的な増加が見られ,Rh–Rh結合を有するRhダイマー (**10**) は,Rhモノマーペア (**8**) と比べて51倍も活性が高いことがわかった (図4 (A))。活性の増加は,用いた全てのアルケン基質で見られた (図4 (A))。テンプレート配位子を脱離させた後には,配位不飽和な金属中心が形成されることから,水素やアルケンの活性化が促進され,高い触媒活性をもたらしたと考えられる。更に著しい水素化触媒活性の増大に加えて,高い触媒安定性も発現し,モレキュラーインプリンティング触媒 (**10**) は,触媒活性の低下なく再利用が可能であった。一般にこの種の配位不飽和構造は,反応中凝集して分解・失活しやすいが,配位不飽和活性構造は,表面に形成させたシリカマトリックスの細孔内に収まっているため,凝集による失活が抑制され,高い触媒安定性が得られるものと考えられる。

　モレキュラーインプリンティング後には,テンプレート分子の形状に対応した高い立体形状選択性が得られた。モレキュラーインプリンティングによる触媒活性の増加度合(モレキュラーインプリンティング触媒 (**10**) のTOFを固定化触媒 (**8**) のTOFで規格化したもの)を図4 (B)に示した。テンプレート分子のP(OCH$_3$)$_3$と半水素化種が同形である3-エチル-2-ペンテンより小さいアルケン(図4 (B) で黒い部分)では,モレキュラーインプリンティングによる活性増加度が非常に高い。一方,テンプレートから形状のはみ出したアルケン(図4 (B) で白い部分)では活性増加度が低く,前者に比べて水素化反応性が大きく抑制されており,テンプレートの形状に対応した分子選別が得られた。3-エチル-2-ペンテンと4-メチル-2-ヘキセンを比較すると,両者の違いはメチル基一つ分のみであるが,モレキュラーインプリンティングによる活性増加度は35倍と14倍で大きく異なっており,モレキュラーインプリンティング触媒がメチル基一つを識別できる高い立体選択能を有していることがわかった。3-メチル-2-ペンテンと4-メチル-2-ヘキセンの比較からは,アルケン基質のエチル基の位置の違いを識別できていることがわかる。

　活性増加度合の違いだけでなく,モレキュラーインプリンティングにより反応の活性化エネルギー,活性化エントロピーも著しく変化した(表2)。固定化Rhモノマー (**8**) では,反応の活性化エネルギーは全てのアルケン基質において30–40 kJ mol^{-1}程度であり,これはアルケン水素化反応の典型的な活性化エネルギーに相当する。活性化エントロピーも-210 J mol^{-1} K^{-1}とアルケン基質間で大きな差は見られない(表2)。一方,モレキュラーインプリンティングRhダイマー (**10**) では,テンプレートと半水素化種が同形である3-エチル-2-ペンテンを境として,活性化エネルギー,活性化エントロピーの両方が大きく変化している(表2)。テンプレートよりも小さいアルケン基質については,インプリンティング前の固定化Rhモノマー (**8**) と同等の活性化エネルギー,活性化エントロピーであったが,テンプレートから形状のはみ出したア

表2 348 K でのアルケン水素化反応における固定化 Rh モノマー（**8**）及びモレキュラーインプリンティング Rh ダイマー（**10**）触媒の触媒活性（TOF），モレキュラーインプリンティングによる活性増加度，活性化エネルギー（E_a），及び活性化エントロピー（$\Delta^{\ddagger}S$）

	反応基質	(**8**) TOF/s^{-1}	(**10**) TOF/s^{-1}	TOF の比[a]	(**8**) E_a[b]	$\Delta^{\ddagger}S$[c]	(**10**) E_a[b]	$\Delta^{\ddagger}S$[c]
(1)	2-pentene	1.3×10^{-3}	6.6×10^{-2}	51	34	-205	26	-195
(2)	3-methyl-2-pentene	7.0×10^{-5}	3.6×10^{-3}	51	44	-200	43	-170
(3)	4-methyl-2-pentene	1.3×10^{-4}	5.9×10^{-3}	45	40	-207	40	-175
(4)	3-ethyl-2-pentene	4.4×10^{-5}	1.5×10^{-3}	35	42	-210	39	-189
(5)	4-methyl-2-hexene	6.8×10^{-5}	9.6×10^{-4}	14	40	-212	10	-276
(6)	2-octene	3.0×10^{-3}	3.0×10^{-2}	10	28	-215	7	-257
(7)	1-phenylpropene	2.8×10^{-3}	2.0×10^{-2}	7	29	-213	8	-256

[a] Ratio of TOFs：モレキュラーインプリンティング Rh ダイマー（**10**）の TOF/固定化 Rh モノマー（**8**）の TOF，[b] E_a：kJ mol^{-1}，[c] $\Delta^{\ddagger}S$：J K^{-1} mol^{-1}

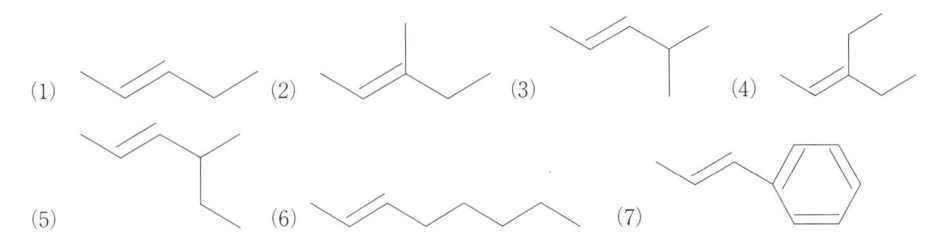

ルケン基質（4-メチル-2-ヘキセン，2-オクテン，1-フェニルプロペン）では，活性化エネルギーが 10 kJ mol^{-1} 以下まで低下し，活性化エントロピーも -260 J mol^{-1} K^{-1} と著しく減少した。これらの結果は，テンプレート形状のインプリンティングキャビティーの形成により，テンプレートよりも形状のはみ出た基質では，水素化反応の律速段階が通常の半水素化過程からアルケンの配位過程へと変化したことを示唆する[6]。

一般に，官能基を有さない反応基質の立体制御は難しく，メチル基一つを識別できるレベルで目的分子に応じた立体形状選択性を設計する明確な設計方法はほとんど存在しない。この表面固定化錯体のモレキュラーインプリンティングでは，官能基を持たないアルケン基質の反応選択性をメチル基一つのレベルで制御することが可能であり，触媒活性の飛躍的な増大に加えて，触媒反応の律速段階を変化させるほどの顕著な立体形状選択性を発現させることができた。配位不飽和金属活性中心，固定化錯体の配位子，錯体中心への基質分子の配位の方向制御，テンプレート形状の反応空間キャビティー，配位不飽和活性構造を保護する表面シリカマトリックスが互いに作用して，触媒活性サイトの高活性，高選択性，安定性を同時に生み出しているものと考えられる[6]。

5 表面で誘起されるVシッフ塩基錯体の不斉自己組織化による不斉触媒の設計

固体表面は一般に複数の表面サイトを持つことから，特に高度な立体制御が要求される不斉合成には不向きであり，まだ不均一系の不斉触媒を設計できる確立された手法はない。しかしながら，担体となる酸化物表面の水酸基を有効に使うことで，表面独自の不斉構造を生み出すことができれば，簡便かつ確実に高い不斉選択性を示す触媒活性構造の構築が可能である[1c-e,7,8]。

我々は，最近不斉 Schiff 塩基配位子を有した V 単核錯体 (11) が，シリカ表面の水酸基と選択的に反応して自発的に不斉2量化構造 (12) を与えることを見つけた (図5)[7]。表面の水酸基とV錯体のV-O-Ph 結合の間でHの移動が起こり Ph-OH 基が生成すると，もう一分子のV錯体のC=O部位と水素結合することにより2量体が形成される (図5)。V K 端の EXAFS 解析 (表3) からは，1つのV=O結合と4つのV-O/N単結合を持った前駆体錯体 (配位飽和) (11) が，V=O結合が一つ，V-O/N結合が3つの配位不飽和構造 (12) に変化することがわかった。表面との固定化反応によって，Ph-OH 部位がV中心から外れることによって，配位不飽和な金属中心が表面に選択的に生成したものと考えられる。

この配位不飽和 V ダイマーは，2-ナフトールの酸化的カップリング反応に優れた触媒特性を

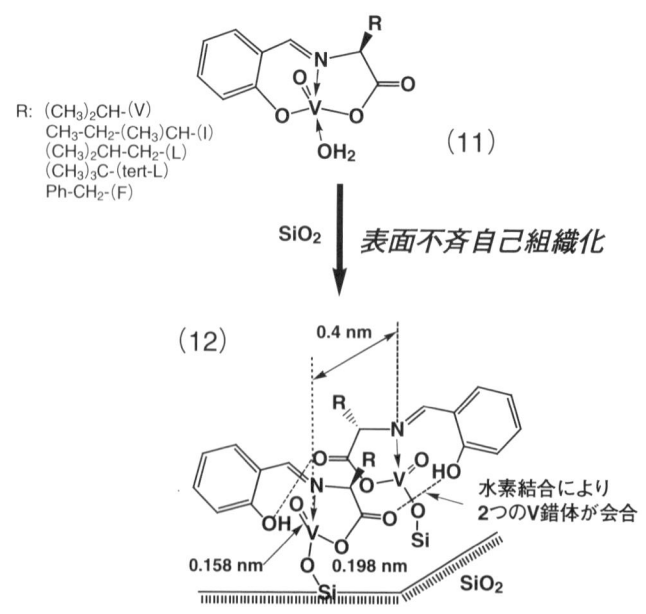

図5　V Schiff 塩基錯体のシリカ表面固定化による表面不斉自己組織化
表面水酸基との反応で生成した Ph-OH 部位がもう一つのV錯体のカルボニル部位と水素結合し，会合構造を形成する。2つのV錯体の上に不斉な反応空間が作られる。

第8章 固体表面を媒体とした触媒反応

表3 V Schiff 塩基前駆体（11）及びシリカ固定化錯体（12）（V：3.4 wt%）のV K端の EXAFS 解析結果

	配位数	結合距離／nm
前駆体錯体（11）		
V=O	1.0	0.158±0.001
V−O	3.8±0.4	0.198±0.001
シリカ固定化錯体（12）		
V=O	1.0	0.157±0.001
V−O	2.8±0.5	0.199±0.002
シリカ固定化錯体（12）を 2-ナフトールと反応させたもの		
V=O	1.0	0.157±0.002
V−O	4.0±0.6	0.199±0.002

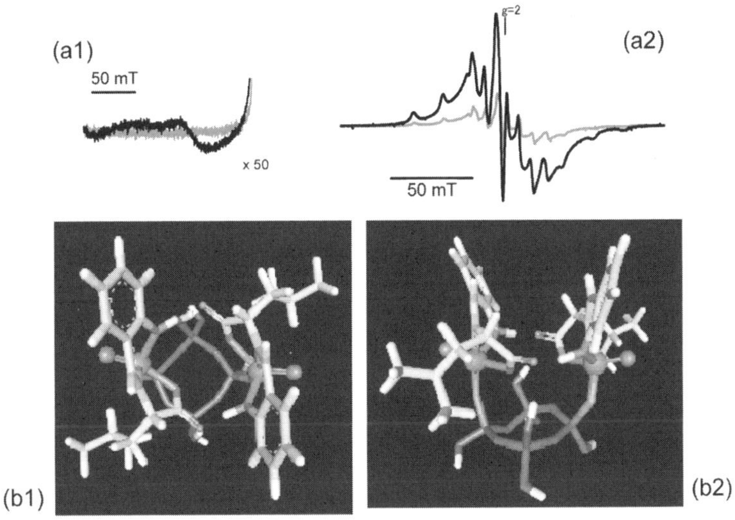

図6 (a) 基質 2-ナフトールを配位した後の固定化 V ダイマーの ESR スペクトル （1）ハーフバンド，（2）メインシグナル．灰色：酸素導入前，黒：酸素導入後
(b) 密度汎関数法によるシリカ表面固定化不斉自己組織化 V ダイマーの構造モデリング （1）上から見た図，（2）横から見た図

示す．配位不飽和 V 中心は，1分子の2-ナフトールを選択的に配位する（表3）．ここに，反応に必須の酸素を導入すると，ESR では d_1 金属のハイパーファインシグナルの上にブロードしたシグナルが観測され，またハーフバンドが出現する（図6(a)）．これは，酸素分子が2つのV-V 間を架橋した構造を形成することを意味しており，その距離は 4.0Å と見積もられた．この構造を DFT（密度汎関数法）計算によりモデリングを行うと，図6(b) の会合構造を有することがわかった．2つの V 錯体が V=O 結合を互いに外向きにするように会合することで，2核錯体の間に不斉な反応空間が構築される．表面で誘起される不斉自己組織化により，簡便に固定化

表4 均一系及び固定化V錯体を用いた2-ナフトールの酸化的不斉カップリング反応

触媒-配位子[a]	反応温度/K	反応時間/day	溶媒	転化率/%	選択性/%	Ee%(R)
Precursor-L[b]	293	5	CHCl$_3$	0	0	—
Precursor-L[b,c]	293	3	CHCl$_3$	15	73	8
Precursor-L[b,c]	263	9	CHCl$_3$	0	0	—
V-L/SiO$_2$ 0.3 wt%	293	5	CHCl$_3$	76	100	19
V-L/SiO$_2$ 0.3 wt%	263	5	CHCl$_3$	9	100	54
V-L/SiO$_2$ 0.3 wt%	293	5	toluene	96	100	13
V-L/Al$_2$O$_3$ 1.7 wt%	293	5	CHCl$_3$	69	53	−2
V-L/TiO$_2$ 0.8 wt%	293	5	CHCl$_3$	52	0	—
V-V/SiO$_2$ 0.3 wt%	293	2	CHCl$_3$	26	100	12
V-V/SiO$_2$ 0.3 wt%	293	5	toluene	99	100	5
V-V/SiO$_2$ 0.3 wt%	263	6	toluene	12	100	14
V-I/SiO$_2$ 0.3 wt%	263	5	CHCl$_3$	6	100	51
V-I/SiO$_2$ 0.3 wt%	293	2	toluene	41	100	21
V-F/SiO$_2$ 0.3 wt%	293	5	CHCl$_3$	81	100	10
V-F/SiO$_2$ 0.3 wt%	263	5	CHCl$_3$	9	100	56
V-L/SiO$_2$ 0.3 wt%	263	5	toluene	11	100	32
V-L/SiO$_2$ 0.3 wt%[d]	263	5	toluene	10	100	33
V-L/SiO$_2$ 0.8 wt%	263	5	toluene	33	100	39
V-L/SiO$_2$ 1.6 wt%	263	5	toluene	42	100	48
V-L/SiO$_2$ 3.4 wt%	263	5	toluene	93	100	90
V-L/SiO$_2$ 3.4 wt%[d]	263	5	toluene	91	100	89

V dimer/2-naphthol was 1/36 and 100 mg of supported catalysts were used in 5 ml of toluene. [a] L: L-leucine, V: L-valine, I: L-isoleucine, and F: L-phenylalanine. [b] Homogeneous reaction. [c] Chlorotrimethylsilane was added. [d] Reused.

不斉触媒を調製できる[7]。

実際, 2-ナフトールの不斉カップリング反応を行ったところ, シリカ固定化触媒は, 100%の選択性でBINOLを生成し, 3.4 wt%のV錯体を担持した固定化触媒では90% eeの不斉収率で(R)-BINOLが得られた（表4）。前駆体錯体そのものは, カップリング活性を示さず, Al$_2$O$_3$やTiO$_2$など他の酸化物担体を用いた場合も反応活性, 選択性ともに非常に低かった。一方, シリカ固定化触媒は, 再利用しても触媒活性, BINOL選択性, 不斉選択性ともに低下せず, 高い安定性を示した（表4）。表面で形成された配位不飽和金属中心により基質の活性化が行われ, その活性中心の上に形成された不斉反応空間により高い不斉収率が実現される[7]。

6 今後の展望

酸化物表面を媒体にした固定化金属錯体の設計法を概説した。酸化物表面の水酸基との反応を効率的に駆使することにより，表面特有の新しい触媒活性構造，選択的反応場の設計が可能である。最近は，活性金属中心に加えてその近傍の空間の設計も実現されつつあり，分子レベルで高次元の表面の活性構造制御法が提案されており，この分野の今後の発展が期待されている。

文　献

1) a) Y. Iwasawa, Tailored Metal Catalysts; D. Reidel: Dordrecht (1986)
   b) Y. Iwasawa, *Acc. Chem. Res.*, **30**, 103 (1997)
   c) M. Tada and Y. Iwasawa, *Annu. Rev. Mater. Res.*, **35**, 397 (2005)
   d) M. Tada and Y. Iwasawa, *Chem. Commun.*, 2833 (2006)
   e) M. Tada and Y. Iwasawa, *Coord. Chem. Rev.*, in press.
2) Y. Iwasawa, *Stud. Surf. Sci. Catal.*, **101**, 21 (1996)
3) a) R. Bal, M. Tada, T. Sasaki, and Y. Iwasawa, *Angew. Chem. Int. Ed.*, **45**, 448 (2006)
   b) M. Tada, R. Bal, and Y. Iwasawa, *Catal. Today*, **117**, 141 (2006)
   c) M. Tada, T. Sasaki, R. Bal, Y. Uemura, Y. Inada, M. Nomura, and Y. Iwasawa, submitted
4) a) A. Katz, M. E. Davis, *Nature*, **403**, 286 (2000)
   b) B. Shellergren, *Angew. Chem. Int. Ed.*, **39**, 1031 (2000)
   c) K. Mosbach, *Chem. Rev.*, **100**, 2495 (2000)
   d) M. Tada, Y. Iwasawa, *J. Mol. Catal. A: Chem.*, **199**, 115 (2003)
5) M. Tada, T. Sasaki, Y. Iwasawa, *J. Phys. Chem. B*, **108**, 2918 (2004)
6) a) M. Tada, T. Sasaki, Y. Iwasawa, *J. Catal.*, **211**, 496 (2002)
   b) M. Tada, T. Sasaki, T. Shido, Y. Iwasawa, *Phys. Chem. Chem. Phys.*, **4**, 5899 (2002)
   c) M. Tada, T. Sasaki, Y. Iwasawa, *Phys. Chem. Chem. Phys.*, **4**, 4561 (2002)
7) a) M. Tada, T. Taniike, L. M. Kantam, and Y. Iwasawa, *Chem. Commun.*, 2542 (2004)
   b) M. Tada, N. Kojima, Y. Izumi, T. Taniike, and Y. Iwasawa, *J. Phys. Chem. B*, **109**, 9905 (2005)
8) a) M. Tada, S. Tanaka, and Y. Iwasawa, *Chem. Lett.*, **34**, 1362 (2005)
   b) S. Tanaka, M. Tada, and Y. Iwasawa, *J. Catal.*, **245**, 173 (2007)

第9章　キラル修飾固体触媒を用いる不斉水素化反応

杉村高志[*]

1　はじめに

　触媒の主たる特長は反応基質や試薬に対して少量しか使用しない点にあるが，触媒が高価な場合は，その回収・再利用に重要な意味を生ずる。反応溶液に不溶な固体触媒は反応系からの分離が容易であり，「不均一触媒」として工業的には常に主流の触媒である。固体触媒の回収・再利用の究極的な形の1つは連続流通反応として見られる。しかし高付加価値化合物の少量，多品種合成をターゲットとするファインケミカルズ合成に関しては，高収率，高選択的な合成プロセスを短期間に確立する必要があり，高度の反応制御が可能な均一系触媒を用いる反応に触媒回収を組み合わせたプロセスがよく用いられる。このような場合の触媒回収は多くの場合貴金属の回収を意味し，そのまま再利用できる固体触媒との差異は明瞭である。均一系触媒の反応制御能と不均一系触媒の両方の特長を併せ持つ固定化触媒が多くの注目を集めるのはこのためである。

　白金やパラジウムなどの貴金属を高分散化した金属触媒は代表的な固体触媒であり，それらを利用した反応はファインケミカルズ合成を含む化学合成の主流の1つである。性質の異なる多様な触媒が入手可能であり，反応に適したものを選ぶか，必要に応じて調製することもできる。これら固体触媒反応は反応操作も含めごく一般的なものであるが，科学的には中身が不明なブラックボックスとしての性格が強い。本章ではこのようなブラックボックスから光学活性物質を取り出すための手法について解説する。固体触媒表面にキラルな分子を吸着させると，反応の場である表面はキラルな環境になり，原理的に基質のエナンチオ区別（不斉合成）が可能になる。実際には，触媒表面上でキラル分子と基質分子の間に相互作用が必要であり，また，その相互作用が基質分子の反応立体制御につながる必要もある。キラル分子による金属表面修飾は，活性表面すべてに対して均一に行う必要がある反面，表面には基質を吸着するためのキラル分子の無い領域も必要である。この矛盾をうまく処理できないと，キラル分子と相互作用のない非立体選択的な併発反応によりラセミ混合物が生成し，不斉収率の低下を招く，あるいは触媒の活性表面がなくなり，反応がまったく進行しなくなる。このように固体不斉触媒設計の鍵は，金属表面での分子間相互作用の制御にあることがわかる。学術的には理解がいまだ不十分な魅力的な研究対象であ

＊　Takashi Sugimura　兵庫県立大学大学院　物質理学研究科　教授

り，工業的にはなにが出てくるか判らない玉手箱である。本章ではこれまでに開発された3種類の金属の異なる不斉水素化触媒について解説する。これらはキラル修飾固体触媒の典型的な例であると同時に，ほぼ全てでもある[1]。

2 キラル修飾固体触媒の概念

固体触媒を用いる不斉反応の始まりは1956年に赤堀らが発表した絹パラジウム[2]とするのが一般的である。タンパク質である絹繊維にパラジウムを担持した触媒を用い，デヒドロアミノ酸誘導体の水素化により35.5％の光学収率（＝不斉収率）を得ている（図1）。この報告を有名にした理由の1つは，現在のキラル修飾固体触媒のきっかけを与えたとされる点にある。絹パラジウムを用いた水素化自体は，その後の実験で低い再現性が指摘され，天然物である絹の個体差を克服できないとの一応の説明がなされた。しかし，この再現性に関する考察がつぎの研究の重要な起点となった。すなわち，パラジウムを絹に担持する際に絹タンパクの加水分解が起こり，その分解の程度が不斉収率の差となって現れる，と考えたのである。この考察の背景には，バルクのパラジウム粒子の表面反応に，その担持体である絹タンパクのキラリティーが影響するとは考えにくいことがある。そこで，タンパクの分解によって生成したアミノ酸あるいはペプチドがパラジウム表面に吸着され，それらの吸着分子が基質の反応を立体制御していると考えたのである。このキラル物質の吸着は触媒表面の修飾（modification）として概念的に定着し，アミノ酸をリードとして，現在用いられているキラル修飾剤，シンコナアルカロイドと酒石酸，が開発された。絹パラジウムはこのようにキラル修飾固体触媒の元とされるが，その触媒自体の機能はいまだ十分に明らかになっていない。

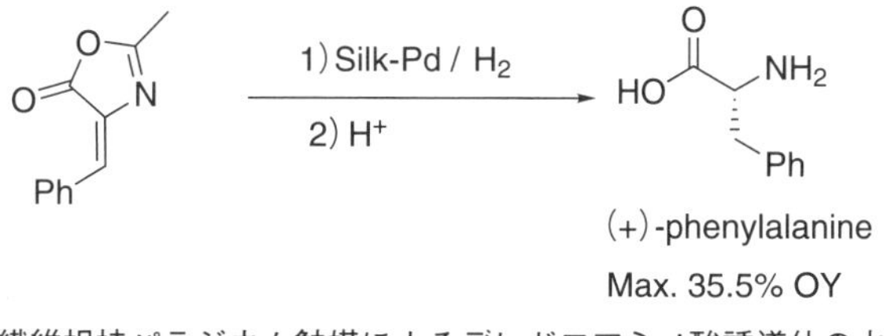

図1 絹繊維担持パラジウム触媒によるデヒドロアミノ酸誘導体の水素化反応

3 白金系触媒[3]

白金触媒を用いる不斉水素化はシンコニジンあるいはシンコニンをキラル修飾剤とし，ベンゾイルギ酸エチルを基質とした反応で開始された（図2）。シンコニジン（CD）とシンコニン

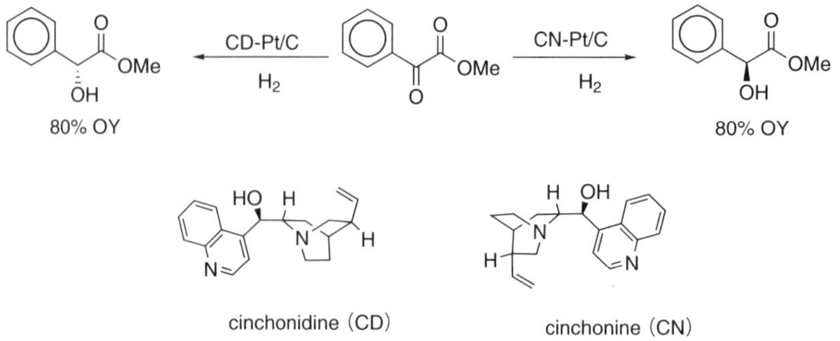

図2 白金触媒を用いる水素不斉化反応

　(CN)はシンコナアルカロイドの仲間であり、比較的安価に入手可能である。注目すべきはその立体構造で、分子間相互作用に関係しそうな水酸基とアミンのα位はいずれも立体化学が反対であり、わずかにビニル基の部分のみが同じ立体化学を有している（実際には反応中に水素化されてエチル基になる）。従って、厳密にはジアステレオマーであるが、キラル修飾剤としては疑エナンチオマーとして振る舞い、それぞれを用いた場合の反応生成物は鏡像体となる。この触媒反応は1979年の最初の論文[4]ですでに60～80％と比較的高い不斉収率が達成されている。不斉収率が触媒の種類や反応条件に大きく依存し、基質特異性の高いキラル修飾固体触媒では稀なことである。この触媒は発明者の名前から織戸触媒と欧米では呼ばれている。

　織戸触媒はαケトエステル、特にメチルまたはエチルピルビン酸エステルを基質として研究が行われた。表1に代表的な結果をまとめた。CDを用いるとベンゾイルギ酸エチルとほぼ同等の不斉収率が得られる一方、CNは構造から予想される通り逆の立体選択性を示すが選択性はやや低い。芳香族部の6位にメトキシ基を有するQNおよびQDではさらにその差が大きくなる。こ

表1 キラル修飾白金触媒を用いるピルビン酸エステルの不斉水素化

No.	キラル修飾剤[a]	溶媒	水素圧	不斉収率	参照
1	CD	ベンゼン	1	83(R)	Orito, 1979
2	CN	ベンゼン	1	74(S)	Orito, 1979
3	QN	ベンゼン	1	86(R)	Orito, 1979
4	QD	ベンゼン	1	55(S)	Orito, 1979
5	H-CD	酢酸	100	90(R)	Blaser, 1991
6	H-CD	トルエン	100	87(R)	Blaser, 1991
7	O-Me-HCD	酢酸	100	95(R)	Blaser, 1991
8	CD	酢酸	100	97(R)	Bartok, 1999
9	CD	酢酸	10	97(R)	Zou, 1999

[a] CD: cinchonidine, CN: cinchonine, QN: quinine, QD: quinidine, H-CD: Dihydrocinchonidine, O-Me-HCD: O-methyldihydrocinchonidine.

第9章 キラル修飾固体触媒を用いる不斉水素化反応

の結果は修飾剤の6-メトキシ基が立体制御に不可欠ではないことを示しており,事実,QNは触媒の最適化が進むにつれて使われなくなった。後の研究結果からQNがCDより高い不斉収率を与えたのは修飾剤のコンフォメーションに起因すると考えられ,QNの優位性は特定の条件下に限られる。この触媒系における不斉収率改善のポイントの1つは高水素圧下反応を行うことにある。また,CDのキヌクリジン部の3級アミンはプロトン化されていることが高い不斉収率には必要である。むろん反応に用いる白金触媒(粒子径や形)にも大きく依存し,研究の多くは最適な白金触媒の探索に費やされている。1991年のBlaserらによる95%eeの達成[5]は修飾剤のベンジル位の水酸基をメトキシ基に変換したことが表面的な理由であるが,詳細なキネティクスによる反応の解析が基礎になっている。表にはないが米国Merckのグループ[6]の貢献は大きい。また,スイスETHのBaikerのグループの解析[7]も発展の大きな要因となった。その後,Pt/Al_2O_3を用いる系のCD修飾に超音波を導入[8]することにより,また超微粒子(<2 nm)白金をポリマー担持・安定化[9]することにより,いずれも97%eeを達成している。この不斉収率は次に述べるニッケル系の98%eeとともに固体触媒によってもほぼ完全な基質のエナンチオ区別が可能であることを示したことで意義が大きい。

キラル修飾白金を触媒として不斉還元できる官能基はカルボニル基に限られ,しかもαケトエステルまたは等価な電子構造を持つ必要がある。図3に基質構造とそれぞれに対して最適化した条件下での不斉収率を示す。反応の変換率と化学収率に関してはいずれも100%と考えて差し支えない。反応条件の最適化の程度が同等と仮定すれば,ケトンまわりのサイズは小さい方がよい,環状化合物は若干悪い,トリフルオロメチル基やアセタール基は補助基としてエステルと等

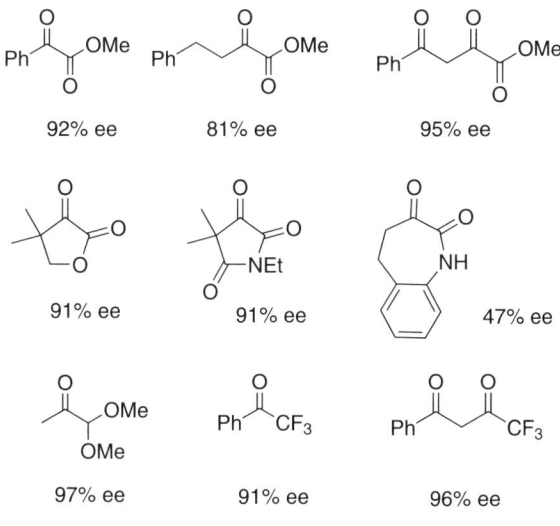

図3 シンコニジン修飾白金を用いた場合の不斉収率

価である,などの情報が得られる。

　白金触媒の種類はもっとも重要な選択肢である。基質の種類や反応溶媒によって最適な触媒が異なるのは他の固体触媒反応と同様であるが,現状では特定のアルミナ担持白金を使用前に活性化して用いる場合が,広い範囲で良い結果を与えている。反応溶媒はメチルピルビン酸エステルの水素化に対しては極性溶媒,特に酢酸が優れているが,トルエンやエタノールもよく用いられる。水素圧は使用する溶媒に依存するが10気圧は必要である。触媒の再利用は可能であるが,新たに基質を仕込む際に,CD (CN) も同時に加える必要がある。これはCDの触媒上への吸着があまり強くなく,溶液中にも多く存在することに起因する。また,基質/触媒比をあまり大きく取るとCDの芳香環部が還元されて触媒に吸着されなくなり,不斉収率の低下原因となる。モル換算の基質/修飾剤比は通常は10^2以上,最高10^6である。

　織戸システムで特筆すべき点は,修飾剤の添加が反応を数百倍促進する点である。これは製造上有利である(高いTOFがとれる)ばかりではなく,修飾されていない触媒表面の反応(ラセミ生成物を与える)を事実上無視できる大きな長所となる。修飾された領域での光学活性物質が生産されるメカニズムに関しても多くの研究がある。CDやCNの類自体であるQN,QDを含む天然アルカロイドを利用した実験結果,溶媒や添加物の効果などを総合的に考慮し,いくつかの反応遷移状態モデルが提唱されてきた。また,速度解析や表面解析からは,CDはキノリン環で白金表面に吸着し,ベンジル水酸基とプロトン化されたキヌクリジン窒素の両方で基質の固定化を行っていることになっている。

4　ニッケル系触媒[10]

　ニッケル触媒を用いる不斉水素化は当初はアミノ酸をキラル修飾剤として開始されたが,酒石酸が1971年に報告[11]されて以来,常に最良の修飾剤として用いられている。基質は初期からメチルアセト酢酸が用いられており,現在でも基準基質としてよく用いられる(図4)。酒石酸は両鏡像体が入手可能であることから,生成する光学活性アルコールはどちらの光学異性体も同じように合成可能である。また,反応の化学収率はほとんどの場合100%である。

　酒石酸修飾ニッケル触媒を用いる水素化の選択性は修飾に用いるニッケル触媒に大きく依存し,その調整法の最適化が研究の大半を占めてきた。表2に代表的な例を示す。触媒活性の高いラネーニッケルは研究開始当初から用いられ,メチルアセト酢酸から35〜40%程度の不斉収率が得られていた。このように不斉収率が低いにも関わらず,ニッケル触媒の修飾剤として最適と結論された酒石酸は,触媒の種類や基質に依存せず現在でも最良である。1980年代に入るとラネーニッケル以外のニッケル触媒が研究され,純度および結晶性の高い還元ニッケルや分解ニッ

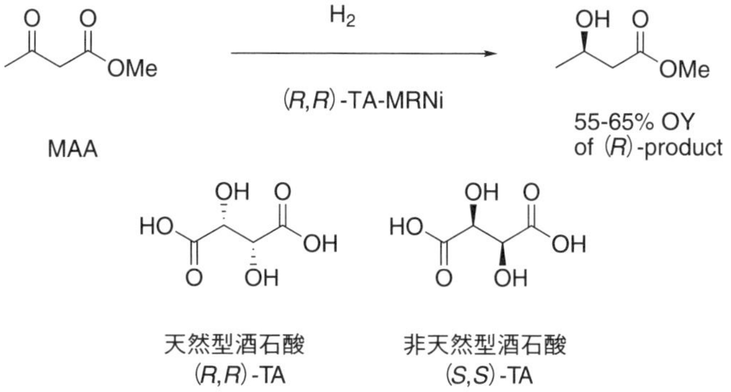

第9章 キラル修飾固体触媒を用いる不斉水素化反応

図4 ニッケル触媒を用いる不斉水素化反応

表2 酒石酸修飾ニッケル触媒を用いるアセト酢酸エステルの不斉水素化

No.	ベース触媒	共修飾剤	不斉収率	参照
1	ラネー W-1	—	35%	1977
2	ラネー W-2	—	40%	1977
3	NiO/H_2, 350℃	—	82%	1981
4	$Ni(CO)_4$, >100℃	—	75%	1981
5	Ni/SiO_2(various)	—	24-55%	1982
6	W-2 /acid wash	—	72%	1980
7	W-2	NaBr	83%	1980
8	W-2 /ultrasonic	NaBr	86%	1991
9	W-2, deep modification	NaBr	91%	1995
10	Ni/Al_2O_3	—	71%	1998
11	Ni/zeolite(SPC)	NaBr	86%	1997
12	FNi powder	NaBr	68%	2000

ケルを用いた場合に不斉収率が高く，82%に達する[12]ことがわかった。しかし，これらの触媒は活性が低く，高活性なラネーニッケルの低不斉収率の原因究明と表面改質がつぎの課題となった。一般的なラネーニッケルはNi-Al合金（ラネー合金）をNaOHなどの塩基性水溶液に拡散し，アルミをアルミン酸ナトリウムとして溶解することにより調製する。したがって，ラネーニッケル表面にはアルミン酸やNaOHなどの多くの不純物を含むことになる。この不斉水素化に不都合なサイトは，グリコール酸で洗浄するあるいは超音波照射することにより取り除くことができる他，NaBrのサイト選択的吸着により部分被毒される。現時点での最高不斉収率はEntry 9の91%であり，酒石酸ナトリウムとNaBrを含む溶液により触媒を繰り返し修飾して達成された[13]。しかし，このような処理はラネーニッケルの持つ触媒活性を著しく損ねる。一方，Entry 8の超音波処理はラネーニッケル触媒を微粒子化し，むしろ高活性化する[14]（Entry 7に比べて最大で10倍）。水素化の速い基質であるメチルアセト酢酸以外の基質に対しては超音波ニッケル，あるいはより新しいタイプのニッケルを用いることが望ましい。

反応条件は30〜100気圧程度の水素加圧下，60〜100度に加熱して行う。溶媒はプロピオン酸メチルやTHFなどの極性が中程度のものがよいが，本質的には無溶媒でも問題ない。のちに述べるようにカルボン酸を反応系に添加する場合が多い。キラル修飾は一般的には酒石酸とNaBrを含む水溶液中でニッケル触媒を加温して行い，溶液を取り除いてから反応に用いる。最近，in situ modificationと呼ばれるニッケル触媒に基質とともに酒石酸とNaBrを加えた状態で水素化を行う検討[15]がなされている。ラネーニッケルではないので活性の面で問題があるが，操作の容易さ，修飾の際に生ずるニッケル塩を含む廃液が出ない点，安価とはいえ過剰の修飾剤を必要としない点，など優れた手法である。

　基質の種類はメチルアセト酢酸を含むβケトエステルおよびその等電子体と2-アルカノンの2種類に分けられる。βケトエステルは特にその構造と不斉収率の関係が詳細に検討されている。図5に代表的な基質と超音波処理ラネーニッケルを酒石酸とNaBrで修飾した触媒を用いた場合の不斉収率を示した。図の例からも見られるように基質Aのメチルアセト酢酸は，不斉収率が反応温度にほとんど依存しない。多くの研究がメチルアセト酢酸を用いていたことから，βケトエステル系の特長とされていたが，他の例に見られるように明らかに間違いであり，メチルアセト酢酸が例外であることがわかる。100度だけの結果で見ると，直鎖基質B–D，分岐基質E–Iともメチルアセト酢酸に比べてさほど不斉収率の改善はないが，60度では明瞭に高い不斉収率が得られ，特に分岐置換基を持つ場合が高い。EやHが96％と高い不斉収率を示し，DやFが類似化合物と比べ若干低い不斉収率を示すことから，γ置換基は嵩高さが重要であり，脂溶性はむしろ弱い妨害因子であることがわかる[16]。例外は基質Kであり，100度でも96％，60度では98.6％と極めて高い不斉収率を示す。フェニル置換基質Lは不斉収率が最大で52％と低いが，MやNのように電子豊富な芳香族基を用いることで改善できる。Oに見られるように芳香族基がケトンと共役していない場合や，Pに見られるように置換基により共役が阻害されている場合は脂肪族基質と同様に高い。2-アルカノン類Q〜Tはピバリン酸を溶媒の半量用いればよい不斉収率が得られる。この場合にも基質の嵩高さは重要であり，最大で85％の不斉収率となる。3-アルカノンUの不斉水素化はさらに困難であるが，ピバリン酸の替わりにさらに嵩高い酸を用いることで44％が達成されている。基質Vはβケトエステルと2-アルカノンの両方の性質をもつ基質であり，その立体区別能は拮抗し，低い不斉収率に止まる。一方，基質Wではほとんど2-アルカノンと変わらなくなる。

　基質Kの高い不斉収率はその反応速度解析[17]から要因が推察されている。すなわち，無修飾あるいはNaBrのみで修飾したラネーニッケルを用いた水素化の速度を測定すると，A＞B＞E＝Jと置換基の嵩高さMe＜Et＜iPr＝cycloPr，と逆の順となるが，酒石酸-NaBrあるいは酒石酸修飾ラネーニッケルを用いた場合は基質AとBとEの反応速度比は，非修飾の場合とほぼ一致する

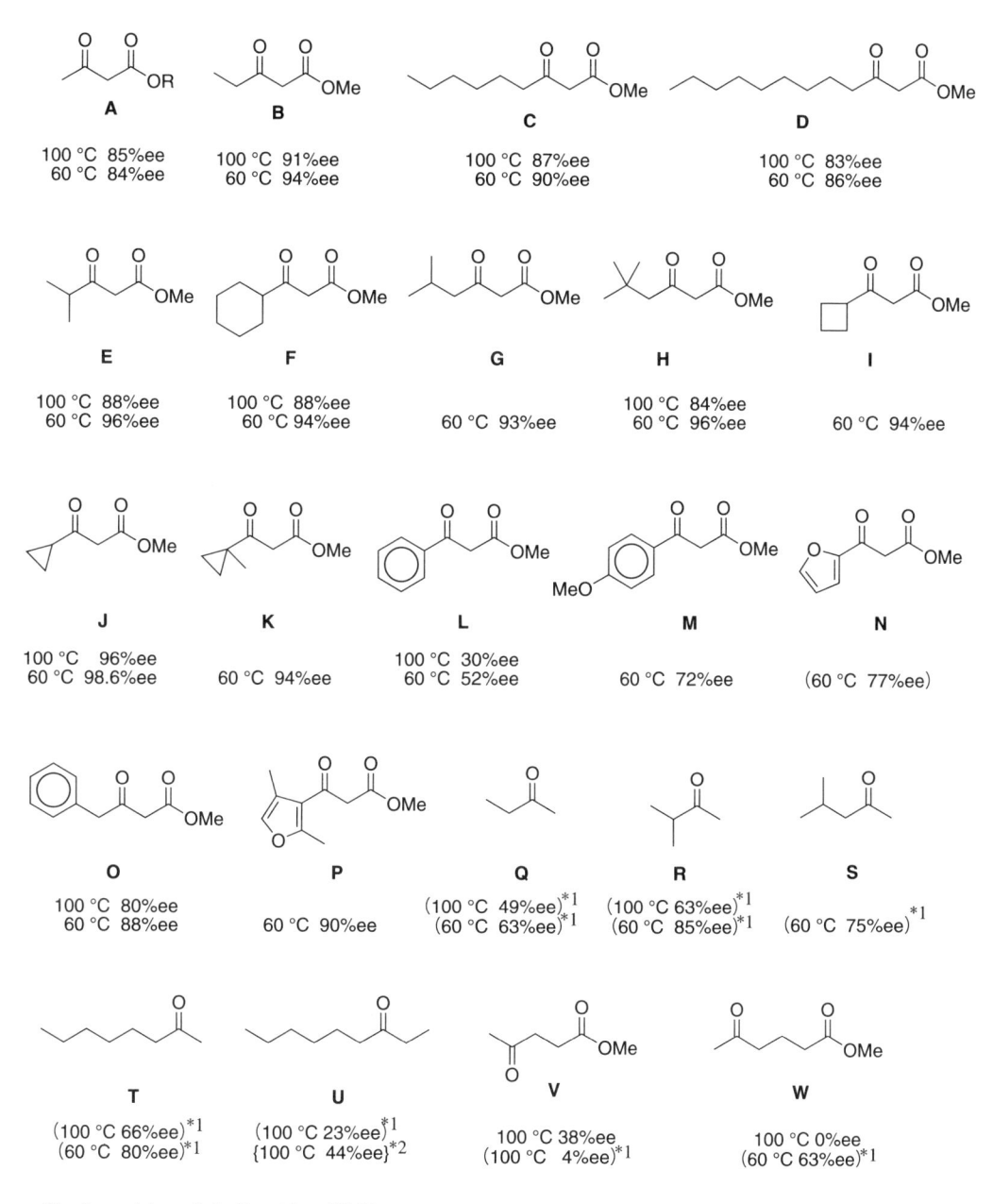

第9章 キラル修飾固体触媒を用いる不斉水素化反応

A
100 °C 85%ee
60 °C 84%ee

B
100 °C 91%ee
60 °C 94%ee

C
100 °C 87%ee
60 °C 90%ee

D
100 °C 83%ee
60 °C 86%ee

E
100 °C 88%ee
60 °C 96%ee

F
100 °C 88%ee
60 °C 94%ee

G
60 °C 93%ee

H
100 °C 84%ee
60 °C 96%ee

I
60 °C 94%ee

J
100 °C 96%ee
60 °C 98.6%ee

K
60 °C 94%ee

L
100 °C 30%ee
60 °C 52%ee

M
60 °C 72%ee

N
(60 °C 77%ee)

O
100 °C 80%ee
60 °C 88%ee

P
60 °C 90%ee

Q
(100 °C 49%ee)[*1]
(60 °C 63%ee)[*1]

R
(100 °C 63%ee)[*1]
(60 °C 85%ee)[*1]

S
(60 °C 75%ee)[*1]

T
(100 °C 66%ee)[*1]
(60 °C 80%ee)[*1]

U
(100 °C 23%ee)[*1]
{100 °C 44%ee}[*2]

V
100 °C 38%ee
(100 °C 4%ee)[*1]

W
100 °C 0%ee
(60 °C 63%ee)[*1]

[*1] In a mixture of pivalic acid and THF
[*2] In the presence of 1-methyl-1-cyclohexanecarboxylic acid (2 equliv.)

図5 酒石酸-NaBr修飾ニッケル触媒を用いた場合の不斉収率

のに対し，Jのみは約3倍速いことが分かった。この酒石酸修飾による基質特異的加速現象がこの基質の高い不斉収率の原因と考えられる。置換基の嵩高さは触媒上の酒石酸修飾部位での立体区別能に影響するとされていることから，不斉収率の非修飾領域の影響は図6のように分離する

119

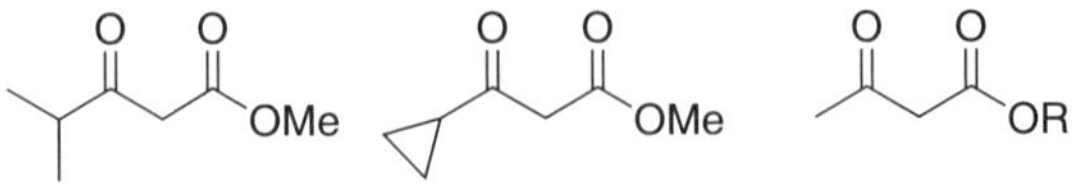

固定化触媒のルネッサンス

	E	J	A
Product ee	96%	98.6%	86%
factor-i	ca. 1	ca. 1	ca. 0.9
E/(E+N)	0.96	0.99	0.96

図6 ニッケル系水素化の不斉収率に対する非修飾領域の影響

ことができる。不斉収率は酒石酸修飾部位での水素化が反応全体に占める割合 E/(E+N)（ただし E は立体区別領域，N は非区別領域での水素化の寄与）に，区別領域での不斉収率 i を掛けたものであらわすことができる。基質 E と J において置換基の嵩高さから推察して i 値が同じとすれば N の寄与は E が3倍速い基質 J において1/3になることで実測値が説明できる。求めた基質 E の E/(E+N) 比は基質 A でも同じと予想されることからメチルアセト酢酸の i 値は0.9程度と推定できる。この値は現在まで得られているこの基質の最高不斉収率と一致している。

キラル修飾剤である酒石酸は反応中も触媒から脱離することはなく，濾過洗浄することにより再利用することができる。この場合の問題点は触媒表面上の酒石酸の分解や脱離による減少ではなく，ニッケル触媒の劣化にある。ラネーニッケルの場合，極少量のアミンを含む溶液で洗浄することにより再利用しても不斉収率が低下しなくなる[18]。ファインニッケルの場合は酢酸ナトリウムを微量加えることで繰り返し使用することが可能である[19]。

酒石酸のニッケルへの吸着姿勢は古くは赤外スペクトルや吸脱着のエネルギー測定により推定されていたが，現在は STM 像により直接観測することが可能である。ニッケルに酒石酸を吸着すると表面上で集合体を作り，ちょうど3列に並んだ形で安定化する[20]と言われている。このようなマクロ集合体が立体選択性の主役であるかどうかについては今後議論が進むと思われる。

5 パラジウム系触媒[21]

シンコニジン修飾パラジウムは1985年に初めて報告された不斉水素化触媒[22]であり，現在，オレフィンのエナンチオ区別水素付加に利用できる唯一の固体触媒である。α，β不飽和カルボン酸から飽和カルボン酸への水素化で報告された不斉収率は最高で31％と低く，その後あまり研究が進まなかった（図7）。しかし，新田がフェニルケイ皮酸（PCA）の水素化に対して1994年に Pd/TiO$_2$ を導入[23]，また99年にベンジルアミン（BA）添加法を導入[24]して72％を達成して以降，多くの研究者が参入した。基質に関しては不飽和ケトン，不飽和エステル，ピロン誘導体

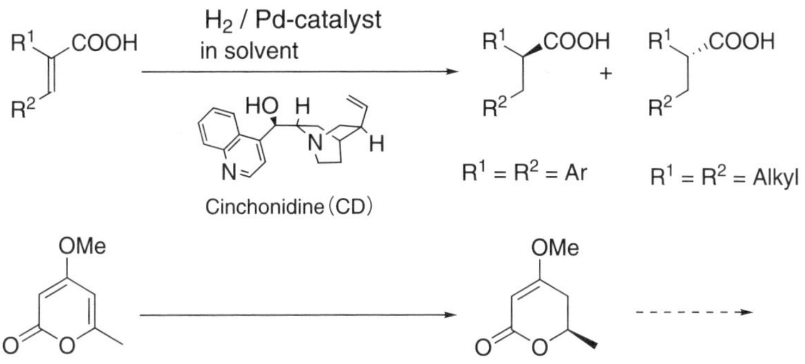

第9章 キラル修飾固体触媒を用いる不斉水素化反応

図7 パラジウムを用いる不斉水素化反応

など適用範囲が広がっている。見かけ上はシンコナ修飾白金触媒に類似しているが，CD と CN の差が非常に大きい，白金系で観察された高い修飾剤加速効果はなく，むしろ速度は 1/10 程度まで下がる，など全く異なる触媒系である。また，ピロン誘導体は PCA とほぼ同じ触媒条件下高い不斉収率が得られるが，脂肪族カルボン酸であるチグリン酸はその最適条件が全く異なる。また，生成物の立体化学も逆である。反応はパラジウム触媒を含む溶液に修飾剤と基質を加えて行うが，吸着の強さはさほど強くなく，この点は白金系触媒と似ている。

フェニル桂皮酸の水素化は Pd/TiO_2 を用い，極性の強いプロティック溶媒中，1気圧の水素，0.5当量以上のベンジルアミンの存在下行うと高い不斉収率が得られる。表3に代表的な例を示した。溶媒に含まれる水およびベンジルアミンは生成する飽和カルボン酸のパラジウム表面からの脱離に役立つとされている。事実ベンジルアミンの添加は反応速度を約2倍に加速する。水素圧は1気圧，あるいはむしろ低い方が良く，加圧は不斉収率を損なう原因となる。触媒に関しては担持体や担持法など数多く検討されており，ごく最近まで表面積の小さい（$51\,m^2/g$）ルチル型チタニア（JRC-TIO-3）に沈降法で5％のパラジウムをのせ，200度程度の低温で還元処理するとよいとされてきた。最近，含浸法により74％が報告された他，市販のパラジウム炭

表3 キラル修飾 Pd/TiO_2 触媒を用いるフェニル桂皮酸の不斉水素化

No.	キラル修飾剤	溶媒	添加物	不斉収率	参照
1	CD	THF	—	40	2000
2	CD	methanol	—	49	1998
3	CD	wet DMF	—	61	1998
4	CN	wet DMF	—	29[a]	1998
5	CD	wet dioxane	BA	72	1996
6	CD	wet dioxane	BA	74	2005
7[b]	CD	wet dioxane	BA	81	2005

[a] 生成物の立体化学は逆 [b] 水素加温処理 Pd/C を使用

表4 シンコニジン修飾 Pd/Al$_2$O$_3$ 触媒を用いる(E)-2-methyl-2-alkenoic acid(R-CH=CMeCOOH)の不斉水素化

No.	基質	溶媒	水素圧	不斉収率	参照
1	tiglic acid (R=Me)	Hex	60	47%	1997
2	tiglic acid (R=Me)	Tol/BA	50	58%	2005
3	2-methyl-2-pentenoic acid (R=Et)	c-Hex	1	28%	1999
4	2-methyl-2-pentenoic acid (R=Et)	c-Hex	60	51%	1999
5	2-methyl-2-hexenoic acid (R=Pr)	Tol	60	56%	2005

素を水素雰囲気下80度に加温する[25]ことによっても81%と高い不斉収率が得られている。触媒のPd粒径と不斉収率の関係はもっともよく研究されている点であり，数ナノ以上の大きさが適しているとされている。また，担持体の細孔構造や担持構造にも依存することが知られている。

一方，脂肪族不飽和カルボン酸の水素化は市販のPd/Al$_2$O$_3$（Engelhalt 40692）を用い，ヘキサンやトルエンなどの非極性溶媒を用いて50～60気圧の加圧水素下反応すると高い不斉収率が得られる（表4）。β置換基は大きい（実際は長い）方が不斉収率が高く，またベンジルアミン（BA）の添加効果は限られている。加圧下より高い不斉収率が得られるのは，オレフォンの異性化が抑制される[26]ためであり，メチル側に異性化すると速やかに反対の立体化学の生成物を与える。

パラジウム系は他の2つに比べて新しい触媒であるが，その応用に関連した研究はすでにある程度進んでいる。たとえば図7の下段に示したαピロンの水素化生成物はHIV薬の原料となる[27]。この水素化は芳香族基質と同じ触媒と条件で行うことができるが，CNの方が立体選択性が高い点，CDを基質の1/2当量加えると，85%から94%まで不斉収率が向上する，など独自の性質を示す。触媒はPd/TiO$_2$の他にもフレーム・スプレイ法で調整したPd/Al$_2$O$_3$[28]も適している。また，芳香族基質ではβフェニルがパラアニシル基になると不斉収率が92%と格段に向上する[25]。αフェニル基はアルキル基でもイソプロピル基程度の嵩高さが有れば置き換え可能であり，反応機構的な基質間の差はβ位の置換基に依存することなどが見いだされている[29]。

6　まとめ

本章では3つの金属に関して最近の進展を中心にキラル修飾固体触媒の研究を紹介した。これら以外にもルテニウムやロジウムを用いた反応が散見されるが，単発的な研究にとどまっており，本章では取り扱わなかった。また，ゼオライトなどの規則空孔を触媒点として利用し，キラル有機物の導入により不斉誘起を行う試みもあるが，未成熟と判断して割愛した。しかしながら，固体触媒を用いて不斉合成を行う試みは現在も着実に進められていると思われ，真に新しい

第9章　キラル修飾固体触媒を用いる不斉水素化反応

触媒の創出が期待できる。キラル分子で修飾した固体金属触媒は，立体制御能自体に関してはかなりの部分が解決し，また表面状態に対する理解も深まってきた。今後は，水素化以外の反応への拡張が第一に考えられる。水素化との違いをどう捉え，それをどのように反応制御に生かすか？　要は個々の研究者のアイデア次第であろう。

文　　献

1) D. E. De Vos, I. F. J. Vankelecom, P. A. Jacobs, "Chiral Catalyst Immobilization and Recycling", Wiley-VHC, Weinheim （2000）
2) S. Akabori et al., Nature, **178**, 323（1956）
3) A. Baiker et al., Top. Catal. **19**, 75（2002） and J. Mol. Catal. A : Chem. **115**, 473（1997）; H.-U. Blaser, et al. Adv. Synth. Catal. **345**, 45（2003）, and Catal. Today, **37**, 441（1997）; P. B. Wells et al. Top. Catal. **5**, 39（1998）
4) Y. Orito et al., 有合化, **37**, 1733（1979）
5) H.-U. Blaser et al. J. Mol. Catal. **68**, 125（1991）
6) J. Wang et al., Stud. Surf. Sci. **108**, 183（1997）
7) T. Bürgi, A. Baiker, J. Am. Chem. Soc. **120**, 12920（1998）
8) B. Torok et al., Catal. Lett. **52**, 81（1998）
9) X. Zuo et al., Tetrahedron Lett. **39**, 1941（1998）
10) T. Sugimura, 触媒技術の動向と展望（触媒学会，2004）p. 55 and Catal. Surv. Jpn. **3**, 37（1999）; A. Tai, 有合化, **58**, 568（2000）
11) Y. Izumi, Angew. Chem. Int. Ed. Engl., **10**, 871（1971）
12) T. Harada et al., Bull. Chem. Soc. Jpn. **54**, 980（1981）
13) T. Osawa et al., Catal. Today **37**, 465（1997）
14) A. Tai et al., Bull. Chem. Soc. Jpn. **67**, 2473（1994）
15) T. Osawa et al., J. Mol. Catal. A: Chem. **154**, 271（2000） and **169**, 289（2001）
16) T. Sugimura et al., Studies in Surface Science and Catalyst **101**, 231（1996）
17) T. Sugimura et al., Bull. Chem. Soc. Jpn. **75**, 355（2002）
18) A. Tai, et al. Chem. Lett. 2083（1984）
19) T. Osawa et al., J. Mol. Catal. A: Chem. **185**, 65（2002）
20) T. E. Jones, C. J. Baddeley, Surf. Sci. **513**, 453（2002）; C. G. Baddeley, Top. Catal. **25**, 17（2003）
21) 新田百合子，有合化, **64**, 827（2006）
22) J. R. G. Perez et al., Acad. Sc. Paris, **300**, II, 169（1985）
23) Y. Nitta et al., Chem. Lett. 1095（1994）
24) Y. Nitta, Chem. Lett. 635（1999）

25) Y. Nitta *et al.*, *J. Catal.* **236**, 164 (2005)
26) K. Borszeky *et al.*, *Catal. Lett.* **59**, 95 (1999)
27) W. -R. Huck *et al.*, *Catal. Lett.* **80**, 87 (2002)
28) R. Strobel *et al.*, *J. Catal.* **222**, 307 (2004)
29) T. Sugimura *et al.*, *Catal. Lett.* **112**, 27 (2006)

第10章　水中固体酸を用いるグリーン化学プロセス

神谷裕一[*1]，奥原敏夫[*2]

1　はじめに

　硫酸（H_2SO_4）は，オレフィン水和，エステル化，加水分解，アルキル化，アルコールの脱水縮合，ベックマン転位などの触媒として用いられる現代の化学工業に欠くことができない物質である。硫酸は安価なため多用されるが，反応容器の腐食，生成物と分離する際に多量の中和塩が発生することなどが大きな問題となっている。これらの問題は，原理的には固体酸を触媒とすることで解決される。しかし，硫酸から固体酸への転換は容易ではない。

　化学工業において，1950年代には既に固体酸への転換が試みられている。その後も精力的に研究されてきたが，うまくいった例はほとんどない。通常の固体酸は水中や多量の水蒸気が存在する条件下では酸強度が大幅に低下し，その結果，固体酸として機能しないことが指摘されている[1]が，硫酸が用いられる反応は，反応物もしくは生成物に水が関与するものが多い。最近，水中でも特異的に高活性を示す固体酸がいくつか見いだされており，これらは硫酸を代替する固体酸として注目されている。表1に，これまで報告された固体酸触媒による水中触媒反応をまとめた[2〜17]。高シリカゼオライト，ヘテロポリ化合物，酸化物，リン酸塩の他，スルホン化した炭素材料やメソポーラスシリカなどが水中で活性を示す。水中で機能する固体酸（我々は水中固体酸 "water-tolerant solid acid" と呼んでいる[1]）には，水中で活性を示すだけでなく，溶解しないこと，自然沈降することも重要である。

　この章では，工業触媒としても用いられている高シリカゼオライトを例に，水中固体酸触媒として重要な表面疎水性と触媒活性との関連性を著者らの研究も交えて解説するとともに，著者らが中心となって研究してきたヘテロポリ酸塩とそのコンポジット水中固体酸を紹介する。また，最近報告された他の水中固体酸についても述べる。

＊1　Yuichi Kamiya　北海道大学大学院　地球環境科学研究院　准教授
＊2　Toshio Okuhara　北海道大学大学院　地球環境科学研究院　教授

表1 固体酸触媒による水中触媒反応の例

反応	触媒	文献
水和		
シクロヘキセン + H$_2$O → シクロヘキサノール	H-ZSM-5	2
シクロペンテン + H$_2$O → シクロペンタノール	MCM-22	3
2,3-ジメチル-2-ブテン + H$_2$O → 2,3-ジメチル-2-ブタノール	Cs$_{2.5}$H$_{0.5}$PW$_{12}$O$_{40}$	4
	Sulfonated carbon material	5
α-ピネン + H$_2$O → テルピネオール類	Cs$_{2.5}$H$_{0.5}$PW$_{12}$O$_{40}$	6
	H$_3$PMo$_{12}$O$_{40}$/USY	7
	H-β	8
アセトンシアノヒドリン + H$_2$O → アセトンアミド	M-MnO$_2$	9
スチレンオキシド + H$_2$O → 1-フェニル-1,2-エタンジオール	Nb$_2$O$_5$・nH$_2$O	10
加水分解		
酢酸エチル + H$_2$O → 酢酸 + エタノール	H-ZSM-5	11
	Cs$_{2.5}$H$_{0.5}$PW$_{12}$O$_{40}$	4
	Sulfonated carbon material	5
	Zirconium phosphate	12
	MoO$_3$-ZrO$_2$	13
o-トリルアセタート + H$_2$O → o-クレゾール + 酢酸	Cs$_{2.5}$H$_{0.5}$PW$_{12}$O$_{40}$	4
シクロヘキシルアセタート + H$_2$O → シクロヘキサノール + 酢酸	Cs$_{2.5}$H$_{0.5}$PW$_{12}$O$_{40}$	4
スクロース + H$_2$O → 2 グルコース	Cs$_{2.5}$H$_{0.5}$PW$_{12}$O$_{40}$	14
セルロース + H$_2$O → グルコース	Sulfonated mesoporous silica	15
脱水縮合		
4-メトキシベンジルアルコール + ROH → 4-メトキシベンジルエーテル + H$_2$O	AlPW$_{12}$O$_{40}$	7
1,3-ジカルボニル + アルデヒド + グアニジン → ジヒドロピリミジン + 2H$_2$O	Ag$_3$PW$_{12}$O$_{40}$	16
HS-CH$_2$CH$_2$-OH + Ph$_2$CHOH → Ph$_2$HCS-CH$_2$CH$_2$-OH + H$_2$O	AlPW$_{12}$O$_{40}$	17

第10章　水中固体酸を用いるグリーン化学プロセス

2　高シリカゼオライト

2.1　高シリカ H-ZSM-5 による水中酸触媒反応

難波らは，1981年に高シリカ H-ZSM-5 が水中での酢酸エチル加水分解反応に高い活性を示すことを初めて報告した[11]。図1には，構造や Si/Al 比の異なる H 型ゼオライトを触媒とした酢酸エチル加水分解反応の一次プロットを示す。活性は Si/Al 比によって大きく変化した。Si/Al＝5.5 の H-mordenite はほとんど活性を示さないが，Si/Al＝8.7 のものは活性を示す。H-ZSM-5（Si/Al＝46.6）はさらに高活性で，その活性は陽イオン交換樹脂（アンバーライト200 C）とほぼ同等であった。詳しくは後ほど述べるが，Si/Al 比が高くなると触媒表面は疎水的になる。疎水表面上のプロトン（H^+）は水による被毒を受けにくいために，本来の触媒活性が水中でも保持される。一方，親水表面上のプロトンは水の被毒を受けて酸強度が大幅に低下し，それにより活性が低下すると説明されている。

高シリカ H-ZSM-5 を触媒にしたシクロヘキセン水和プロセスが，工業化されている[2]。従来は硫酸法で行われていたが（図2B），硫酸法では水相（硫酸を含んでいる）にシクロヘキサノールが抽出されるため，水相からシクロヘキサノールを蒸留分離する際に逆反応が進行し収率が低下する。一方，固体酸プロセス（図2A）では，シクロヘキサノールは水相（中性）ではなく油相に分配される。油相を蒸留分離して生成物が得られるが，この時，逆反応は進行せず，また精製系もシンプルである。

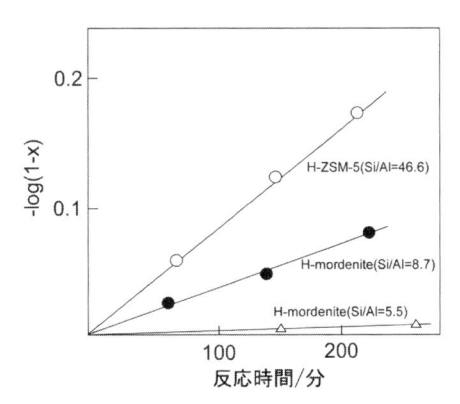

図1　H型ゼオライトを触媒とした酢酸エチル加水分解反応の一次プロット（333 K）

2.2　ゼオライトの表面疎水性と水中酸触媒活性

H-ZSM-5 の表面疎水性は，水やメタノールの吸着等温線により評価されている。Si/Al 比が大きくなると，表面の疎水性が高くなる[18]。この傾向は，先に述べた水中での酢酸エチル加水分

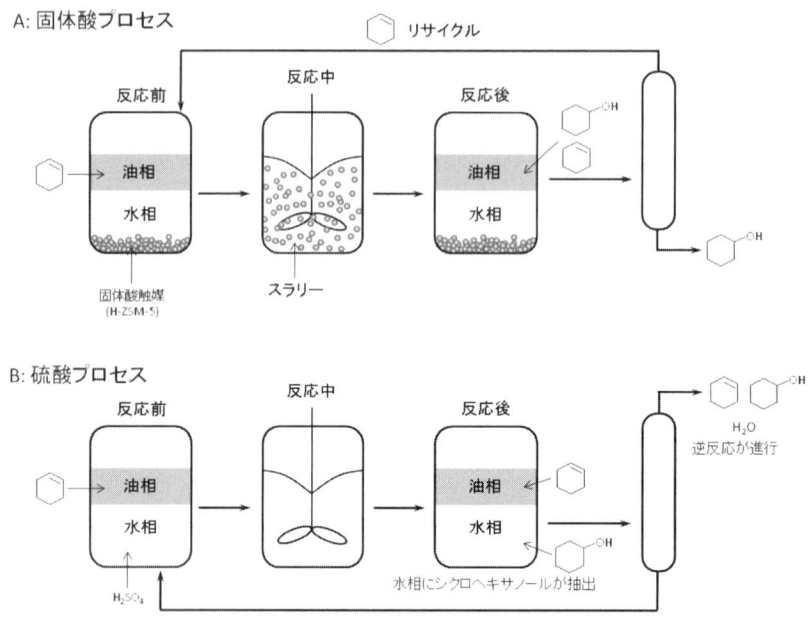

図2 固体酸プロセス（A）と硫酸プロセス（B）によるシクロヘキセンの水和

解活性のSi/Al依存性と良く一致する。Alを全く含まないSiO_2のみからなるゼオライトの表面（ミクロ細孔内）には水酸基が存在せず，表面の疎水性は高い。SiをAlで置換するとBrönsted酸点が発現し，疎水性が低下する。系内に水が存在すると，触媒表面上の極性の高い部位である酸点に水が配位する（酸点が被毒される）ため，有機分子（反応物）は酸点に接近することができない。水中で固体酸を機能させるためには，酸点近傍を疎水的な環境（疎水表面）にすることが必要である。

図3には，各種H型ゼオライト（H–ZSM–5, H–β, H–Y）を触媒とするα–ピネン水和反応における酸点あたりの活性と疎水性の関係を示す[19]。水吸着等温線（298 K）の相対圧力$P/P_0=0$に外挿した水の吸着量から，単位表面積（nm^{-2}）あたりに吸着した水分子の数（1/D）を算出し疎水性の指標とした。図から分かるように，酸点あたりの活性は疎水性が高くなるに従い，すなわちSi/Al比が高くなるに従って大きく向上し，その傾向はゼオライトの種類によらない。ただし，触媒重量当たりの酸量はSi/Al比とともに減少するので，触媒重量当たりの活性はSi/Al比に対して山型の傾向を与える。

2.3 ミクロ細孔の影響

高シリカH–ZSM–5がシクロヘキセン水和反応の優れた触媒である理由には，そのミクロ細孔が反応分子に適した大きさであることも関連する。Si/Al＝10以上の種々の高シリカゼオライト

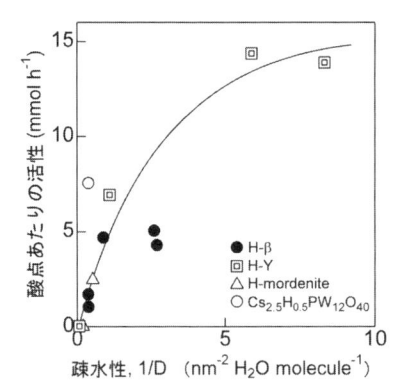

第 10 章 水中固体酸を用いるグリーン化学プロセス

図 3 ゼオライトおよび $Cs_{2.5}H_{0.5}PW_{12}O_{40}$ を触媒とする α-ピネン水和反応における酸点あたりの活性と疎水性の関係

表 2 細孔サイズの異なる H 型ゼオライトによるシクロヘキセン水和

触媒	細孔	Si/Al 比	選択率[a] (%)		
			Cy-ol	MCPs	diCy-ether
H-ZSM-5	10 員環	15	99.3	0.6	0.1
H-ZSM-11	10 員環	12.5	99.5	0.4	0.1
H-mordenite	12-8 員環	16.5	75.1	0.0	24.9
		47	44.4	0.0	55.6
H-ZSM-12	12 員環	17.5	75.4	0.3	24.3

[a] Cy-oh；シクロヘキサノール，MCPs；メチルシクロペンテン，diCy-ether；ジシクロヘキシルエーテル。

はシクロヘキセン水和に活性を示すが，シクロヘキサノールへの選択性は細孔の大きさに依存して大きく変化する（表 2）[2]。10 員環ゼオライト（H-ZSM-5，H-ZSM-11）ではシクロヘキサノール選択率は極めて高い（＞99％）。一方，細孔のより大きな 12 員環ゼオライト（H-mordenite，H-ZSM-12）では，シクロヘキサノールがさらに反応したジシクロヘキシルエーテルが生成するため，シクロヘキサノール選択率が大きく低下する。同様の細孔サイズによる選択性の変化は，シクロペンテン（シクロヘキサンよりもやや小さい分子）の水和反応に対しても見られ，H-ZSM-5 では細孔が大きすぎるためにジシクロペンチルエーテルが多く生成するが，H-ZSM-5 より細孔がやや小さい MCM-22 では，シクロペンタノールが高選択的に生成する[3]。

分子動力学手法による分子拡散シミュレーションは，細孔内でのシクロヘキセンの拡散は H-ZSM-5 で最も速く，細孔がそれより大きくても小さくても拡散が遅くなることを予想している[20]。これも高シリカ H-ZSM-5 が，シクロヘキセン水和反応に高い活性を示す理由の一つである。

3 ヘテロポリ酸塩（$Cs_{2.5}H_{0.5}PW_{12}O_{40}$）

3.1 $Cs_{2.5}H_{0.5}PW_{12}O_{40}$ の水中酸触媒特性

ヘテロポリ酸（HPA）は，ヘテロ原子とポリ原子の縮合比により様々な構造をとるが，合成が比較的容易で化学的にも安定な，縮合比 1：12 の Keggin 構造の HPA が，触媒として広く用いられている。$H_3PW_{12}O_{40}$ や $H_4SiW_{12}O_{40}$ は，Keggin 構造の代表的な HPA である。HPA は強酸性の酸化物クラスターであり，種々の酸触媒反応を効率的に進行させる[21]。

酸型のヘテロポリ酸は，水や極性溶媒には良く溶解するが，例えば $H_3PW_{12}O_{40}$ のプロトンを大きなカチオンの Cs^+ で置換していくと，水に難溶な固体（部分中和塩）が生成する。その表面積や細孔構造などの物性は，Cs^+ 置換量によってユニークに変化する。図4には、Cs^+ 置換量と表面積および表面酸量の関係を示す[22,23]。$H_3PW_{12}O_{40}$ の表面積は $6\,m^2g^{-1}$ しかないが，x（in $Cs_xH_{3-x}PW_{12}O_{40}$）が2を越えると表面積は急激に増大する。表面にある酸点の数（表面酸量）は，$Cs_{2.5}H_{0.5}PW_{12}O_{40}$（以後 Cs 2.5 と略す）で最大になるので，Cs 2.5 はヘテロポリ酸塩の中で最も高活性な固体酸となる。

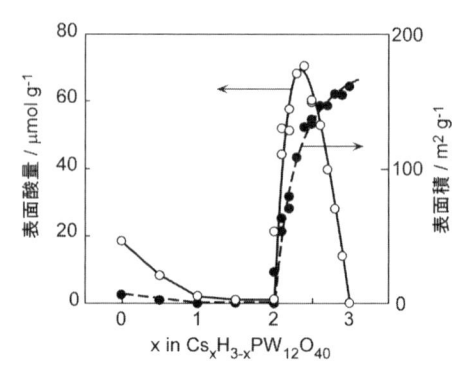

Cs 2.5 の特徴は，水中での酸触媒反応に著しく高い活性を示すことであり[4]，これには Cs 2.5 の疎水性，強酸性，細孔構造が関連している。水中での酢酸エチルの加水分解に対して，Cs 2.5 は H-ZSM-5（Si/Al=40）の約3倍高活性（重量あたり）であり，酸点あたりで比較すると7倍も高い[4]。Cs 2.5 は，約 0.6 nm のミクロ細孔と 4 nm のメソ細孔が連結した二重細孔構造をしており（図5），Cs 2.5 は嵩高い分子の反応にも非常に高活性を示す。例えば，2-メチルフェニルアセテートの加水分解に対して，H-ZSM-5 を含め他の固体酸はほとんど活性を示さないが，Cs 2.5 は高い活性を示す（表3）。注目すべきは，酸点あたりの活性が硫酸の26倍も高いことである[4]。Cs 2.5 はマルトースの加水分解や嵩高いオレフィンの水和にも高活性を示す[4]。

図4 $Cs_xH_{3-x}PW_{12}O_{40}$ の表面酸量および表面積の Cs^+ 置換量依存性

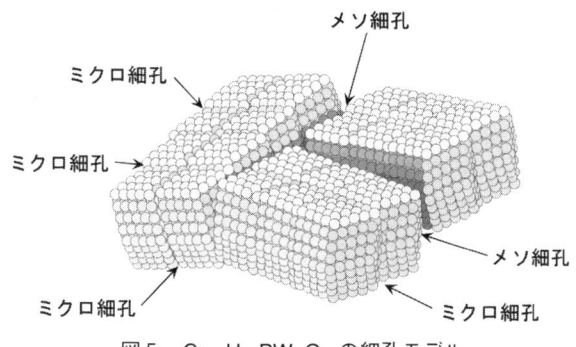

第10章 水中固体酸を用いるグリーン化学プロセス

図5 $Cs_{2.5}H_{0.5}PW_{12}O_{40}$ の細孔モデル

表3 各種固体酸および液酸による2-メチルフェニルアセテートの加水分解反応

触 媒	反 応 速 度	
	触媒重量あたり (μmol g^{-1}min^{-1})	酸量あたり (μmol(acid-mol)$^{-1}$min^{-1})
固体酸		
$Cs_{2.5}H_{0.5}PW_{12}O_{40}$	10.7	71.3
H–ZSM–5 (Si/Al=40)	0.0	0.0
SO_4^{2-}/ZrO_2	0.4	2.0
H–Y	0.0	0.0
H–mordenite	0.0	0.0
Nb_2O_5	0.5	1.7
SiO_2–Al_2O_3	0.0	0.0
γ–Al_2O_3	0.0	0.0
TiO_2–SiO_2	0.0	0.0
液酸		
H_2SO_4	55.3	2.7
PTS	27.7	4.8
$H_3PW_{12}O_{40}$	5.6	5.6

3.2 $Cs_{2.5}H_{0.5}PW_{12}O_{40}$ の酸強度と表面疎水性

アンモニア微分吸着熱測定で評価した酸強度は，$H_3PW_{12}O_{40}$（-195 kJ mol^{-1}）＞Cs 2.5（-165 kJ mol^{-1}）＞H–ZSM–5（-150 kJ mol^{-1}）＞SiO_2-Al_2O_3（-145 kJ mol^{-1}）であり，Cs 2.5 の酸強度は H–ZSM–5 よりも高い[22,23]。また，その表面疎水性は H–ZSM–5 と同程度であることが，水とベンゼンの吸着等温線から確かめられている[24]。図3に示したように，α-ピネン水和に対する Cs 2.5 の活性は，疎水性が同程度のゼオライトと比べて圧倒的に高い。Cs 2.5 表面にあるプロトンは，Cs 2.5 の疎水性[24]によって水の毒作用から免れるとともに，強酸性であるために水中で高い酸触媒機能を発揮したと考えられる。

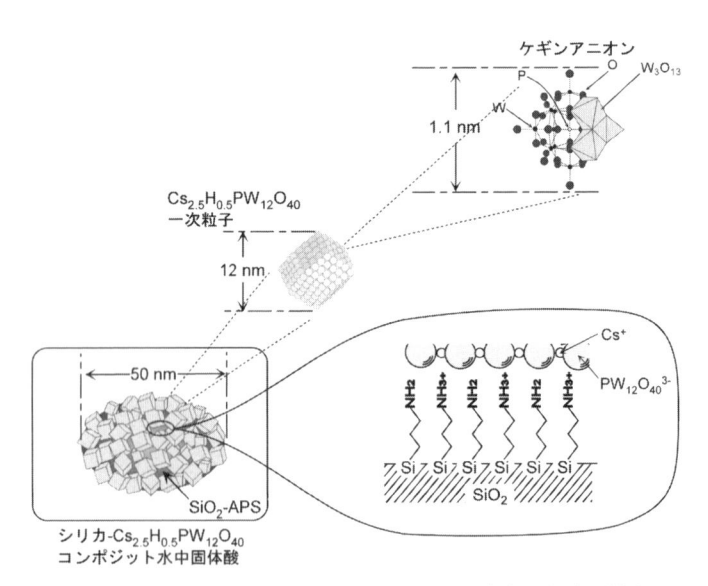

3.3　シリカ-$Cs_{2.5}H_{0.5}PW_{12}O_{40}$コンポジット水中固体酸[7]

これまで述べてきたように，Cs 2.5は非常に高い水中酸触媒活性を示すが，実際に使用する時に2つの大きな問題があった。Cs 2.5は水に難溶ではあるが，全く溶解しないわけではなく[25]，反応溶液（水）にその一部（5％程度）が溶出することと，ナノ微粒子であるために沈降性が低く，通常の濾過では触媒回収ができないことである[4]。

3-アミノプロピルトリエトキシシラン（APS）で表面修飾したアモルファスシリカ（SiO_2-APS）やメソポーラスシリカが，固体塩基として機能することが知られていた。我々は，酸塩基相互作用を利用してSiO_2-APS表面にCs 2.5ナノ粒子を固定化することで，高活性を保持しつつ，溶解性と沈降性を大幅に向上させることに成功した（図6）[6]。

図7にはSiO_2-APSおよびコンポジット水中固体酸の走査型電子顕微鏡（SEM）写真およびコンポジット水中固体酸の透過型電子顕微鏡（TEM）像を示した。コンポジット水中固体酸では，SiO_2-APS表面を10〜15 nm程度の微粒子が付着しており，この微粒子の大きさは，Cs 2.5の一

図6　シリカ-$Cs_{2.5}H_{0.5}PW_{12}O_{40}$コンポジット水中固体酸の構造

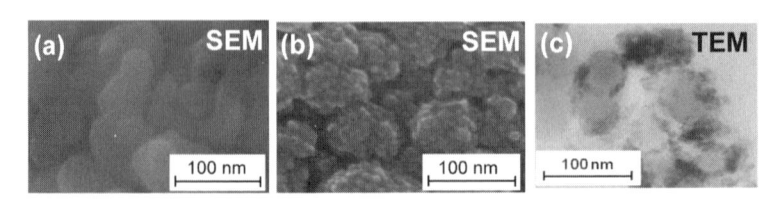

図7　SiO_2-APS，シリカ-$Cs_{2.5}H_{0.5}PW_{12}O_{40}$コンポジット水中固体酸のSEM像およびシリカ-$Cs_{2.5}H_{0.5}PW_{12}O_{40}$コンポジット水中固体酸のTEM像
　　（a）SiO_2-APS，（b），（c）シリカ-$Cs_{2.5}H_{0.5}PW_{12}O_{40}$コンポジット水中固体酸

第10章　水中固体酸を用いるグリーン化学プロセス

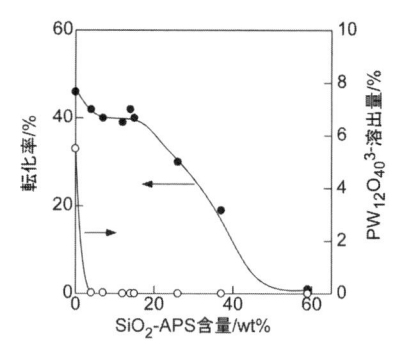

図8　シリカ-$Cs_{2.5}H_{0.5}PW_{12}O_{40}$ コンポジット水中固体酸中の SiO_2-APS 含量と酢酸エチル加水分解反応の転化率および反応溶液中への $PW_{12}O_{40}^{3-}$ の溶出量の関係

次粒子（12 nm）[23)]のそれにほぼ一致した。このことから、SiO_2-APS の表面に Cs 2.5 の一次粒子が分散、固定化されていることが確認された。

図8に、コンポジット水中固体酸の SiO_2-APS 含量と酢酸エチル加水分解反応の転化率および反応溶液中（大部分が水）への $PW_{12}O_{40}^{3-}$ の溶出量を示す。SiO_2-APS 含量が 14 wt%までは、Cs 2.5 の高い活性を保持した。SiO_2-APS 含量が 14 wt%を上回ると活性は徐々に低下し、59 wt%（SiO_2-APS）-Cs 2.5 では活性がほぼ無くなった。元素分析から SiO_2-APS 含量が 43 wt%の時に、Cs 2.5 の全プロトンが SiO_2-APS の NH_2 基によって中和されることが予想され、このことは図8の結果とも矛盾しない。

図8に示したように、Cs 2.5 のみでは反応中に 5.3 %の $PW_{12}O_{40}^{3-}$ が溶出したが、わずか 4 wt%の SiO_2-APS を Cs 2.5 と複合化するだけで、$PW_{12}O_{40}^{3-}$ の溶出は 0.1 %になり、14 wt%（SiO_2-APS）-Cs 2.5 では 0.002% 以下と溶出をほぼ完全に抑制することができた。Cs 2.5 は沈降性が低く（図 9 A）、また微粒子であるがゆえに濾過回収ができないが、コンポジット水中固体酸は沈降性が高く（図 9 B）、濾過によってほぼ 100 %の触媒を回収することができた。

コンポジット水中固体酸は、水中での酢酸エチル加水分解反応に繰り返し使用しても活性の低

図9　$Cs_{2.5}H_{0.5}PW_{12}O_{40}$（A）およびシリカ-$Cs_{2.5}H_{0.5}PW_{12}O_{40}$ コンポジット水中固体酸（B）の沈降性の比較

下はなく，再使用可能である。またコンポジット水中固体酸は，2-メチルフェニルアセテートの加水分解，2,3-ジメチル-2-ブテンの水和，α-ピネン水和[27]にも高活性を示した。

4 その他の水中固体酸

4.1 水が共存すると活性が向上する特異な水中固体酸（MoO_3-ZrO_2）

高温（>773 K）で焼成した MoO_3-ZrO_2 は，反応系中に水蒸気が存在すると酸触媒反応が著しく加速される非常にユニークな特性を持つ[13]。図10には気相2-ブタノール脱水反応の転化率を，MoO_3-ZrO_2 の焼成温度に対してプロットした。驚くべきことに，773 K以上で焼成した MoO_3-ZrO_2 は水蒸気が共存（図中の●）すると，活性が著しく向上した。この様な特異な挙動を示す固体酸は，これまで知られていない。高温焼成した MoO_3-ZrO_2 に水を吸着させると，そのIRスペクトルには，$\delta(OH)$ に帰属される $1628\ cm^{-1}$ の非常にシャープな吸収が現れた。一方，低温焼成の MoO_3-ZrO_2 にはこのようなシャープな水の吸収は見られなかった。高温焼成した MoO_3-ZrO_2 では，MoO_x クラスタと水との可逆的な反応によって，酸点が形成されると考えている。

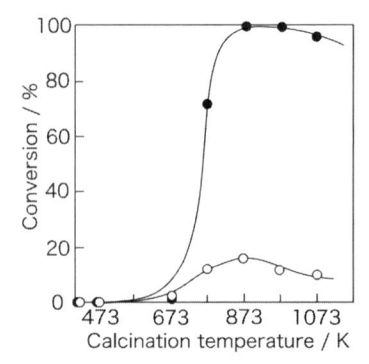

図10 MoO_3/ZrO_2(Mo/Zr＝0.1) 触媒による気相2-ブタノール脱水反応の焼成温度依存性
（○）水蒸気非共存，（●）水蒸気共存

4.2 リン酸ジルコニウム

アモルファスなリン酸ジルコニウムも，水中酸触媒反応に活性を示し，かつ水に溶解しない水中固体酸である[12]。このリン酸ジルコニウムの表面はむしろ親水的である。リン酸ジルコニウムの酸点は，水の被毒作用を受けにくい特殊な構造をしていると推測されている。

4.3 スルホン化炭素材料（Sugar catalyst）

原らは[5,26]，D-グルコースやナフタレンを原料としたスルホン化炭素材料が，水中触媒反応に対して高活性を示すことを報告している。例えば，ナフタレン原料の場合は，ナフタレンを濃硫

第10章 水中固体酸を用いるグリーン化学プロセス

酸（＞96％）中，523 K で 15 時間加熱処理し，その後，水洗してスルホン化炭素材料を調製する。スルホン化炭素材料は，エステル化，エステル加水分解，オレフィン水和に極めて高活性を示す。また，沈降性も良好であり，繰り返し使用できる。

4.4 ヘテロポリ酸塩

$Ag_3PW_{12}O_{40}$ が，Biginelli 反応（表 1，下から 2 カラム目）に高活性を示すことが報告されている[16]。エタノール溶媒中でも反応は進行するが，水を溶媒としてもほぼ同等の触媒活性が発現する。基質適用範囲も広く，また触媒は再使用可能である。

文　　献

1) T. Okuhara, *Chem. Rev.*, **102**, 3641 (2002)
2) H. Ishida, *Catal. Surv. Jpn.*, **1**, 241 (1997)
3) D. Nuntasri, P. Wu, T. Tatsumi, *Chem. Lett.*, 224 (2002)
4) M. Kimura, T. Nakato, T. Okuhara, *Appl. Catal. A*, **165**, 227 (1997)
5) M. Hara, T. Yoshida, A. Takagi, T. Takata, J. N. Kondo, S. Hayashi, K. Domen, *Angew. Chem. Int. Ed.*, **43**, 2955 (2004)
6) N. Horita, M. Yoshimune, Y. Kamiya, T. Okuhara, *Chem. Lett.* **34**, 1376 (2005)
7) J. E. Castanheiro, A. M. Ramos, I. Fanseca, J. Vital, *Catal. Today*, **82**, 187 (2003)
8) J. C. van der Waal, H. vanBekkum, J. M. Vital, *J. Mol. Catal. A*, **105**, 185 (1996)
9) 特開平 11-319558，三菱ガス化学株式会社
10) T. Hanaoka, K. Takeuchi, T. Matsuzaki, Y. Sugi, *Catal. Today*, **8**, 123 (1990)
11) S. Namba, N. Hosonuma, T. Yashima, *J. Catal.*, **72**, 16 (1981)
12) Y. Kamiya, S. Sakata, Y. Yoshinaga, R. Ohnishi, T. Okuhara, *Catal. Lett.*, **94**, 45 (2004)
13) L. Li, Y. Yoshinaga, T. Okuhara, *Phys. Chem. Chem. Phys.*, **4**, 6129 (2002)
14) T. Okuhara, *Catal. Today*, **73**, 153 (2002)
15) P. L. Dhepe, M. Ohashi, S. Inagaki, M. Ichikawa, A. Fukuoka, *Catal. Lett.*, **3-4**, 163 (2005)
16) J. S. Yadav, B. V. S. Reddy, P. Sridhar, J. S. S. Reddy, K. Nagaiah, N. Lingaiah, P. S. Saiprasad, *Eur. J. Org. Chem.*, 552 (2004)
17) H. Firouzabadi, N. Iranpoor, A. A. Jafari, *Tetahedron Lett.*, **46**, 2683 (2005)
18) H. Nakamoto, H. Takahashi, *Zeolite*, **2**, 67 (1982)
19) T. Mochida, R. Ohnishi, N. Horita, Y. Kamiya, T. Okuhara, *Micropore. Mesopore. Mater.*, **101**, 176 (2007)
20) S. Yashonath, S. Bandyopadhyay, *Chem. Phys. Lett.*, **228**, 284 (1994)
21) T. Okuhara, N. Mizuno, M. Misono, *Adv. Catal.* **41**, 113 (1995)

22) T. Okuhara, T. Nishimura, H. Watanabe, M. Misono, *J. Mol. Catal. A*, **74**, 247 (1992)
23) T. Okuhara, H. Watanabe, T. Nishimura, K. Inumaru, M. Misono, *Chem. Mater.*, **12**, 2230 (2000)
24) T. Yamada, T. Okuhara, *Langmuir*, **16**, 2321 (2000)
25) T. Nakato, M. Kimura, S. Nakata, T. Okuhara, *Langmuir*, **14**, 319 (1998)
26) M. Okamura, A. Takagaki, M. Toda, J.N. Kondo, K. Domen, T. Tatsumi, M. Hara, S. Hayashi, *Chem. Mater.*, **18**, 3039 (2006)
27) N. Horita, Y. Kamiya, T. Okuhara, *Chem. Lett.*, **35**, 1346 (2006)

第11章 チタン固定化結晶性多孔体を触媒とした液相酸化反応

辰巳　敬*

1　はじめに

　選択的部分酸化反応は有機合成プロセスにおいて基本的かつ重要な反応のひとつである。試薬酸化で生じる廃棄物はしばしば重金属やハロゲンを含み，環境を汚染する。ハロゲン系有機溶媒が用いられる場合も多く，グリーンとは言い難い。

　理想的な酸化剤は言うまでもなく酸素（空気）である。しかし，過酸化水素水溶液も優れた酸化剤である。過酸化水素は有効酸素の割合が大きく，酸化後に残る生成物は水である。分子状酸素を直接の酸化剤とすることが困難である系において，過酸化水素を用いた選択酸化反応を追究していくことは大きなテーマであり，このような観点から新しい環境調和型触媒反応の開発への努力が続けられている[1]。

　チタンを骨格に含んだゼオライトであるチタノシリケートは，過酸化水素を酸化剤として用いた各種の化合物の酸化反応の触媒として優れた性能を示す。チタノシリケートの触媒能はTiの配位環境に大きく影響される。ゼオライト骨格はシリカをベースとするが，骨格シリカ原子は最高3モル％程度をチタンに置換することができる。このようにしてゼオライト骨格に含まれたTi種は正四面体型の4配位であり，過酸化水素を活性化し酸化触媒として働く。このチタン原子は4つの$(Si-O)_3SiO-$グループ原子によって取り囲まれた孤立原子であり，いわば，ゼオライト骨格に固定化された触媒活性種である。従って，通常のシリカ担持チタニア触媒とはチタンの環境が大きく異なる。

　チタノシリケートの合成においては，ゼオライト骨格内の4配位チタンのみが存在することが望ましい。骨格外の6配位Tiやアナターゼでは過酸化水素の自己分解が優先的に起こるためである。また，チタノシリケートの酸化触媒としての活性は母体としてのゼオライトの構造に依存する。ひとつの理由としては，チタンを囲む4つのTi-O-Siの距離と酸素原子まわりの結合角がゼオライトによって異なるためにTi種の反応性が変化することがある。ただし，ひとつのゼオライト構造でも，チタンが結晶学的に異なる位置（Tサイト）に入ると，Ti-O-Si距離と酸素原

＊　Takashi Tatsumi　東京工業大学　資源化学研究所　教授

子まわりの結合角が異なり，Ti種の反応性が変化するはずである。また，ゼオライトには170種以上もの多様な構造があり，細孔径と基質サイズの関係は反応に大きく影響する。本稿では，チタノシリケートゼオライトならびにその関連触媒による過酸化水素酸化反応の特徴と触媒性能を向上させる試みについて述べる。

2 チタノシリケート触媒による過酸化水素酸化の概要

チタノシリケートTS-1はTiを含んだMFI構造ゼオライトで，イタリアのEnichem社で初めて合成された。図1に示すように，過酸化水素を酸化剤としてアルケンのエポキシ化の他，フェノール，アルカンの水酸化，シクロヘキサノンとアンモニアからシクロヘキサノンオキシム合成など各種有機化合物の酸化反応の優れた触媒となる[2~4]。

最近，TS-1を触媒としたプロピレンのエポキシ化は過酸化水素のコスト次第ではフィージビリティーを有するという考え方が拡がってきた。BASF-Dow-Solvayは年産30万トンの新プラントをベルギーで建設中であり，2008年操業開始を予定している。

チタノシリケートによる液相酸化反応活性は，Tiの配位環境，細孔径と基質サイズの関係により支配される[5]。さらに，液相酸化反応では拡散支配となることが多く，小さな結晶子からな

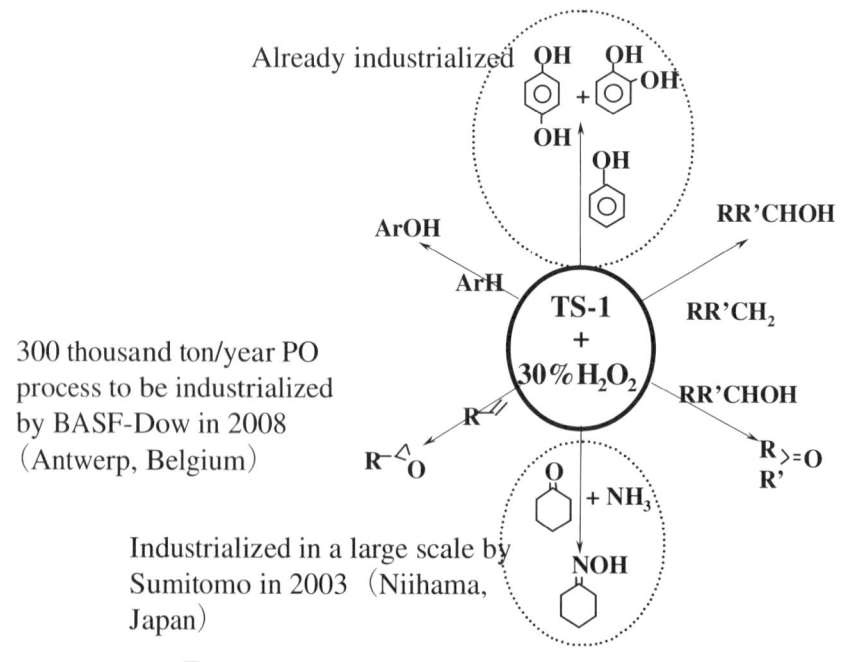

図1 Possible applications of titanosilicate TS-1

第 11 章 チタン固定化結晶性多孔体を触媒とした液相酸化反応

る触媒がより活性である。疎水性も大きな影響を及ぼす因子である。TS-1 が過酸化水素酸化に活性なのはその疎水性によるもので，親水的なゼオライトでは水の吸着が基質の吸着に優先して起こるため酸化が起こらない。水熱合成による Ti-ベータ（*BEA）では骨格中の Al により Ti の酸化活性が抑えられることが示されている。親水性を大きくする原因は Al だけでなく，シラノール基もある。非晶質 TiO_2-SiO_2 では過酸化水素（30 %）によってはエポキシ化は起こらないが，Shell 法で知られているように水の含有量の少ない TBHP は酸化剤として働く。しかし，親水的な不飽和アルコールは水の存在下でも親水的な TiO_2-SiO_2 に吸着できるため，過酸化水素でもエポキシ化が起こる。

チタノシリケートゼオライトの中で重要なのは TS-1，Ti-ベータと以下で詳しく述べる Ti-MWW である。*BEA 構造は酸素 12 員環ゼオライト（細孔径約 0.7 nm）であり，10 員環ゼオライト（細孔径約 0.6 nm）では反応させにくい，シクロヘキセンのような大きな基質でも Ti-ベータを触媒とすると反応させることができる[6]。メソポーラスモレキュラーシーブ MCM-41 や MCM-48 に Ti を入れたメソポーラスメタロシリケートは，大きな細孔サイズゆえに大きな基質の酸化が可能である。しかし，これらの酸化反応は多くの場合 TBHP を酸化剤としており，過酸化水素を用いた場合の活性はゼオライトに比べて大きく劣る。この理由のひとつは，メソポーラス物質の表面はゼオライトと異なりシラノール基が多く，疎水性が十分でないためである。Ti-MCM-41，-48 をトリメチルシリル化して疎水性を向上させると過酸化水素によるアルケン，アルカン酸化の活性は大きく向上する[7,8]。また，合成時に Si-C 結合を持つケイ素源を用いることによって有機基を導入しても同様の効果がある[9]。

過酸化水素を用いた液相酸化反応においては活性な金属種の液相への溶出について注意を払う必要がある。ゼオライト骨格に固定化されているチタン種は比較的溶出しにくい。TS-1 では高温にしない限り，液相への溶出が問題になることは少ないが，クロチルアルコールの酸化ではエポキシ生成物が加水分解してトリオールが生じ，このためチタンの溶出が起こることが報告されている[10]。Cr や V を含んだゼオライトによる液相酸化反応では液相への金属種の溶出が容易に起こる。結晶性の骨格を持たないメソポーラス物質では固定化機能が低く，Ti-MCM-41，-48 では Ti のリーチングが起こるが，有機基の導入によってリーチングが抑制できる[7〜9]。

3 チタノシリケート触媒の進歩

3.1 Ti-MWW と関連構造の触媒

3.1.1 直接合成法 Ti-MWW

MCM-22 として広く知られる MWW 型ゼオライトは，酸素 12 MR サイドポケットと，互いに

独立したジグザグな酸素 10 MR 細孔と酸素 12 MR スーパーケージを含む 10 MR 細孔を同時に有するユニークな結晶構造を取る（図 2）。また，MWW ゼオライトは層状前駆物質に由来するため，層剥離やピラリング処理による構造変換の多様性も持っている[11,12]。Al, Ga, B, Fe など三価金属カチオンを同型置換した MWW 型メタロシリケートは比較的に簡単に水熱合成されるが，Ti-MWW の合成は困難であった。チタンの存在がゼオライトの結晶化を阻害することはしばしば見られる[11]。また，チタノシリケートの結晶化は往々にしてより特殊な条件（例えば，アルカリ金属イオンフリーな条件や特殊な structure-directing agent（SDA））を要求する[12]といったことも合成を困難にしていた。

　MWW 型ボロシリケートがアルカリ金属イオンの存在しない条件下でも結晶化することに着目し，ホウ酸とチタン源を合成ゲルに同時に添加して Ti-MWW の水熱合成を試みた。ゲルにケイ素量よりも多い量の結晶化助剤としてのホウ酸（Si/B 比 0.75）をチタン源と共存させ，SDA としてピペリジン（PI）またはヘキサメチレンイミン（HM）を用いることによって MWW 構造の結晶化は可能になる[13,14]。

　ゲル中に添加したホウ素は十数分の一しか生成物に導入されていないが，Si/B 比 2 までホウ酸添加量を減らすと結晶化が困難となる。一方，チタンはゲル中の添加量と SDA の種類と関係なくほとんど構造に導入される。

　このようにして合成した Ti-MWW は未焼成の状態で XRD パターンの低角度側に層構造に帰属する 001 と 002 回折ピークを示し，MWW 層状前駆体（MWW（P））となっている。TS-1 や Ti-beta などと異なり，未焼成 Ti-MWW の紫外スペクトルは 260 nm に吸収を示し，多くの六配位チタン種を含有する（図 3 A）。焼成後一部の六配位チタン種が凝集し 330 nm にバンドを示すアナターゼになる[13]。アナターゼは強酸で還流下洗浄しても除去できない。しかし，未焼成の Ti-

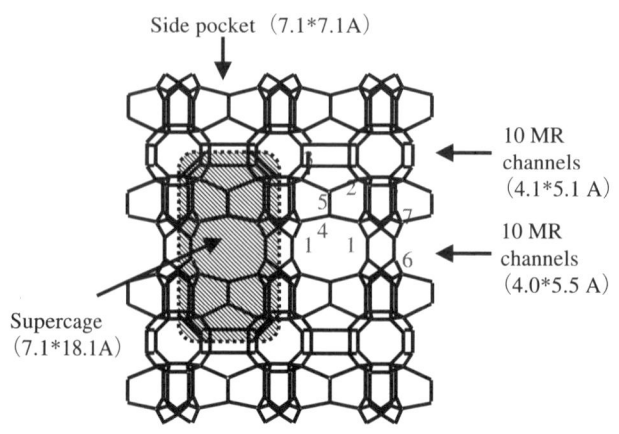

図 2　Topology of MWW zeolite（*h0l* plane）

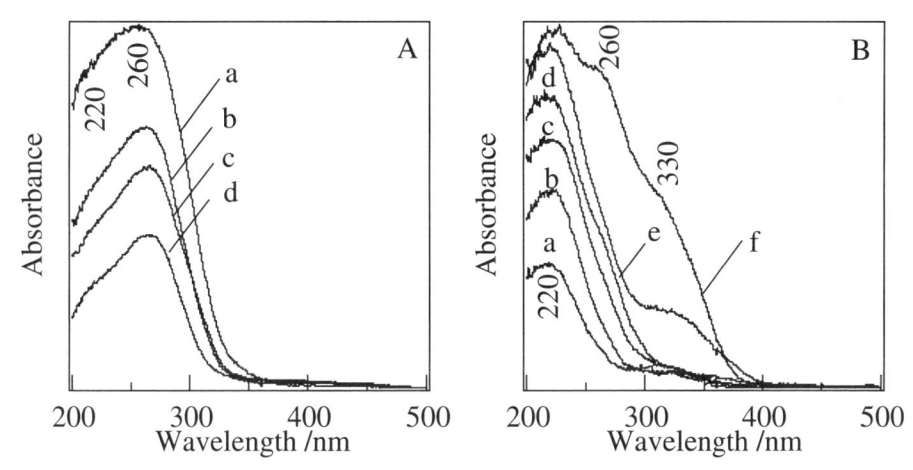

第11章　チタン固定化結晶性多孔体を触媒とした液相酸化反応

図3 UV-visible spectra of (A) as-synthesized Ti-MWW with the Si/Ti ratio of (a) 100, (b) 50, (c) 30, and (d) 10 and (B) acid-treated and further calcined Ti-MWW with Si/Ti ratio of (a) 170, (b) 116, (c) 72, (d) 59, (e) 38, and (f) 17.

MWW を予め酸で洗浄後，焼成すると，チタン含有量の極端に高いものを除き，ほとんどが骨格中四配位のチタン種となった（図3B）。TS-1とは異なり，Ti-MWW は酸処理の後に焼成を行うことが非常に重要である。

　Ti-Beta, Ti-MCM-48 などの TS-1 に続いて合成されたチタノシリケートは大きな分子の反応において TS-1 より有効であるものの[6,15]，チタンの比活性において真に TS-1 を越えるものは全く存在しなかった。表1に示したように Ti-MWW は 1-ヘキセンに対して例のない高い触媒活性を示し，固体触媒としては最も高性能なエポキシ化触媒といえる。Ti-MWW は単純アルケンに限らず，官能基をもつ不飽和炭化水素の選択酸化にも非常に有効である。親水性のアリルアルコールに対しても，95％以上の転化率，99％以上のグリシドール選択率と95％の過酸化水素有効利用率で優れたエポキシ化能を示す[16]。さらに，Ti-MWW はジアリルエーテルのエポキシ化に対しても高活性である[17]。また，ケトンをアンモニア存在下，過酸化水素と反応させることによるオキシム合成においても TS-1 より高い活性を示す[18]。

　チタノシリケートにとってしばしば問題となるチタン種の溶出も Ti-MWW ではほとんど起こらない。チタン種の溶出しやすい反応条件，つまり水溶媒中でのアリルアルコールの過酸化水素によるエポキシ化を行い，反応後の触媒を高温焼成して再生した後反応に反復使用した。アリルアルコールの転化率，グリシドールの選択率，チタン含有量ともほとんど変化せず，Ti-MWW が非常に安定で再利用可能な触媒であることが明らかとなった[16]。

3.1.2 ポスト合成法 Ti-MWW

　直接水熱合成法で調製した Ti-MWW は，骨格に大量のホウ素が存在しているにもかかわら

表1 Oxidation of 1-hexene with H_2O_2 on Ti-MWW, Ti-Beta and TS-1 [a]

Cat.	Si/Ti	Hex-1-ene conv. /mol%	TON[b]	Product sel. /mol%		H_2O_2/mol%	
				oxide	diol	conv.	sel.
TS-1	36	16.5	69	98	2	19.0	87
Ti-Beta	40	8.6	40	97	3	9.8	88
Ti-MWW	38	44.8	214	99	1	48.2	93
Ti-MWW	72	23.5	222	98	2	25.5	92
Ti-MWW	146	11.3	203	95	5	12.0	94

[a] Conditions: cat., 0.05 g; 1-hexene, 10 mmol; H_2O_2, 10 mmol; acetonitrile, 10 mL; temp., 333 K; time, 2 h. [b] In mol $(mol-Ti)^{-1}$.

ず，上記で述べたようにエポキシ化に高い触媒性能を示す。Ti-Beta において骨格アルミニウムがあると活性が低いことが知られていることから，ホウ素も同様な効果があるものと推測される。ホウ素をほとんど含有しない Ti-MWW を合成できれば，より優れた酸化触媒になると期待できる。MWW が層状前駆体に由来することに着目して，有機アミン分子認識を利用した層構造と3次元結晶構造間の自在変化による金属導入法を開発し，構造可逆転換法（Reversible Structural Conversion Method）と名づけた[19]。

この方法は，①MWW（P）型（MWW 層状前駆体）ボロシリケートの水熱合成，②熱処理と酸処理によるハイシリカ MWW（Si/B>500）の調製，③有機アミンと Ti 源存在下での水熱処理による MWW（P）型チタノシリケートの合成，④酸処理と焼成による Ti-MWW の合成の4段階から成る。②で得られたホウ素原子が抜けた欠陥にチタン原子が置換させる訳であるが，MWW（P）型に可逆的に戻して Ti 種のアクセスを可能にするのがこの方法のカギである。ポスト合成法 Ti-MWW はアルケンのエポキシ化に極めて高い触媒活性を示す。図4に示すように直接法水熱合成法による触媒に比べても活性ははるかに高い。当初はこの理由を Ti 種の働きを抑制する骨格ホウ素量の大幅な低減と考えたが，直接法水熱合成法触媒を繰り返し酸処理することによってホウ素を同程度に少なくしてもチタンあたりの活性ははるかに及ばない。図2に示すように MWW 構造の骨格には8種の T サイトがある。直接水熱合成法では，このうち Ti 種がホウ素の入りにくい T サイトに置換されるのに対し，ポスト合成法ではホウ素が入りやすい T サイトに置換されるという裏腹な関係にある。T サイトによって配位環境が異なるために酸化反応の比活性が異なり，ポスト法では比活性の高い T サイトに Ti が導入されているものと考えられ，構造解析，理論計算の両面から検討を進めている。

3.1.3 大細孔 Ti-YNU-1

さらに，ポスト法 Ti-MWW の合成過程で，Ti 量が少なくなると層状前駆体から MWW 構造への可逆的な変換が起こりにくくなることが明らかになった。この新しいチタノシリケートは構造

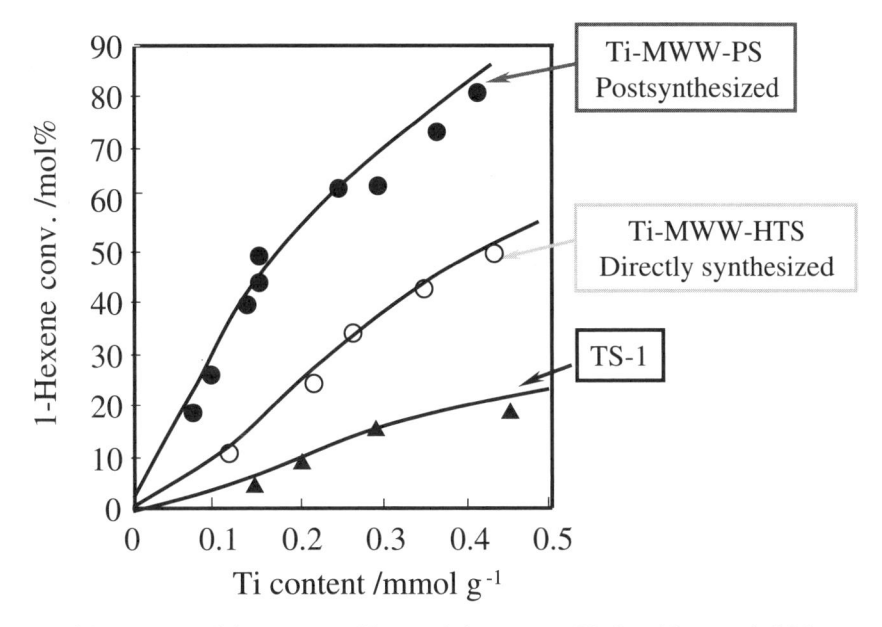

第11章 チタン固定化結晶性多孔体を触媒とした液相酸化反応

Epoxidation conditions: cat., 50 mg, 1-hexene = H_2O_2, 10 mmol; 333 K; 2 h; MeCN for Ti-MWW, MeOH for TS-1, 10 mL.

図4 Dependence of 1-hexene conversion on the Ti Content

可逆転換法で合成したチタン含有量の低い Ti-MWW (P) (Si/Ti>70) から得られる。チタン含有層状前駆体を直接焼成すると MWW 構造が得られる，一方，酸処理した後，焼成を行った場合，001 と 002 面の回折ピークがほとんどシフトせず残り，c 軸が 0.2 nm 程度広がった新規構造のゼオライトが得られたことが分かり，Ti-YNU-1 と命名した[20]。

Ti-YNU-1 は環状アルケンのエポキシ化に高活性を示す。Ti あたりの TOF は大きく，やはり c 軸が広がることによってもたらされた細孔径の拡大によるアクセスビリティーの高さを反映しているものと考えられる。シクロヘキセンの液相酸化活性を他のチタノシリケート触媒と比較して検討した結果を表2に示す。TS-1 は酸素 10 員環細孔しか持たないため，シクロヘキセンの転化率が非常に低かった。Ti-MWW は，酸素 12 員環のサイドポケットを有するため，TS-1 より高い触媒活性を示したが，酸素 12 員環の三次元細孔の Ti-Beta には及ばなかった。一方，Ti-YNU-1 はチタン含有量が非常に少ないにもかかわらず，最も高いシクロヘキセン転化率を示した。

Ti-YNU-1 は，Ti-MWW と同様，使用後の触媒を空気中で焼成することにより完全に再生可能であり，反応後も構造が維持されていることが XRD によっても確認された。Ti-YNU-1 は MWW 構造の層方向の構造が変化しないまま層間の 10 員環細孔の 12 員環細孔に拡大した構造をとっていることが分かった[21]。外部からケイ素源は加えていないので，一部の結晶構造が崩壊しその

表2 Epoxidation of cyclohexene over various titanosilicates[a]

Cat.	Si/Ti	Conv. /mol%	Product sel. /%		H_2O_2 sel. /mol%
			Epoxide	others[b]	
TS-1	83	3.3	17.9	82.1	—
Ti-MOR[c]	92	9.0	55.0	45.0	63.5
Ti-MWW	45	8.1	35.0	65.0	74.8
Ti-Beta	35	16.5	78.4	21.6	51.6
Ti-YNU-1	240	21.2	90.8	9.2	78.5

[a] Reaction conditions: cat., 0.05 g; temp., 333 K; time, 2 h, MeCN, 10 mL; cyclohexene and H_2O_2 10 mmol.
[b] Diols, 2-cyclohexene-1-ol and 2-cyclohexene-1-one.
[c] The amount of catalyst used was of 0.2 g.

"debris"がケイ素源となったものと考え，シリル化剤としてSi(OR)$_2$R$_2$のタイプを用いて層間に橋掛けすることにより，Ti以外にもさまざまな構造の金属が骨格に固定化されたYNU-1タイプのゼオライトが合成できることが分かった[22]。

3.1.4 層剥離 Ti-MWW

MWW構造の層剥離によって嵩高い基質の酸化に安定な構造かつ高い触媒活性を有するチタノシリケートの調製が可能である[23,24]。チタン含有層状前駆体を酸処理によって骨格外チタン種を除去して焼成した場合，XRD回折ピークは明瞭なMWW構造を示す。しかし，ITQ-2の調製と同じような手法で，未焼成の酸洗浄Ti-MWWをtetrapropylammonium hydroxide（TPAOH）とcetyltrimethylammonium bromide（CTMABr）の水溶液で処理すると，界面活性剤分子がMWWの層間に侵入し層間が広げられ，低角度側に$d=3.9$ nmの回折ピークが出現した。同時に，MWW結晶構造の長周期秩序が失われ，高角度側の回折ピークの強度は大きく減少した。更に超音波で処理して焼成を行うと，低角度側の回折ピークがなくなり，通常の焼成Ti-MWWより結晶強度がかなり低下したものになった。しかし，赤外分光法測定から，処理後の試料は骨格振動領域にTi-MWWと同様なスペクトルを示し，MWWの短期的な周期構造は維持されていることがわかった。N_2吸着測定によると，剥離処理試料1,000 m^2/gを超える比表面積を示した。これらの結果を総合的に考慮し，この処理でTi-MWWの構造が剥離され，非常に広い反応場をもつ新規なチタノシリケート，Del-Ti-MWWが得られたことが結論できる。

層剥離Del-Ti-MWWを環状アルケンの過酸化水素によるエポキシ化に適用し，その触媒特性をTi-MWWと他のチタノシリケートと比較した（表3）。Del-Ti-MWWは通常のTi-MWWより3～6倍高いTONを示し，メソ細孔を有するTi-MCM-41よりも遥かに有効であった。この結果からDel-Ti-MWWが広い反応空間を持つことが明らかであり，ファインケミカルズ合成への応用が十分に期待できる。注目すべきことには，表3には示していないが，Del-Ti-MWWは鎖

第11章　チタン固定化結晶性多孔体を触媒とした液相酸化反応

表3　Epoxidation of cycloalkenes with H_2O_2 over various titanosilicates[a]

Catalyst	Si/Ti	Surface area /$m^2 g^{-1}$	Alkene epoxidation[b]					
			Cycopentene		Cycooctene		Cycododecenes	
			Conv.	TON	Conv.	TON	Conv.	TON
Del-Ti-MWW	42	1075	58.9	306	28.2	147	20.7	57
Ti-MWW PostSyn	46	520	15.7	89	4.3	24	3.3	9
TS-1	34	525	16.3	69	1.6	7	1.2	3
Ti-Beta	35	621	9.9	43	4.6	20	1.9	4
Ti-MCM-41	46	1144	3.5	20	5.1	29	4.1	12

[a] Reaction conditions: cat., 10-25 mg; alkene, 2.5-10 mmol; H_2O_2, equal to the alkene amount; CH_3CN, 5~10 mL; temp., 313 K for cyclopentene and 333 K for other substrates; time, 2 h. [b] Conv. in mol%; TON in mol (mol Ti)$^{-1}$.

状アルケンにももとの Ti-MWW と比較してはるかに高い活性を示すことであり，細孔の大きさに比べて十分にサイズの小さい基質でも，広い反応場を持ち，アクセスビリティーの高い Del-Ti-MWW と異なり，Ti-MWW では拡散の影響を強く受けることが示唆された。

3.2　Ti-Beta の修飾

Ti-Beta は*BEA 構造の酸素12員環，3次元チャネルのゼオライトである。TS-1 よりも大きな細孔を持つため，より大きな基質の酸化に向くものとして開発された。しかし，少量の Al が結晶化に必要であり，これが酸性をもたらす。このため，アルケンのエポキシ化においては開環が起こりジオール類が生成する。しかし，シード法によって Al フリーの Ti-Beta を合成してもエポキシドの選択性は低い[25]。また，細孔内で基質分子の拡散が障害にならないような小さな基質に対しては活性が TS-1 には遥かに及ばない。

Ti-Beta のこのような欠点を修飾によって改善することを試みた[26]。793 K で焼成した触媒を用いてメタノール中でシクロヘキセンの酸化を行うとエポキシドの選択性は0％で，すべてグリコールまたはグリコールモノメチルエーテルになってしまう。オキシラン環の加水分解による開環は酸触媒反応なので，アルカリ金属でイオン交換すればエポキシドの選択性は向上するが，酸化活性は低下する。しかし，酢酸テトラメチルアンモニウムを用いてイオン交換することにより，酸化活性を低下させることなくエポキシドの選択性を大きくすることができる。第4級アルキルアンモニウム塩のアルキル基を大きくすると活性が低下するが，これは細孔内の空間を狭めてしまうことによると推測される。アンモニウムイオンでイオン交換しても，過酸化水素で酸化されてしまうため効果は無い。

過酸化水素存在下ではチタノシリケートの酸性が増加する。架橋酸性水酸基やシラノール基しか持たないゼオライトではこのような現象は見られず，TiOOH に由来する酸性と考えられてい

る。TS-1 ではほとんど起こらないオキシラン環の開環が Al フリーの Ti-Beta で起こることから，SiOH が関与しているものと考えられる。塩基性条件では SiOH を SiO$^-$NH$_4^+$ に変換することによって，図5のような構造が生成し，TiOOH の酸性が弱められたものと考えた[27]。

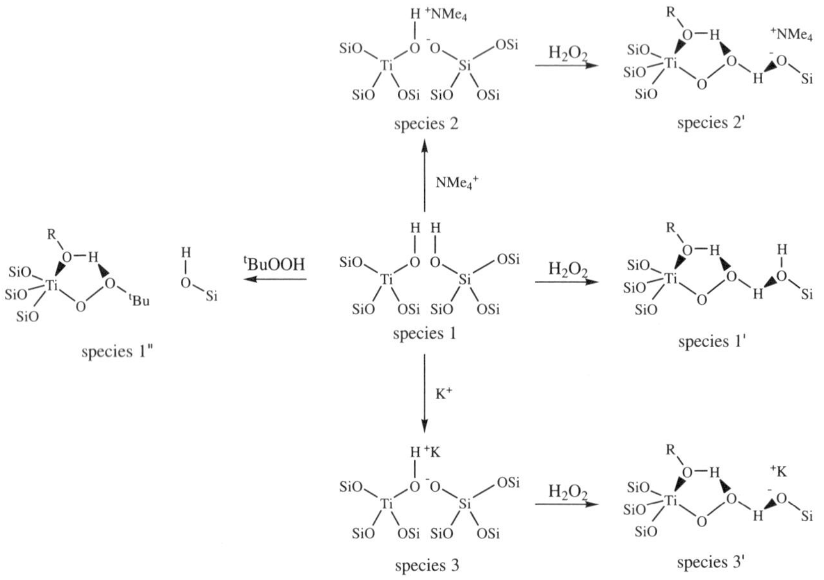

図5　Mechanism of the suppression of the acidity of the active oxidation sites

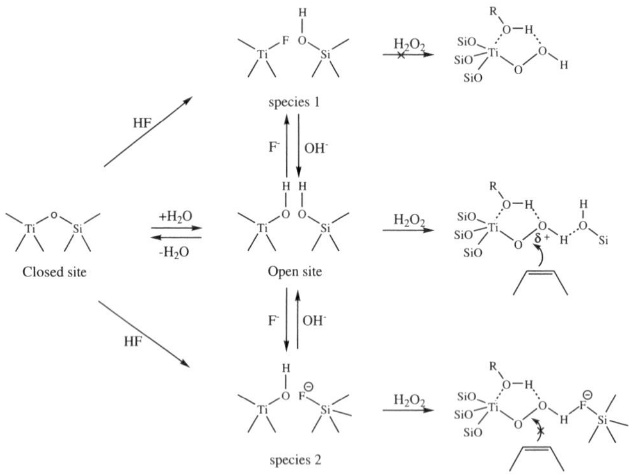

図6　Postulated mechanism for the interconversion of Ti active site for the epoxidation

フッ化物法によっても Al フリーの Ti-Beta を合成することができる。フッ化物法 Ti-Beta は結晶化度が高く疎水性も高いので高い酸化活性が期待できるが，通常の塩基性で合成した Ti-Beta より低い活性しか無い。結晶粒子径が大きいことが活性が高くない原因のひとつと考えら

第11章 チタン固定化結晶性多孔体を触媒とした液相酸化反応

れるが, 0.50 wt％程度存在するフッ素が酸化活性を低くしている可能性がある。この仮説に基づいて水酸化テトラメチルアンモニウム処理によってフッ素を水酸基で置換し0.09 wt％まで減少させたところ, TOFは倍以上に増加した。逆に, 通常の塩基性で合成したTi-Betaを0.2 M HFで処理することによってTOFは半減し, 水酸化テトラメチルアンモニウム処理によって回復した[28]。

このことから, 図6に示すように, フッ化物法ではエポキシ化活性の低いSpecies 1やSpecies 2が生成するが, フッ素を水酸基で置換することによって活性なClosed siteまたはOpen siteに転化されるためと解釈できる。

3.3 TS-1の新規合成法

TS-1の合成法には多くのバリエーションがあるが, チタンを多く含むTS-1の合成は困難である。TS-1の生成過程はアルコキシドの加水分解による水酸化物の生成と水酸化物の脱水縮合による3次元ゼオライト骨格構造の生成の2段階からなる。TS-1ゼオライトの合成系では水酸化テトラプロピルアンモニウム（TPAOH）によって塩基性が賦与されているが, この系に$(NH_4)_2CO_3$のような弱酸の塩を加えると緩衝作用が生じる。このため塩基による加水分解の速度が減少するが, 加水分解がほぼ完了した適切な時期に加えることにより, 脱水縮合が速やかに起こり, ゲルが生成する。

ゲル組成 $0.3(NH_4)_2CO_3 : SiO_2 : 0～0.05 TiO_2 : TPAOH : 35 H_2O$ とした時, 生成物のSi/Tiは34に達するが, $(NH_4)_2CO_3$を加えないと67にとどまる。また, ^{29}Si NMRスペクトルによるとQ^4/Q^3が20を超え, 疎水性の向上が見られる。ヒドロゲルは結晶化促進剤としての第4級アンモニウムを取り込んでおり, 徐々に脱水縮合によって結晶化するが, 炭酸アンモニウムの緩衝作用は脱水縮合の後段に大きな役割を果たし, 脱水縮合の進行とともにpHが上がり過ぎることによる脱水縮合の阻害を防止し, 縮合度を高めQ^4/Q^3の増加をもたらしたものと考えられる[29]。

これらのサンプルをヘキサンやベンゼンの水酸化, ヘキセンのエポキシ化に適用した。同じ仕込み比から出発したサンプルで比較すると, $(NH_4)_2CO_3$を加えた場合の方がTi含有量が多いため活性が高いのは当然であるが, 同じTi含有量のサンプルで比較しても$(NH_4)_2CO_3$を加えることによって比活性が20～30％向上している。これは疎水性の向上によるものと考えられる。

3.4 メソポーラスチタノシリケート壁の「結晶化」

メソポーラスシリカをはじめとするメソポーラス物質は数多く合成されているが, 規則的なメソ細孔を有するもののゼオライトとは異なり, たいていの場合, 細孔壁は非晶質である。このことが, 安定性が低い, Alなどを含んだ物質でも酸性がゼオライトに比べてずっと弱い, などの

短所をもたらしていることから，ゼオライトの長所を保持したメソポーラス物質の合成が大きな課題であった。

ゼオライトの合成の初期段階に生成する「シード」をメソポーラスシリカの前駆体として使用する研究が盛んに行われている。MTS-9[30,31]はチタノシリケートの前駆体から同様に合成されるもので，水熱安定性が高く紫外可視スペクトルはTS-1とほぼ同じく215 nmにピークを示す。過酸化水素による2,3,6-トリメチルフェノールの水酸化やスチレンのエポキシ化に対する高い活性が報告されている。透過型電顕により，0.4～0.5 nmのミクロ孔と2 nmのメソ孔の配列構造が観察されている。

MTS-9は従来のTi-SBA-15に比べて安定性は高いものの，Ti種の安定性は十分ではない。我々はMTS-9の水熱合成反応系に塩化アンモニウムを加えることによってゼオライト的な結晶の形成が促進し，かつチタン種の安定性が大きく改善されたMTS-9Aを合成した[32]。この安定性はシリカ骨格の縮合度が向上しているためと考えられる。つまり塩化アンモニウムの添加によってシラノール基同士の縮合が促進されて，焼成の際のチタン種の安定性をもたらしていることが明らかになった。MTS-9AはMTS-9の約2倍のフェノール酸化活性を示し，かつ過酸化水素の有効利用率も高い。かつ，反応後の触媒を回収・再利用した際にも酸化活性や過酸化水素の有効利用率ともほとんど変化がないことが分かった。MTS-9Aはメソ細孔構造を有し，高表面積という点ではメソポーラスモレキュラーシーブの特徴を保っているが，チタン種の状態としてはチタノシリケートゼオライトの特徴を保っている。

炭素材料を鋳型に水熱合成を行った後，焼成によって炭素を除去すれば細孔が生じる。例えば，メソポーラス炭素を鋳型にゼオライト合成原料溶液を含浸し，水熱合成で結晶化させた後，焼成することによりメソポーラスゼオライトの結晶が得られる。このような方法でメソポーラスチタノシリケートZMT-1を合成し，シクロヘキセンのエポキシ化に対する優れた機能を確認した[33]。

4　おわりに

チタノシリケートゼオライト，TS-1の発見以来約20年が経過したが，TS-1以外の新規チタノシリケートの合成，構造の解析，反応機構の解明，新しい反応への応用等についての研究はグリーンケミストリーの観点からの注目もあって今も盛んである。筆者らはTi-MWWならびに関連した構造の触媒を中心として研究し，アルケンのエポキシ化やケトンのアンモキシメーションに対して特異な高活性を見いだした。MWW構造の柔軟性を利用したこの種の触媒の構造は今後さらに多様化し発展するものと考えられる。ファインケミカルズ合成への応用研究も続ける必要

第 11 章　チタン固定化結晶性多孔体を触媒とした液相酸化反応

がある。ただ，本稿で紹介した Ti-MWW の合成法はまだ理想的な製法とは言い難い。高活性触媒のより簡便な直接水熱合成法の確立ができれば工業的な応用を視野に入れることができるものと期待している。

文　　献

1）　御園生　誠，村橋俊一編，講談社，"グリーンケミストリー"，講談社，p.116（2001）
2）　辰巳　敬，触媒，37, 598（1995）；"ゼオライトの科学と工学"，小野嘉夫，八嶋建明編，講談社，p.188（2000）；触媒，47, 219（2005）．
3）　B. Notari, *Adv. Catal.*, **41**, 253（1996）．
4）　P. Ratnasamy *et al.*, *Adv. Catal.*, **48**, 1（2004）．
5）　T. Tatsumi *et al.*, *Stud. Surf. Sci. Catal.*, **84**, 1861（1994）．
6）　T. Tatsumi, N, Jappar, *J. Phys. Chem. B*, **102**, 7126（1998）．
7）　T. Tatsumi *et al.*, *Chem. Comm.*, 7126（1998）
8）　N. Igarashi *et al.*, *Microporous Mesoporous Mater.*, **81**, 97（2005）．
9）　N. Igarashi *et al.*, *Microporous Mesoporous Mater.*, in press（2007）．
10）　L.J. Davies *et al.*, *J. Catal.*, **198**, 319（2001）．
11）　A. Corma *et al.*, *Nature*, **396**, 353（1998）．
12）　R. Millini *et al.*, *Microporous Mater.*, **4**, 221（1995）．
13）　P. Wu *et al.*, *J. Phys. Chem. B*, **105**, 2897（2001）．
14）　P. Wu, T. Tatsumi, *Catal. Surveys from Asia*, **8**, 137（2004）．
15）　A.K. Koyano, T. Tatsumi, *Chem. Commun.*, 145（1997）．
16）　P. Wu, T. Tatsumi, *J. Catal.*, **214**, 317（2003）．
17）　P. Wu *et al.*, *J. Catal.*, **228**, 183（2004）．
18）　F. Song *et al.*, *J. Catal.*, **237**, 359（2006）．
19）　P. Wu *et al.*, *Chem. Commun.*, 1026（2002）．
20）　W. Fan *et al.*, *Angew. Chem. Int. Ed.*, **43**, 236（2004）．
21）　J. Ruan *et al.*, *Angew. Chem. Int. Ed.*, **44**, 2（2005）．
22）　S. Inagaki *et al.*, unpublished results.
23）　D. Nuntasri *et al.*, *Chem. Lett.*, 326（2003）．
24）　P. Wu *et al.*, *J. Phys. Chem. B*, **108**, 19126（2004）．
25）　M. Camblor *et al.*, *Chem. Commun.*, 1339（1996）．
26）　Y. Goa, P. Wu, T. Tatsumi, *Chem. Commun.*, 1714–1715（2001）．
27）　Y. Goa, P. Wu, T. Tatsumi, *J. Phys. Chem. B*, **108**, 8401（2004）．
28）　Y. Goa, P. Wu, T. Tatsumi, *J. Phys. Chem. B*, **108**, 4242（2004）．
29）　W. Fan *et al.*, submitted.

30) Y. Han *et al.*, *Angew. Chem. Int. Ed.*, **42**, 3633 (2003).
31) X. Meng *et al.*, *Chem. Mater.*, **16**, 5518 (2004).
32) X. Meng *et al.*, *J. Catal.*, **244**, 192 (2006).
33) M. Hinode *et al.*, to be submitted.

第12章　規則性多孔体触媒を用いる有機反応

窪田好浩*

1　はじめに

ファインケミカルズ合成におけるグリーン化学プロセス構築のためには無機固体触媒の多様化とその適用範囲の拡大が欠かせない。近年，ミクロ孔（直径<2.0 nm）やメソ孔（直径2.0～50 nm）をもつ新しい規則性多孔体（モレキュラーシーブ）が多く報告されており，広く均一な細孔表面・大きな細孔容積をもつために，嵩高い基質の低温液相反応の反応場として期待される。特に酸触媒としての応用が第一に考えられているが，固体塩基触媒としての応用も見落とせない分野である[1,2]。我々は，有機官能基修飾したモレキュラーシーブ（organic-functionalized molecular sieve ; OFMS）およびシリケート-第四級アンモニウム複合体（silicate-organic composite material ; SOCM）という2つのタイプの塩基触媒に関して，炭素-炭素結合形成反応に対する触媒性能を検討してきた[3,4]。OFSM型触媒は，規則性多孔体の均一で広い表面に触媒活性点を固定化するという当然の発想から生まれたもので，すでに検討例も多いが，SOCM型触媒は従来，触媒としての利用が全く想定されておらず，我々が初めてKnoevenagel反応に対して高い活性を示すことを見出したものである[3,5]。両タイプの触媒の関係を模式的に図1に示す。本稿では，代表的な塩基触媒炭素-炭素結合形成反応であるKnoevenagel縮合反応（式1）[6,7]，アルドール反応（式2）[8~10]，Michael反応（式3）[11~13]に絞り，これらに対するOFSMおよびSOCMの触媒性能を検討した結果を紹介したい。

Silicate-Organic Composite Material "**SOCM**-type" catalyst　　　Silicate molecular sieve　　　Organic-Functionalized Molecular Sieve "**OFMS**-type" catalyst

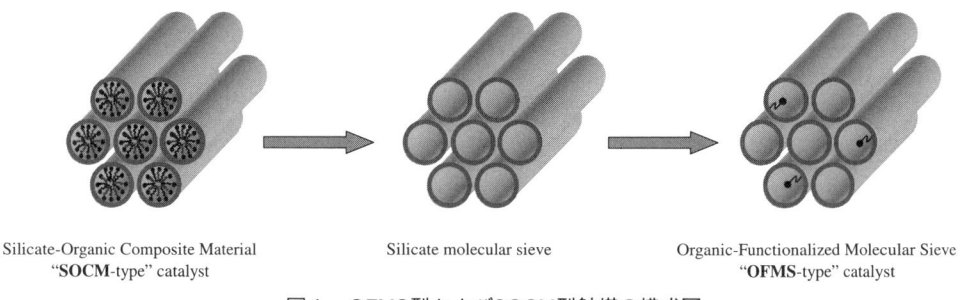

図1　OFMS型およびSOCM型触媒の模式図

＊　Yoshihiro Kubota　横浜国立大学大学院　工学研究院　准教授

式1: Ph-CHO (1) + NC-CH2-CO2Et (2) → Ph(H)C=C(CN)(CO2Et) (3) + H2O

式2: Ar-CO-CH3 (4) + R-CO-CH3 (5) → Ar-CH(OH)-CH2-CO-R (6) + Ar-CH=CH-CO-R (7)

化合物 8: Ar-CH(OH)-C(CH3)2-CO-R

式3: 化合物 9 + 10 → 11

9:
- a: $R^1 = R^2 = H$
- b: $R^1 = Me, R^2 = H$
- c: $R^1 = OMe, R^2 = H$
- d: $R^1 = R^2 = OMe$
- e: $R^1 = Cl, R^2 = H$
- f: $R^1 = NO_2, R^2 = H$

10:
- a: $R^3 = Et$
- b: $R^3 = Bu-n$
- c: $R^3 = Bu-t$

2 ミクロ・メソ多孔体を用いた触媒設計と調製法

2.1 有機ペンダント型（OFMS型）触媒

　高比表面積・大細孔容積といった多孔体の特徴を活かすために，包接された有機テンプレート剤を除いた後，何らかの方法で触媒活性点を導入するのが通常の触媒調製法である。骨格の細孔内への有機基の導入はその一例であり，ミクロ・メソ多孔体に対して可能であるが，中でもメソポーラスシリケート担体に対して盛んに行われている[14]。ゼオライトの細孔はミクロ孔であるため小分子の触媒反応には有用であるものの，より大サイズの化合物の分離・吸着・触媒反応に用いる場合には，メソ多孔体の方が圧倒的に有効だからである。また，メソポーラスシリケートの

第12章　規則性多孔体触媒を用いる有機反応

場合は，細孔骨格の安定性は比較的高く，さらに細孔の内表面には反応性に富むシラノール基（Si-OH）が多く存在するため，これらがメソ細孔の内表面を修飾するための足がかりとなる。一方，ゼオライトのうち12員環より小さな細孔をもつものは，有機基を固定化しただけでミクロ細孔が閉塞してしまうので，ミクロ多孔体でこのアプローチに適合するのは12員環以上のいわゆる「大細孔ゼオライト」だけである。ゼオライトの場合，固定化点は内表面のシラノール基に富む部分で，「欠陥部位」や「シラノール・ネスト」がこれにあたる。

表面修飾剤としては，有機ケイ酸化合物であるアルキルトリアルコキシシラン類が最もよく用いられている。アルキル基の先端に位置する活性中心は基本的に酸触媒としてスルホン酸基（スルホ基），塩基触媒としてアミノ基であるが，種々の有機基[15~20]によって酸性・塩基性の双方で微調整が可能である。これを用いて，すでに出来上がった多孔体シリケートの表面に後から有機官能基を植えつける（固定化する）事ができ（アルコキシシラン類とシラノールからの脱アルコール反応による），この方法をポストシンセシス法あるいはグラフト法と呼ぶ。有機基導入の別法としては，多孔体シリケートの水熱合成と同時導入し，後でテンプレート剤を抽出除去する方法があるが，本稿ではポストシンセシス法に絞って述べる。この方法を用いて種々の多孔体に

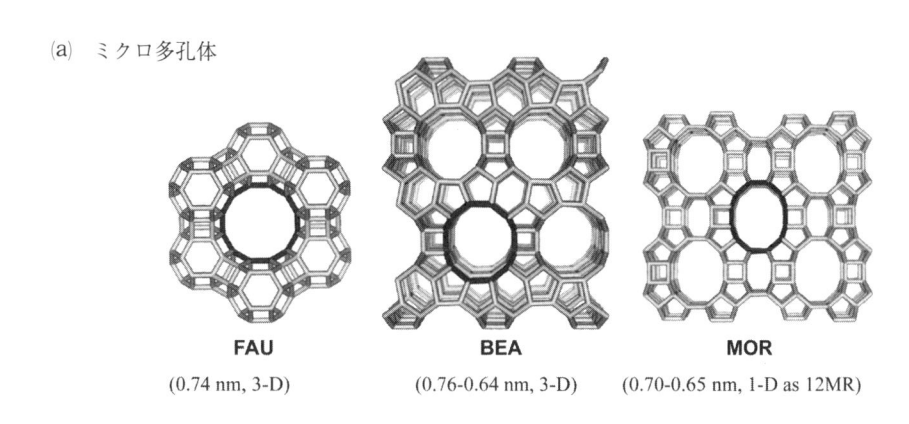

(a) ミクロ多孔体

FAU　　　　　　**BEA**　　　　　　**MOR**
(0.74 nm, 3-D)　(0.76-0.64 nm, 3-D)　(0.70-0.65 nm, 1-D as 12MR)

(b) メソ多孔体

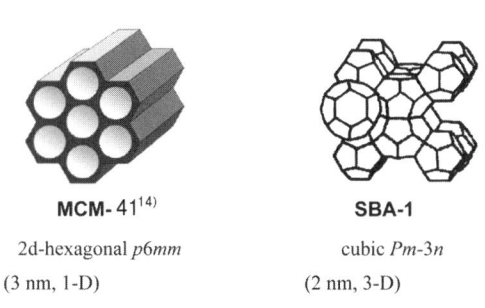

MCM-41[14]　　　　**SBA-1**
2d-hexagonal p6mm　　cubic Pm-3n
(3 nm, 1-D)　　　　　(2 nm, 3-D)

図2　代表的ミクロ・メソ多孔体の構造
括弧内は細孔径と細孔の"Dimensionality"
(小野嘉夫，八嶋建明　編，「ゼオライトの科学と工学（講談社サイエンティフィク，2000年）」，他より)

アミノプロピル (AP) 基を導入した。具体的には，MCM-41 ($Si/Al_2=\infty$)，SBA-1 ($Si/Al_2=\infty$)，脱アルミ Y zeolite ($Si/Al_2=380$)，Beta zeolite ($Si/Al_2=105$)，脱アルミ Mordenite ($Si/Al_2=230$) それぞれのトルエン懸濁液に，3-アミノプロピルトリメトキシシラン (APTMS) を加え，シラノールとアルコキシシランの縮合で生じてくるメタノールを除きつつ2.5時間加熱還流し，固定化を行った[21]。アミノプロピル化した MCM-41，SBA-1，Y，Beta，Mordenite をそれぞれ AP-MCM-41，AP-SBA-1，AP-FAU，AP-BEA，AP-MOR と表記することにする。因みに，Y，Beta，Mordenite の骨格構造は図2aに示すとおりである[22]。また，MCM-41，SBA-1 はメソ多孔体に属する物質であり，それぞれ $p6mm$ (2d-hexagonal の1つ) および Pm-$3n$ (Cubic の1つ) という空間群を有している (図2b)。

2.2 多孔体シリケート-第四級アンモニウム複合体 (SOCM 型) 触媒

上記とは別に，SOCM 型に分類されるものとして，テンプレート剤 (有機カチオン) を包接したままの"as-synthesized"サンプルがある。この複合体触媒の調製法は，第四級アンモニウム系テンプレート剤を用いた多孔体シリケートの合成法そのものである。今後，本研究で用いたこのタイプの各触媒を，($CTMA^+$)-[Si]-MCM-41，(TEA^+)-[Al]-BEA，($TMBP^{2+}$)-[Si]-BEA などと表記することにする。( ) 内は包接された有機カチオンを示し，[Si] は全シリカ骨格を，[Al] はアルミノシリケート骨格であることを示す。$CTMA^+$ は cetyltrimethylammonium，TEA^+ は tetra-ethylammonium，$TMBP^{2+}$ とは 4,4'-trimethylenebis [1-methyl-1-(2-methylbutyl) piperidinium] のことである。

3 ミクロ・メソ多孔体修飾触媒を用いた反応

3.1 OFMS 型触媒による反応

担体および OFMS 型触媒の物性を表1にまとめた。これらを触媒とした各反応について以下に述べる。

3.1.1 Knoevenagel 反応

表2に示したのは種々の OFMS 型触媒を用いたベンズアルデヒド (1) とシアノ酢酸エチル (2) の Knoevenagel 反応 (式1) の結果である。反応温度110℃という高温では概ね高い活性を示し，明瞭な活性の差は見られなかったが，反応温度を室温 (23±2℃) に下げると活性の差がより顕著となり，細孔の大きいモレキュラー・シーブほど高活性であるという傾向が見られた (Run 1,3,4,5,7,9)。分子 (サイズ) 認識が行われていると考えられる。生成物の収率は触媒担体の表面積と細孔容量の減少にほぼ依存して低下した。メソ多孔体の中では細孔径が最も小

第 12 章　規則性多孔体触媒を用いる有機反応

表 1　規則性多孔体シリケートの基本物性

Molecular sieve[a]	Pore diameter[b] /nm	S_{BET}[c] /m^{2}g^{-1}	Pore volume[c] /cm^{3}g^{-1}
MCM-41	2.9(2.7)	1013(766)	0.88(0.48)
SBA-1	2.0(1.9)	999(769)	0.63(0.38)
FAU	0.74[d]	810(577)	0.30(0.18)
BEA	0.76×0.64[d]	626(260)	0.28(0.13)
MOR	0.70×0.65[d]	562(392)	0.22(0.16)

[a] Abbreviations are used as described in the text.
[b] Values for molecular sieve supports before functionalization calculated by BJH method on N$_2$ adsorption isotherms unless otherwise noted. The value inside brackets is that for corresponding aminopropylsilylated material.
[c] The values are based on N$_2$ adsorption isotherms. The value inside brackets is that for corresponding aminopropylsilylated material.
[d] Diameter of the largest pore based on crystallographic data.

表 2　アミノプロピル（AP）基を固定化した規則性多孔体シリケートを触媒とするベンズアルデヒド（1a）とシアノ酢酸エチル（2b）の Knoevenagel 縮合反応[a]

Catalyst	AP-content[b] /mmol(g-cat.)$^{-1}$	Time /h	Yield[c] (%)	TOF[d] /h^{-1}
AP-MCM-41	1.31	0.5	81	15.5
AP-MCM-41	1.31	1	99	
AP-SBA-1	1.40	0.5	43	7.7
AP-SBA-1	1.40	6	96	
AP-FAU	0.55	6	59	2.2
AP-BEA	0.95	6	52	1.1
AP-MOR	0.53	6	6	0.2

[a] Reaction was carried out with 1.25 mmol of **1a**, 1.30 mmol of **2b**, 100 mg of catalyst in 1.0 ml of toluene at room temperature (23±2℃).
[b] Determined by elemental and thermogravimetric analyses.
[c] Isolated yields.
[d] Moles of product per mol of catalyst per hour.

さい部類に入る SBA-1 触媒の場合，反応はかなり遅くなったが，それでも時間をかければ十分高い収率で目的物が得られた。SBA-1 の多次元の細孔システムによって，活性の極端な低下には至らなかったものと考えられる。メソ多孔体に比べてミクロ多孔体の活性は低かったが，その中でも多次元細孔の優位性は明らかで，AP-FAU や AP-BEA に比べて AP-MOR の活性はずっと低かった。活性と窒素含有量の関係を検討したところ，ポストシンセシス法であれば窒素含有量が多いほど収率は高かったが，活性点あたりの活性の指標として反応初期の触媒回転率（TOF）を比較すると，先に述べたように細孔径・比表面積・細孔容量が大きいことと多次元細孔であることが高い活性の発現に寄与することがわかる。担体別の活性の序列をまとめると，MCM-41＞Y zeolite＞Beta zeolite＞Mordenite の順に高かった。活性の最も高かった AP-MCM-41 を再使用した結果，4 回目の使用においても極めて高い活性を保っていることが分かった（rt, 2 h の反応

表3 MCM-41に固定化した種々のアミンの効果[a]

Run	Catalyst	Temp. /℃	Time /h	Yield[b] of **3**(%)
1	AP-MCM-41	rt	1	99
2	MAP-MCM-41	rt	1	70
3	PZP-MCM-41	80	6	13
4	DMAP-MCM-41	80	6	0
5	DEAP-MCM-41	80	6	0
6	PDP-MCM-41	80	6	0

[a] Reaction was carried out with 1.25 mmol of **1a**, 1.30 mmol of **2b**, 100 mg of catalyst in 1.0 ml of toluene.
[b] Isolated yields.

収率はいずれも＞98％)。

有機基として第一級アミンであるアミノプロピル（AP）基の他に，第二級アミンであるモノアミノプロピル（MAP）基，ピペラジノプロピル基（PZP），第三級アミンであるジメチルアミノプロピル（DMAP）基，ジエチルアミノプロピル（DEAP）基，ピペリジノプロピル（PDP）基の活性を調べたところ，第一級アミンが最も高活性であることがわかった（表3）。第二級アミンの活性は大きく低下し，第三級アミンは全く活性を示さなかった。第二級アミンが特に高い活性を示すアルドール反応の場合とは異なる傾向であるが，Knoevenagel反応にイミン中間体が関与しているのではないかという仮説とは矛盾しない[21,23]。

3.1.2 アルドール反応

OFMS型触媒は芳香族アルデヒド**4**とケトン**5**のアルドール反応に対しても有効であった。特に反応性の高かった4-ニトロベンズアルデヒド（**4**: Ar＝4-nitrophenyl）の反応結果を表4に示す。反応温度が室温でも転化率は非常に高く，高い選択率で**6**が生成した（Run 2）。次にケトン**5**のRを変え，基質の適用範囲を調べた。Rが嵩高いt-BuおよびPhの場合，60℃では全く反応が起こらなかった（Run 3, 4）。R＝Phの場合120℃ではじめて反応が進行し，**7**が高い選択

表4 4-ニトロベンズアルデヒド **4**（Ar=4-nitrophenyl）とケトン**5**のアルドール反応に対する各種触媒系の効果

Run	R	Catalyst	Temp. /℃	Time /h	Conv. (%)	Yield(%) 6	Yield(%) 7
1	Me	AP-MCM-41	60	1	100	77	23
2	Me	AP-MCM-41	rt	6	93	85	4
3	t-Bu	AP-MCM-41	60	6	0	0	0
4	Ph	AP-MCM-41	60	6	0	0	0
5	Ph	AP-MCM-41	120	2	4	4	66
6	Me	Piperidine	60	3	7	3	0
7	Me	Piperidine+MCM-41	rt	6	99	91	6

率で生成した（Run 5）。均一系触媒との比較として，活性点濃度が同等となる量のピペリジンを用いたところ，活性は非常に低かった（Run 1, 6）。この事と関連して我々は最近，アミン単独の活性は低いこと，MCM-41 が共存するとアミノ基とシリケート担体の協働作用により劇的に活性が向上するという興味深い結果を得ている（Run 7）[24]。再使用の可能性を検討したところ，AP-MCM-41 は3回目の使用においても高い活性（Conversion＞99％）を示したが，**6**/**7** の比が1回目（77/23），2回目（85/15），3回目（88/12）と回数を重ねるにつれて **7** の選択率が下がったので2段目の脱水過程の活性はわずかながら低下したと考えられる。

3.1.3 Michael 反応

カルコン（**9a**）とマロン酸ジエチル（**10a**）を基質とする Michael 反応の結果を表5に示す。エタノール中での活性の序列が MCM-41＞AP-FAU＞AP-BEA＞AP-MOR であり，3.1.1項で述べたのと同様，細孔による分子認識現象（形状選択性）が現れていると言える。従来，本反応には EtONa などの塩基が有効であることが知られているので，エタノール中では EtO^- が主として働いている可能性があり，もしそうならば，細孔外でも反応は起こりうる。しかし，非プロトン性の DMF 中でも類似の結果が得られたため，EtO^- の影響よりも極性そのものの方が重要なファ

表5 アミノプロピル化多孔体シリケートを触媒とする **1a** と **2a** の Michael 反応に対する溶媒効果[a]

Catalyst	AP-content[b] /mmol(g-cat.)$^{-1}$	Solvent	Yield[c] (%)	TOF[d] /h^{-1}
AP-MCM-41	1.31	Ethanol	43	2.1
AP-MCM-41	1.31	DMF	46	2.2
AP-MCM-41	1.31	Benzene	3	0.1
AP-FAU	0.61	Ethanol	41	4.2
AP-FAU	0.61	DMF	50	5.1
AP-FAU	0.61	Benzene	1	0.1
AP-BEA	0.95	Ethanol	6	0.4
AP-BEA	0.95	DMF	7	0.5
AP-BEA	0.95	Benzene	1	0.1
AP-MOR	0.53	Ethanol	0	0.0
AP-MOR	0.53	DMF	1	0.1
AP-MOR	0.53	Benzene	0	0.0
AP-MTW	0.48	Ethanol	0	0.0
AP-MTW	0.48	DMF	0	0.0
AP-MTW	0.48	Benzene	0	0.0

[a] Reaction was carried out with 1.25 mmol of **1a**, 1.38 mmol of **2a**, 100 mg of catalyst in 0.5 ml of solvent at 80℃ under nitrogen atmosphere.
[b] Determined by elemental and thermogravimetric analyses.
[c] Isolated yields.
[d] Moles of product per mol of catalyst per hour.

クターと考えられた。一方，非極性溶媒であるベンゼン中では活性は非常に低かった。Knoevenagel 反応やアルドール反応では，活性は固定化アミンの種類にも大きく依存したが，Michael 反応では有機基を AP 基，PZP 基，MAP 基，DMAP 基（略号については 3.1.1 項参照）に変えても活性向上は見られず，非極性溶媒中で高い活性を発現させることが OFMS 触媒の課題として残った。また，カルコン誘導体が 9a 以外（9b-f）の場合は，極性溶媒中であっても活性は低かった。

3.2 SOCM 型触媒による反応

3.2.1 Knoevenagel 反応

Knoevenagel 反応の結果を表 6 に示す。[Si]-MCM-41 と CTMA$^+$の複合体が高活性を示し，穏和な条件下で縮合生成物（3）を与えた（Run 1, 2）。また，大孔径ゼオライトである BEA と四級アンモニウムカチオン（TEA$^+$または TMBP^{2+}）との複合体も比較的高い活性を示した（Run 3, 4）。一方，CTMA$^+$，TEA$^+$をそれぞれ焼成除去した［Si］-MCM-41，[Al]-BEA は全く活性を示さなかった（Run 5, 6）。複合体の原料である CTMA$^+$Br$^-$及び TEA$^+$Br$^-$も単独では低活性であり（Run 7, 8），塩基性のより高い TEA$^+$OH$^-$を用いても活性はあまり高くなかった（Run 9）。これらのことより，多孔質シリケートと第四級アンモニウム化合物が複合化された状態ではじめて高い塩基触媒活性が発現することがわかった。ここで我々は，活性種を多孔体シリケートの (SiO)$_3$SiO$^-$($^+$NR$_4$) 部位であると予想した。塩基性を持ちうるのはこの部位のみと考えたからである。この観点からは，(TEA$^+$)-[Al]-BEA が活性を示したことも不思議ではない（Run 8）。しかし，

表 6 SOCM 型触媒を用いた Knoevenagel 反応[a]

Run	Catalyst	Temp. /℃	Time /h	Yield[b] of 3 (%)
1	(CTMA$^+$)-[Si]-MCM-41	rt	1	82
2	(HDTMA$^+$)-[Si]-MCM-41	rt	6	97, 94[c], 86[d], 60[e]
3	(TEA$^+$)-[Al]-BEA[f]	rt	6	51
4	(TMBP^{2+})-[Si]-BEA	rt	6	49
5	[Si]-MCM-41	80	6	0
6	[Al]-BEA[f]	80	6	0
7	HDTMA$^+$Br$^-$[g]	rt	6	6
8	TEA$^+$Br$^-$[g]	rt	6	6
9	TEA$^+$OH$^-$[h]	rt	6	24
10	(TEA$^+$F$^-$)-[Si]-BEA[i]	rt	6	0

[a] Reaction was carried out with 1.25 mmol of 1, 1.30 mmol of 2, 100 mg of catalyst in 1.0 ml of benzene. [b] Isolated yields. [c] The 2nd use of catalyst. [d] The 3rd use of catalyst. [e] The 4th use of catalyst. [f] SiO$_2$/Al$_2$O$_3$=105. [g] 0.30 mmol of each catalyst was used. [h] 0.96 mmol was used. [i] SiO$_2$/Al$_2$O$_3$=120.

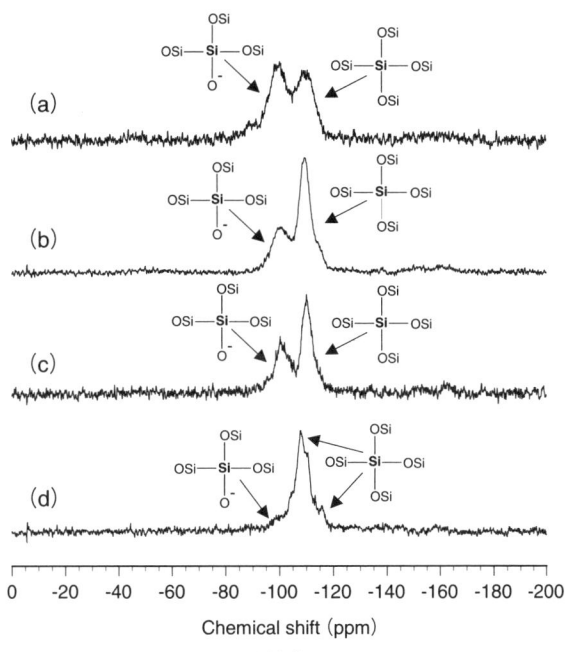

第12章 規則性多孔体触媒を用いる有機反応

図3 SOCM型触媒の^{29}Si MAS NMR
(a) $(CTMA^+)$–[Si]–MCM–41, (b) (TEA^+)–[Al]–BEA,
(c) $(TMBP^{2+})$–[Al]–BEA, (d) (TEA^+F^-)–[Si]–BEA.

フッ化物法で合成した(TEA^+F^-)–[Si]–BEAは全く活性を示さなかった (Run 10)。フッ化物法の特長の一つである生成物の欠陥サイトの少なさが原因の一つと考えている。事実,複合体の^{29}Si MAS NMRを比較すると,活性を示す$(CTMA^+)$–[Si]–MCM–41, (TEA^+)–[Al]–BEAではSiO$^-$種に帰属できる,いわゆるQ^{3}のピークが顕著であったのに対し,活性を示さない(TEA^+F^-)–[Si]–BEAではQ^{3}のピークがほとんど見られない(図3)。ただし,Q^{3}ピークと活性との間に定量的な相関は無く,バルクの$(SiO)_3SiO^-(^+NR_4)$すべてが反応に直接かかわっているわけではない。Q^{3}種を十分にもつことは活性発現の必要条件と言える。

窒素吸着測定を行ったところ,[Si]–MCM–41は典型的なIV型の吸着等温線を与え,大きなBET比表面積 (1013 m^{2}g^{-1}) を持つことが確認された。これに対し,高活性であった$(CTMA^+)$–[Si]–MCM–41では多孔体特有の吸着等温線は見られず,吸着量も非常に少なかった。従って,本反応系では大きな内表面積は活性発現のために必須ではない。これは,細孔深部よりむしろ開口部が反応場であることを示している。開口部の活性点の露出が大きいMCM–41系の触媒の方がゼオライト系の触媒よりも高活性であることは,これと矛盾しない。また,「活性点の露出」という観点からは,(TEA^+F^-)–[Si]–BEAの大きな粒子径[25,26]も活性発現に不利に働いていると考えられる。

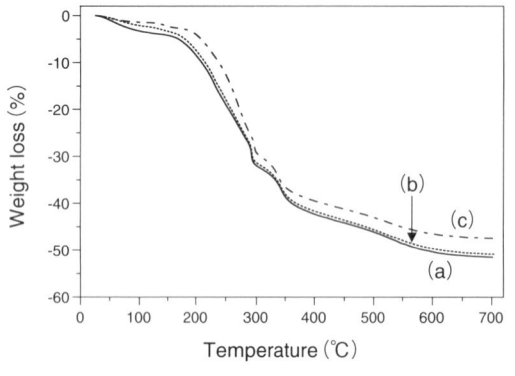

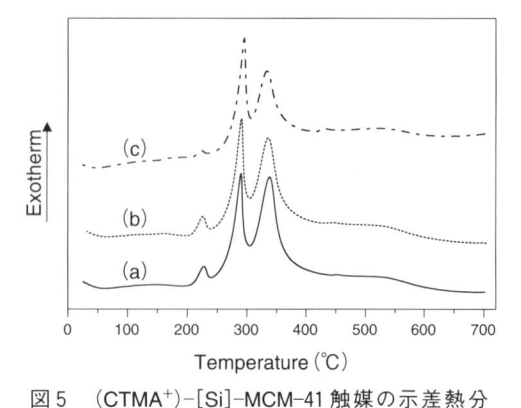

図4 (CTMA$^+$)-[Si]-MCM-41触媒の熱重量分析 (TGA)
(a)使用前, (b) 1回使用後, (c) 4回使用後

図5 (CTMA$^+$)-[Si]-MCM-41触媒の示差熱分析 (DTA)
(a)使用前, (b) 1回使用後, (c) 4回使用後

表7 ベンズアルデヒド誘導体とアセトンのアルドール反応における (CTMA$^+$)-[Si]-MCM-41, AP-MCM (A), 均一系触媒の触媒性能の比較[a]

Run	Ar	Catalyst	Temp. /℃	Conv. (%)	Yield (%)[e] 6	7
1	4-Nitrophenyl	(CTMA$^+$)-[Si]-MCM-41[b]	rt	98	78	3
2	4-Nitrophenyl	AP-MCM-41[c]	rt	93	85	4
3	4-Nitrophenyl	Piperidine[d]	rt	7	3	0
4	3,4,5-Trimethoxyphenyl	(CTMA$^+$)-[Si]-MCM-41[b]	60	91	16	64
5	3,4,5-Trimethoxyphenyl	AP-MCM-41[c]	60	79	25	54
6	3,4,5-Trimethoxyphenyl	Piperidine[d]	60	0	0	0

[a] Carried out with 1.0 mmol of aldehyde, 120 mg of solid catalyst in 5 mL of acetone for 6 h, unless otherwise noted.
[b] 0.2 mmol of CTMA$^+$ is occluded in 120 mg of the catalyst.
[c] 0.1 mmol of N is contained in 120 mg of the ctalyst.
[d] 0.1 mmol was used instead of solid catalyst.
[e] Isolated yields.

(CTMA$^+$)-[Si]-MCM-41の1回目使用後の粉末XRDパターン, 元素分析値, 熱分析プロファイル (図4a, 4b, 図5a, 5b) にほとんど変化がなく, 再使用しても活性低下がほとんど見られなかった。このことは, 1回使用した程度では使用後もシリケート骨格の構造や複合体中の有機物の質的・量的変化はないことを示している。しかし, 3回目の反応 (触媒再使用2回目) 以降, 活性はかなり低下した (表7, Run 2)。これと対応して, TGAやDTAのプロファイルにわずかな変化が見られた (図4c, 5c)。特に200〜250℃の低温領域での変化が大きいことは, 開口部の表面付近における活性点の減少を示唆している。なお, 反応後のろ液は活性を示さなかったことから, 均一系触媒作用による活性発現はないと考えられる。表2と表6に示すように, Knoevenagel反応においては, (CTMA$^+$)-[Si]-MCM-41とAP-MCM-41の間に大きな活性の差は

第12章 規則性多孔体触媒を用いる有機反応

見られなかった。

3.2.2 アルドール反応

　(CTMA$^+$)-[Si]-MCM-41 触媒は，芳香族アルデヒド 4 とケトン 5 のアルドール反応に対して有効であり，その活性は AP-MCM-41 と同等か，やや高いことがわかった（表7）。また6と7の選択率は，両触媒の違いよりもむしろ基質に依存した（Run 1, 2, 4, 5）。一方，均一系アミンであるピペリジンの活性は非常に低かった（Run 3, 6）。

　次に 3.1.2 項と同様，ケトン 5 の R を変え，基質の適用範囲を調べた（表8）。AP-MCM-41 触媒で R が嵩高い t-Bu の場合，全く反応が起こらなかった（Run 1）。R=Ph の場合 120℃まで昇温してはじめて反応が進行し，7が高い選択率で生成した（Run 2, 3）。(CTMA$^+$)-[Si]-MCM-41 を用いた場合も R=i-Pr, t-Bu と嵩高くなると，やはり活性は大きく低下した（Run 4, 5）。しかし興味深いことに，R=Ph の場合，(CTMA$^+$)-[Si]-MCM-41 は AP-MCM-41 に比べて圧倒的に高い活性を示した（Run 2, 6）。

　(CTMA$^+$)-[Si]-MCM-41 の再使用の可能性を検討したところ，4 が 3, 4, 5-トリメトキシベンズアルデヒドの場合，本触媒は 3 回目の使用においても 1 回目とほぼ同等の活性を保っているこ

表8　4-ニトロベンズアルデヒドと嵩高いケトンのアルドール反応[a]

Run	R	Catalyst	Temp. /℃	Time /h	Conv.[c] (%)	Yield(%)[f] 6	7
1	t-Bu	AP-MCM-41	60	6	0	0	0
2	Ph[b]	AP-MCM-41	60	6	0	0	0
3	Ph[b]	AP-MCM-41	120	2	70[d]	3	50
4	i-Pr	(CTMA$^+$)-[Si]-MCM-41	rt	6	8[e]	0	0
5	t-Bu	(CTMA$^+$)-[Si]-MCM-41	60	6	4	3	0
6	Ph[b]	(CTMA$^+$)-[Si]-MCM-41	60	6	79[d]	4	73

[a] Carried out with 1.0 mmol of aldehyde, 100 mg of solid catalyst in 5 mL of ketone, unless otherwise noted.
[b] 1.2 mmol of acetophenone was used.
[c] Based on recovered aldehyde, unless otherwise noted.
[d] Determined by ^{1}H NMR.
[e] A 3% of adduct 8 was obtained.　[f] Isolated yields.

表9　3, 4, 5-トリメトキシベンズアルデヒドとアセトンのアルドール反応における (CTMA$^+$)-[Si]-MCM-41 触媒の再使用[a]

Run	Catalyst	Conv.[b] (%)	Yield(%)[c] 6	7
1	1st use	44	20	23
2	2nd use	42	18	23
3	3rd use	39	18	20

[a] The reaction was carried out with 1.0 mmol of aldehyde, 10 mmol of acetone, 120 mg of catalyst in 1 mL of benzene at 60℃ for 6 h.　[b] Based on recovered, isolated aldehyde.　[c] Isolated yields.

3.2.3 Michael 反応

SOCM 型触媒を用いた 9c と 10a の反応の結果を表 10 に示す。比較のために，Run 1 には OFMS 型触媒である AP-MCM-41 の結果を示した。OFMS とは対照的に，SOCM である $(CTMA^+)$-[Si]-MCM-41 が高活性を示し，比較的穏和な条件下で 1,4-付加生成物 3 を与えた (Run 2-5)。一方，$CTMA^+$ を焼成除去した [Si]-MCM-41 は全く活性を示さなかった (Run 6)。複合体の原料である $CTMA^+Br^-$ も単独では低活性であった (Run 7)。これらに関しては，3.2.1 項で述べたことと全く同様の考察が可能である。

$(CTMA^+)$-[Si]-MCM-41 は再使用可能であり，反応性の高い基質 (9a) の場合は活性をほぼ

表 10　SOCM および関連触媒を用いた 9c と 10a の Michael 反応[a]

Run	Catalyst	Solvent	Temp. /℃	Yield[b] (%)
1	AP-MCM-41	Ethanol	80	2
2	$(CTMA^+)$-[Si]-MCM-41	Ethanol	80	92
3	$(CTMA^+)$-[Si]-MCM-41	Ethanol	30	68
4	$(CTMA^+)$-[Si]-MCM-41	Benzene	80	90
5	$(CTMA^+)$-[Si]-MCM-41	Benzene	30	26
6	[Si]-MCM-41	Ethanol	80	0
7	$CTMA^+Br^-$[c]	Ethanol	80	0
8	(TEA^+)-[Al]-BEA[d]	Ethanol	80	11
9	(TEA^+F^-)-[Si]-BEA[e]	Ethanol	80	0
10	$(MTEA^+)$-[Si]-MTW	Ethanol	80	0

[a] Reaction was carried out with 1.25 mmol of 9c, 1.38 mmol of 10a, 100 mg of catalyst in 0.5 ml of solvent for 2 h. [b] Isolated yields.
[c] 0.30 mmol of each catalyst was used.
[d] Si/Al=12.5.　[e] Si/Al=52.5.

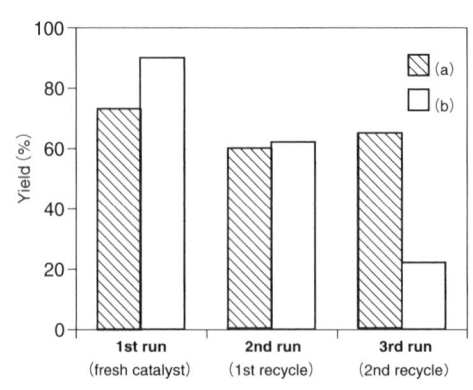

図 6　$(CTMA^+)$-[Si]-MCM-41 触媒の再利用による活性の変化
反応条件：(a) 1a, 1.25 mmol; 2a, 1.375 mmol, 触媒, 100 mg；ベンゼン, 0.5 mL, 温度, 30 ℃, 時間, 2 h, (b) 1c, 1.25 mmol; 2a, 1.375 mmol, 触媒, 100 mg；ベンゼン, 0.5 mL, 温度, 80 ℃, 時間, 2 h

第12章 規則性多孔体触媒を用いる有機反応

表11 異なる対カチオンをもつSOCM型ベータゼオライトを触媒とする9cと10aのMichael反応[a]

Run	Catalyst	Conversion (%)	Yield[b] (%)
1	(NH_4^+)-[Al]-BEA[c]	90	90
2	(TEA^+)-[Al]-BEA[d]	15	11
3	$(TMBP^{2+})$-[Si]-BEA	0	0

[a] Reaction was carried out with 1.25 mmol of **9c**, 1.38 mmol of **10a**, 100 mg of catalyst in 0.5 ml of ethanol for 2 h.
[b] Isolated yields. [c] Si/Al = 12.5. [d] Si/Al = 52.5.

表12 異なる対カチオンをもつSOCM型ベータゼオライトを触媒とする1cと2aのMichael反応[a]

Run	Substrate 9	Substrate 10	Conversion (%)	Yield[b] (%)
1	9c	10a	90	90
2	9c	10b	81	80
3	9c	10c	61	61

[a] Reaction was carried out with 1.25 mmol of **9c**, 1.38 mmol of **10a–c**, 100 mg of catalyst in 0.5 ml of solvent at 80℃ for 2 h under nitrogen atmosphere. [b] Isolated yields.

保ったが（図6a），反応性の低い基質（9c）の場合は使用回数とともに活性はかなり低下した（図6b）。いずれの場合も使用後の触媒の粉末XRDパターン，熱重量分析プロファイルに大きな変化はなかった。このことは，反応前後でシリケート骨格の構造や複合体中の有機物の質的・量的変化がないことを示している。それにもかかわらず，活性劣化が比較的大きいことから，細孔開口部の出口近くにある活性点が重要であると思われる。このことは，次の3つの点から支持される。

① SOCMのうち，$(SiO)_3SiO^-(^+NR_4)$ 種が開口部から外へ向かってより多く露出している物質がより高い活性を示す（細孔サイズの違いによる活性変化）。
② 包接カチオンが小さい方が高い活性を示すという傾向が，ベータ型ゼオライトにおいて見られる（表11）。
③ 嵩高いマロン酸エステルほど反応性が低下する傾向が見られる（表12）。

以上のことを総合的に考慮して，SOCM型触媒の塩基性を発現するのはSiO^-であり，有効な活性点は細孔の内側にあるものの，深部ではなく，出口に近い位置にあるものと推測している。なお，反応後のろ液の活性は認められなかったことから，触媒からの有機物のリーチングがあったとしても，液相の均一系触媒作用による活性発現はほとんどないと考えられる。

3.2.4 メカニズムに関する補足

SOCM 型触媒による Michael 反応のメカニズムは図7のように考えている。一般にこの反応はマロン酸ジエチルのような活性メチレン化合物から塩基（B⁻）がプロトンを引き抜くことからはじまる（Step 1）。こうして生じたカルバニオン（濃度が高いとは限らない）が $α, β$-不飽和ケトンのベータ炭素を攻撃し，炭素-炭素結合を形成する（Step 2）。最後のステップ（Step 3）は最終生成物の生成と塩基の再生からなる。もしこれらのステップがロス無くおこれば，触媒サイクルが続いていく。スキーム中の B⁻M⁺は SOCM 触媒における （SiO)$_3$SiO⁻(⁺NR$_4$) イオン対に相当する。ステップ1～3は固体表面上かその近傍で起きていると考えられ，その場合は本触媒系は不均一系と言える。しかし，ステップ2で M⁺（＝⁺NR$_4$）は液相に存在することができ，その観点からは本触媒系は完全な不均一系とはいえない。しかしながら，いずれの場合でも，もしステップ3が完全であれば見かけ上は完全な不均一系と捉えることができる。⁺NR$_4$ カチオンが完全に戻ってこない場合，それは触媒中の有機物含量の減少となって表れる。極性溶媒中ほどこれがおこりやすく，触媒再使用による活性の低下につながりやすいため，非極性溶媒の方が好ましいと言える。

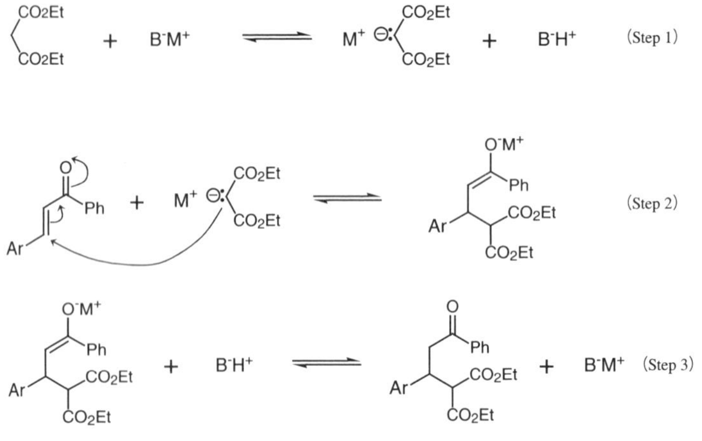

図7 SOCM 型触媒による Michael 反応の予想反応機構

4 おわりに

ミクロ・メソ多孔体を用いた新しい触媒設計により，塩基触媒炭素-炭素結合形成反応に有効な触媒材料を開発するとともに，構造活性相関に関する知見を得た。得られた触媒は相当する均一触媒系からは期待できなかった性能を有しており，また反応後の分離回収と再使用が容易であるため，グリーン・ケミストリー分野の発展に寄与すると期待される。

第12章 規則性多孔体触媒を用いる有機反応

文　　献

1) H. Hattori, *Chem. Rev.*, **95**, 537 (1995)
2) A. P. Wight and M. E. Davis, *Chem. Rev.*, **102**, 3589 (2002)
3) Y. Kubota, Y. Nishizaki, H. Ikeya, M. Saeki, T. Hida, S. Kawazu, M. Yoshida, H. Fujii, Y. Sugi, *Micropor. Mesopore. Mater.*, **70**, 135 (2004)
4) Y. Kubota, H. Ikeya, Y. Sugi, T. Yamada, and T. Tatsumi, *J. Mol. Catal., A: Chemical*, **249**, 181 (2006)
5) Y. Kubota, Y. Nishizaki, and Y. Sugi, *Chem. Lett.*, 998 (2000)
6) G. Jones, in: A.C. Cope (ed.), Organic Reactions Vol. 15, John Wiley & Sons, New York, 1967, pp.204-599.
7) D. J. Macquarrie, *Green Chemistry*, 195 (1999)
8) M. B. Smith and J. March, March's Advanced Organic Chemistry (5 th edition), John Wiley & Sons, New York, 2001, Chap. 16.
9) K. Sakthivel, W. Notz, T. Bui, and C. F. Barbas III, *J. Am. Chem. Soc.*, **123**, 5260 (2001)
10) M. L. Kantam, B. M. Choudary, Ch.V. Reddy, K. K. Rao, and F. Figueras, *Chem. Commun.*, 1033 (1998)
11) E. D. Bergmann, D. Ginsburg and R. Pappo, in: R. Adams (ed.), Organic Reactions Vol. 10, John Wiley & Sons, New York, 1959, pp.179-555.
12) R. Connor and D. B. Andrews, *J. Am. Chem. Soc.*, **56**, 2713 (1934)
13) J. Christoffers, *Eur. J. Org. Chem.*, 1259 (1998)
14) F. Hoffmann, M. Cornelius, J. Morell, and M. Fröba, *Angew. Chem. Int. Ed.*, **45**, 3216 (2006)
15) K. Tsuji, C.W. Jones, and M. Davis, *Micropor. Mesopor. Mater.*, **29**, 339 (1999)
16) C. Jones, K. Tsuji, and M. E. Davis, *Micropor. Mesopor. Mater.*, **33**, 223 (1999)
17) C. Jones, M. Tsapatsis, T. Okubo, and M. E. Davis, *Micropor. Mesopor. Mater.*, **42**, 21 (2001)
18) M. A. Harmer, Q. Sun, M.J. Michalczyk, and Z. Yang, *Chem. Commun.*, 1803 (1997)
19) B. M. Choudary, M. L. Kantam, P. Sreekanth, T. Bandopadhyay, F. Figueras, and A. Tuel, *J. Mol. Catal., A: Chemical*, **142**, 361 (1999)
20) S. Jaenicke, G. K. Chuah, X. H. Lin, and X. C. Hu, *Micropor. Mesopor. Mater.*, **35-36**, 143 (2000)
21) E. Angeletti, C. Canepa, G. Martinetti, and P. Venturello, *J. Chem. Soc., Perkin Trans. 1*, 105 (1989)
22) 小野嘉夫，八嶋建明編，ゼオライトの科学と工学，講談社サイエンティフィク (2000)
23) F. Fajula and D. Brunel, *Micropor. Mesopor. Mater.*, **48**, 119 (2001)
24) Y. Kubota, K. Goto, S. Miyata, Y. Goto, Y. Fukushima, and Y. Sugi, *Chem. Lett.*, **32**, 234 (2003)
25) M. A. Camblor, A. C. Corma, and S. Valencia, *Chem. Commun.*, 2365 (1996)
26) M. A. Camblor, L. A. Villaenscusa, and M. J. Diaz-Cabañas, *Topics in Catalysis*, 9 (1999)

第13章　規則性ナノ空間の触媒化学

岩本正和[*1]，石谷暖郎[*2]

1　はじめに

　1990年代初頭に界面活性剤ミセルを鋳型としたメゾポーラス物質の合成が黒田らによってはじめて報告されて以来[1]，MCM-41[2]やFSM-16[3]に代表される様々なシリカ系メゾポーラス物質が開発された。これらの報告を契機に，メゾポーラス物質を対象に取り上げる研究者は年々増加し，報告される論文数も現在では年間3000を超えている。メゾポーラス物質はゼオライトに見られるようなミクロ孔と，多孔質ガラスのようなマクロ孔の中間の孔径の細孔を有する物質の総称である。一般に2～50 nmの細孔径を有することから，筆者らは本稿でこれらをナノ空間物質と呼ぶことにする。代表的な規則性シリカナノ空間物質であるMCM-41の電子顕微鏡写真を図1に示す。細孔が一次元チャンネルとして配列した規則正しい構造を有していることがわかる。これらはゼオライトなど既存の物質では成し得なかった機能を発現するものと期待されている[4]。

　この物質に関しては特に合成面での進展が目覚しく，細孔構造や構成成分，形状はかなり多様化している。機能性材料としての応用も精力的に研究されているが，有機合成反応のための触媒として用いた例はそれほど多くない。さらに，本物質を有機合成用の触媒として用いた報告の大部分は均一系で活性な部位を固定化して機能付与した研究である。これに対し筆者らは，この方

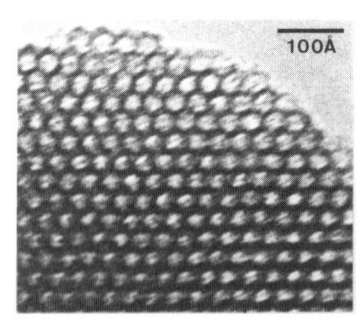

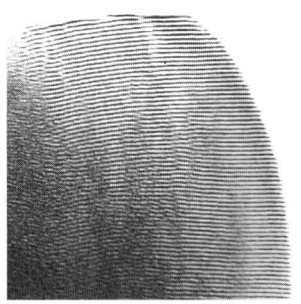

MCM-41の電子顕微鏡写真（左の写真の倍率は右の約5倍）
図1　シリカナノ空間物質 MCM-41 の電子顕微鏡写真

---

* 1　Masakazu Iwamoto　東京工業大学　資源化学研究所　教授
* 2　Haruro Ishitani　東京工業大学　資源化学研究所　講師

第13章　規則性ナノ空間の触媒化学

法論ではナノ空間構造に起因する独特の機能を充分に開拓できないと考え，以下のような方法論を採っている．本稿では筆者らの例を中心にナノ空間物質特有の触媒化学に焦点を当てる．

2　ナノ空間物質は何が新しいのか

シリカ系ナノ多孔体は，(i) 1000 m^2g^{-1} を超える大表面積，(ii) 均一な規則性細孔，(iii) 2～10 nm の範囲で細孔径を制御することが可能，という特徴を持つ．当然これらを活かし，大表面積物質，大分子の反応場，機能性錯体の担体として従来のゼオライトにはない特徴を引き出すことは可能であるが，我々はさらに進んで次の三つの特性を活かすことを考えた．

① 一般に壁の厚みが 1～2 nm であり，構成原子のほとんどすべてが表面あるいはその近傍に位置している．
② 細孔の内部表面をほぼ均一な表面とみなすことができる．
③ 細孔の大きさを狭い範囲に揃えつつ 2～10 nm の範囲で変化させることができる．

これらは相互に関係しながらナノ空間特有の機能を創出していくと期待できる．スルホン酸基固定化などにより機能化したナノ多孔体の触媒作用については本書でも別稿にて述べられる予定である[5]．本稿では特にナノ空間の特徴が活きたと考えられる新機能，新触媒作用について述べたい．

3　シリカナノ多孔体の酸特性を活かした合成反応

3.1　シリカナノ多孔体の酸特性の発見

SiO_2 で表されるシリカ化合物は表面積が大きいため吸着能力は高いが，一般に触媒としては不活性である．これに対し，我々は3.2節に紹介するようにアセタール化反応（典型的な酸触媒反応）がシリカ MCM-41 上で極めて収率よく進行することを見出した．シリカにアルミニウム等の金属が複合化すると（シリカ構造中に同型置換すると）酸性質が発現することはよく知られており，シリカーアルミナやゼオライトの酸特性はこれに由来している．最初我々は，シリカ MCM-41 のアセタール化活性が不純物 Al に起因していることを疑ったが，シリカナノ多孔体中の Al 原子の量は Si に対して 0～0.5% 程度であり，ハメット指示薬法，アンモニア昇温脱離法のいずれでも酸点の存在は結論されなかった．一方我々より先に，B-MCM-41, Ni-MCM-41 の触媒特性を検討する際の基礎データとして MCM-41 そのものが酸触媒活性を持っていることが 1995～1996 年に相次いで報告されていた[6,7]．例えば，Kevan らはシリカ MCM-41 が弱いながらも 1-ブテンの異性化能を示すことを報告している（式1）．酸触媒能の報告では確かにこれらのグループが先行したが，彼らはその特異性や不思議さに全く興味を示さず，継続的な研究を行

なっていない。ここでは我々の成果を中心にナノ多孔体の触媒作用を概観する。

```
                Catalyst
  ～～／  ―――――――→  ～／   ＼／
                70 °C, 24 h

          MCM-41:    5.97 % conversion, cis / trans = 0.81
          AlMCM-41: 15.78 % conversion, cis / trans = 0.71
                              式 1
```

3.2　アセタール化反応に対する触媒活性と第4の形状選択性の発見

筆者らは他の反応の検討中に，シリカナノ多孔体MCM-41存在下でカルボニル化合物1と溶媒メタノールが高速で反応し，対応するジメチルアセタール2を与えることに気付いた[9]（式2）。アセタール化反応は典型的な酸触媒反応であるので，アンモニアの吸着等でMCM-41の酸点の発現を検証したが，そのような活性点の発現は認められなかった。一方，MCM-41と同一原料から調製したシリカゲルではこのような触媒活性が発現しないことを確認した。これらの結果はシリカナノ多孔体には従来型の，いわゆるシリカ－アルミナ型の酸活性点が無いにもかかわらず，細孔内部に酸触媒として機能する活性点が存在していることを示している。

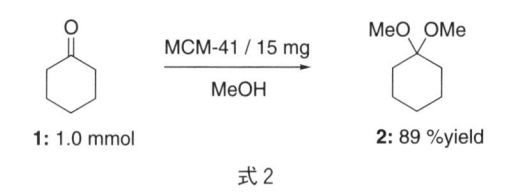

```
       O                              MeO  OMe
       ‖         MCM-41 / 15 mg         \ /
    ⌬      ―――――――――――→         ⌬
              MeOH

   1: 1.0 mmol                      2: 89 %yield
                       式 2
```

さらに，この反応を検討する過程で，細孔径によって反応速度が大きく変化することを見出した（図2）。図は細孔径と反応速度の相関図であるが，径が1.9 nmのときに反応速度が最大となった。この値は基質として用いているシクロヘキサノン（1）の分子長に比べてかなり大きく，充分に余裕のある反応空間が提供されていることは明らかである。従って，基質，生成物あるいは中間体を空間で立体規制する従来型の形状選択性ではこの活性差を説明することはできない。筆者らはこの現象を「第4の形状選択性」[10]と名づけ，きわめて弱い酸の集合によって機能が発現している可能性を検討している。

3.3　α-ピネンの異性化に対する触媒活性

吉田らも筆者らと同時期にシリカナノ多孔体FSM-16自体の酸特性に着目し，1-ブテンの異性化，α-ピネン（3）の異性化（式3）に関して検討を行なった[11]。触媒活性は触媒の焼成温度や活性試験前の加熱処理に依存し，加熱前処理温度400℃で最大活性が得られるとしている。また，900℃焼成により活性が著しく減少するが，水の再吸着により活性が復元することを報告

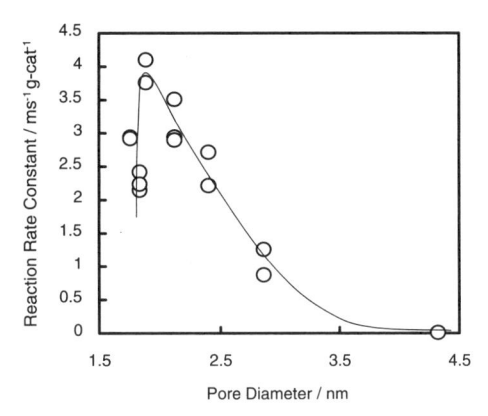

第13章　規則性ナノ空間の触媒化学

図2　シクロヘキサノンのアセタール化活性とシリカMCM-41触媒の細孔径の関係

式3

している。FSM-16の活性は，痕跡量含まれるAlとは無関係で，細孔内に分散している水酸基が活性発現に重要であると結論している。

3.4　向山アルドール反応

向山アルドール反応は均一系ルイス酸を用いて盛んに研究され，典型的な酸触媒反応の一つである。筆者らは上記多孔体の酸触媒特性が本反応に適用可能かどうかを調べた。まず塩化メチレンを溶媒とし，ベンズアルデヒド（4）とシリルエノールエーテル5の反応を検討したところ，目的生成物の収率は18％に過ぎなかった。一方，対応するアセタール6を基質とすると，目的生成物の収率は65％となった（式4，表1）。種々の基質の反応条件を最適化すると目的生成物の収率は84〜90％となった[14]。触媒が再使用可能であることは4回目まで確認した。本触媒は従来の酸触媒に比べて二つの特徴があった。まず，求核試薬に対する反応性は一般にアルデヒドの方がアセタールよりも高いとされているが，本反応系ではそれと逆傾向になっていることである。均一系では有機スズ錯体（弱いルイス酸）を触媒として用いたとき[12]，あるいはカチオン安定化効果のあるトリメチルシリルトリフラートを低温で用いたとき[13]に同様の選択性逆転が見られるが，固体触媒系では例のない結果である。第二点は，表1のようにケトン由来のアセタール2や7も親電子剤として活用でき，立体的に込み合ったC-C結合も効率的に形成させることができることである。この結果は有機合成化学上極めて興味深い。

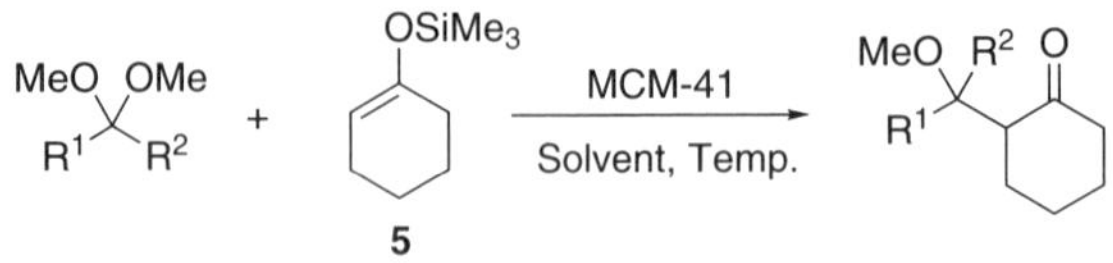

式4

表1 シリカMCM-41触媒上でのアセタール選択的向山アルドール反応

Electrophile	MCM-41 /mg mmol^{-1}	Solvent	Temp./℃	Yield/%
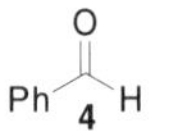 Ph-CHO (4)	30	CH$_2$Cl$_2$	0	18
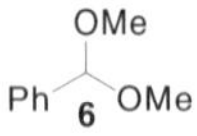 Ph-CH(OMe)$_2$ (6)	30	CH$_2$Cl$_2$	0	65
 cyclohexyl(OMe)$_2$ (2)	30	toluene	25	90
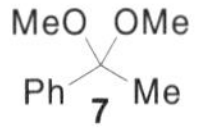 Ph-C(OMe)$_2$Me (7)	50	CH$_2$Cl$_2$	25	93, 97^a, 85^b, 87^c

^{a}2 nd run. ^{b}3 rd run. ^{c}4 th run.

3.5 Friedel–Crafts アシル化反応

Friedel–Crafts アシル化反応はかなり以前から工業化されているが，グリーン化の観点から，AlCl$_3$などの古典的ルイス酸代替触媒の探索，特に不均一系触媒への転換が盛んに研究されている[15]。筆者らはシリカナノ多孔体の酸触媒特性の展開を図る過程で，本反応系への適用を試みた[16]。まず従来の反応例と同様，ニトロベンゼンを溶媒にして酸無水物 8 や酸塩化物をアシル化剤に検討した（式5）。触媒活性は図3に示したようにかなり高温でのみ発現するが，180℃程度の加熱条件であれば触媒として充分に機能することが明らかになった（図3）。

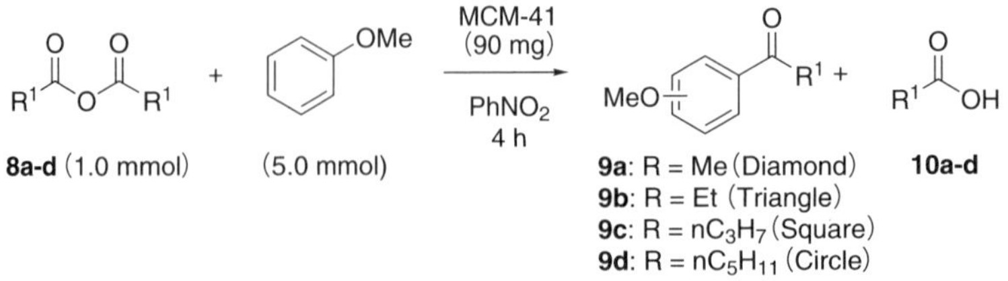

式5

8a–d (1.0 mmol) + (5.0 mmol) → MCM-41 (90 mg), PhNO$_2$, 4 h → 9a: R = Me (Diamond); 9b: R = Et (Triangle); 9c: R = nC$_3$H$_7$ (Square); 9d: R = nC$_5$H$_{11}$ (Circle) + 10a–d

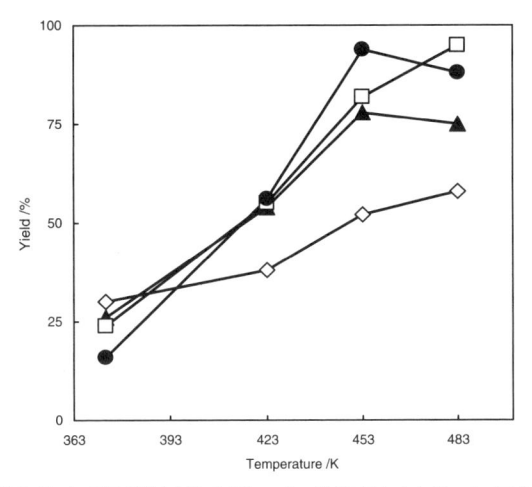

第13章　規則性ナノ空間の触媒化学

図3　MCM-41 上での酸無水物とアニソールの Friedel-Crafts アシル化反応

　溶媒効果が最も高かったメシチレンを用いて，MCM-41 の触媒活性（ターンオーバー数 TON）を検討したところ，無水物 1 mmol に対して触媒 10 mg を使用しただけで定量的にケトンが得られた。固体触媒の活性点量を正確に見積もるのは至難であるが，MCM-41 には 1 nm^2 あたり 2～3 個の水酸基が存在するとされているので，その全量が活性点に相当すると考えると本系の TON は 36 と算出できた。この検討を行っている際，意外な結果が得られた。MCM-41 添加量を酸無水物に対し 90 mg mmol^{-1} とした時，ケトン収率が無水物に対してほぼ 200 %となったのである（表2，entry 1～4）。これは無水物から二つのアシルカチオンが生じ，ともにケトンとなったことを意味している。そこでカルボン酸によるアシル化を試みたところ，ヘキサン酸

表2　無水物あるいはカルボン酸による Friedel-Crafts アシル化反応

entry	Acylating Reagent	Product	Yield/%	entry	Acylating Reagent	Product	Yield/%
1[a]	8d	9d	185	5[d]	10b	9b	33
2[b]	8d	9d	197	6[d]	10c	9c	69
3[c]	8d	9d	125	7[d]	10d	9d	85
4[d]	8d	9d	90	8[d]			76

[a] solvent; mesitylene, 210 ℃, 20 h, [b] solvent; mesitylene, 210 ℃, 8 h. [c] solvent; PhNO$_2$, 180 ℃, 20 h, [d] neat, 180 ℃, 16 h.

（**10 d**）などがアニソールと円滑に反応し，目的物を高収率で与えることが明らかとなった（表2，entry 5〜8）。通常，酸無水物を用いる Friedel-Crafts アシル化反応では，ケトンとカルボン酸が等モルずつ生成するのが教科書的な量論式であり，カルボン酸自体は本反応に不活性とされている。カルボン酸によるアシル化が進行する例は HZSM-5 やヘテロポリ酸等の固体超強酸系[17]に限られており，MCM-41 がこれら固体超強酸に匹敵する酸触媒活性を示すことは注目に値する。3.4 節では弱い酸として，本節では超強酸として機能している理由の解明は今後の課題である。なお，MCM-41 と同じ原料から調製したシリカゲルや，市販シリカゲルが本反応に対して不活性であることを明らかにし，MCM-41 の活性がナノメートルオーダーの細孔構造に由来していることは別途確認している。

3.6 Friedel-Crafts アルキル化

MCM-41 にスルホン酸基を導入したハイブリッド型触媒を用いて，アルコールとカルボン酸のエステル化を検討していた時，溶媒として用いていた芳香族化合物が MCM-41 によりアルキル化されることを見出した。筆者らは本反応を直ちに拡張し，様々なアルコールが芳香族化合物のアルキル化剤として作用することを明らかにした（表3）[18]。Friedel-Crafts アルキル化では一般に多置換型生成物，芳香族の骨格転移体，アルキル化剤のカチオン転移に由来する異性体の副生が問題となる。さらにアルコールをアルキル化剤とする場合は化学量論量以上の均一系ルイス酸の使用を必要とする場合が多い。MCM-41 触媒系では，カチオン転移体の副生以外の問題点はほぼクリアできており，実用的な展開が期待される。

表3 アルコールによる Friedel-Crafts アルキル化反応

Catalyst (/mg)	Alcohol	Aromatics	Temp./℃	Yield/%
MCM-41 (30)	BnOH	Mesitylene	130	92
Silicagel[a] (100)	BnOH	Mesitylene	130	trace
MCM-41 (30)	BnOH	p-Xylene	130	83
MCM-41 (30)	BnOH	Toluene	130	80
MCM-41 (100)	tBuOH	Anisole	120	91
MCM-41 (100)	2-Octanol	Toluene	150	56

[a] Synthesized from colloidal silica.

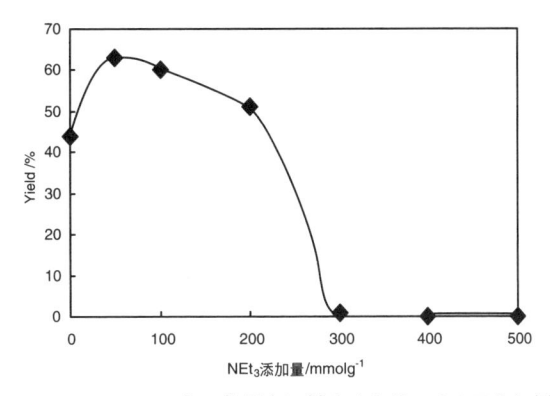

第13章　規則性ナノ空間の触媒化学

図4　Friedel-Crafts アルキル化反応に対するトリエチルアミン添加効果

式6

一方，第一級アルコールやハロゲン化物から直鎖状アルキル化体を合成する研究の過程で，1-クロロオクタン（11）をアルキル化剤とした反応の経時変化を検討したところ（式6），反応開始後2時間で収率が最大になった後，分枝型生成物の逐次分解が進行していることが明らかとなった[19]。分解を抑制するためには，ニトロ化合物やカルボニル化合物など比較的弱い塩基性化合物（$40\,\mu\,\mathrm{mol\,g^{-1}}$）の添加が有効であった。トリエチルアミンを添加した場合の添加量と収率の関係を図4に示す。添加量 $40\,\mu\,\mathrm{mol\,g^{-1}}$ までは分解活性抑制に伴って最終収率が増加し，その後漸減し，$300\,\mu\,\mathrm{mol\,g^{-1}}$ 添加で収率ゼロになる。この添加量ですべての活性点が無効化されたと考えられる。塩基性添加剤が活性点に対し1：1で作用すると仮定すると，アルキル化活性点量は $300\,\mu\,\mathrm{mol\,g^{-1}}$，分枝体の分解活性点量は $40\,\mu\,\mathrm{mol\,g^{-1}}$ と見積もることができる。MCM-41 中の水酸基数が約 $3\,\mathrm{mmol\,g^{-1}}$ であることを考えると，これらはそれぞれ全水酸基量の 10 %，1.3 % となる。この結果は表面水酸基に，アルキル化体を分解してしまうもの，アルキル化活性を有するもの，酸触媒として機能しないものの少なくとも三種類が存在していることを示唆しているのかも知れない。

4　MCM-41の酸触媒特性と担持金属による共同効果

4.1　低級オレフィン転換反応

　3節ではシリカナノ多孔体が従来の概念では予測できない酸触媒特性を示すことを紹介した。筆者らは，シリカナノ多孔体のこの酸特性と金属の触媒作用を組み合わせれば，これまでにない触媒機能が創出できるかも知れないと考えた。この着想に基づき，まずエチレンの選択的二量化を検討することにした。この反応は均一系[20]，不均一系[21]ともに研究例があり，前者は既に企業化されているが，低選択性や活性劣化などの問題を抱えている。ニッケル担持シリカナノ多孔体（Ni-M41）を触媒としてエチレンの反応を検討したところ，選択的二量化によりブテンが生成するばかりでなく，反応温度400℃以上ではプロピレンが主生成物となることを見出した（Ethene To Propene(ETP) 反応）[22]。エチレンからプロピレンを直接合成する触媒は均一系，不均一系ともに例がなく，Ni-M41が初めての例である。反応機構に関する知見を得るため，接触時間や様々な原料系について検討し，i）接触時間が長くなると，ブテンの選択率が減少し，プロピレンの選択率が向上する，ii）エチレン＋ブテンの反応でプロピレンが選択的に生成する，iii）プロピレンを原料とするとエチレンとブテンが等モル生成する，などの結果を得た。これらの結果から本反応は，①エチレンの二量化による1-ブテンの生成（Ni活性点上），②1-ブテンから2-ブテンへの異性化（MCM-41の酸点上），③2-ブテンとエチレンのメタセシスによるプロピレンの生成（Ni活性点上）という逐次反応機構で進行していると推察した（図5）。Niがメタセ

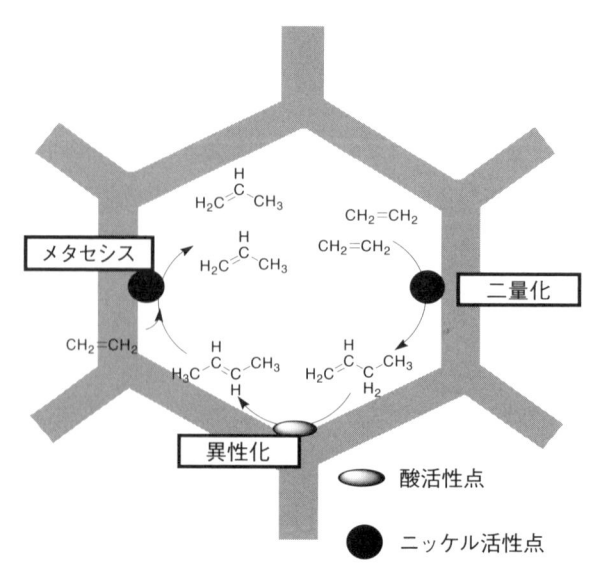

図5　Ni-MCM-41上でのETP反応機構（推定）

第13章　規則性ナノ空間の触媒化学

シス反応の触媒となることはこれまで全く報告されていない。本反応系の発見は従来では検討されていなかった高温，気相流通反応という条件が決め手となったと考えているが，シリカナノ多孔体の機能複合化がもたらした大変興味深い触媒活性といえる。現在，石油化学はエチレン中心からプロピレン中心に大変換している最中であるが，筆者らが見出した新触媒反応はこの大転換に画期的な方法論を提供できるものと考えている。また，最近ではエタノール出発でも類似の反応が進行することを認めたので，バイオマスコンビナートの実現に一役買うものと期待している。

4.2　スチレン型オレフィンの cis-ジヒドロキシル化

過酸化水素水によるオレフィン 12 の酸化反応を V_2O_5-MCM-41 混合触媒上で行うと，酸化により生じたエポキシドが MCM-41 の酸活性点により水和され，対応するジオール 13 が得られた。この時，立体選択性は 60〜70 %de 程度で cis-ジオール選択的であった（式7）。

V_2O_5 (12μmol)
M41 (0-400 mg)
aq. H_2O_2 (1.0 eq.)
1,4-Dioxane (2 ml)
rt, 12 h

12: 1.0 mmol

13-*cis-/trans*
(60-70 %de(cis))

式7

この cis 体選択性を系統的に検討するため 1-フェニルシクロヘキセンオキシド誘導体 14 a–g の選択性発現機序を調べた（式8）。基質ベンゼン環上 R の Hammett 置換基定数（σ）に対して cis 体過剰率をプロットすると図6が得られた。均一系酸触媒反応で電子吸引性置換基ほど trans 体の割合が増える[23]のと対照的に（図6，△），MCM-41 触媒系では置換基の電子的性質によらず高い cis 選択性が得られている（図6，■）。通常の酸触媒反応では，電子吸引性置換基がついていると中間体が不安定化し，S_N2 機構の寄与が大きくなるため trans 体選択率が高くなるが，MCM-41 細孔内部では置換基の性質とはほとんど無関係に中間体が安定化され，その中間体に対しアキシャル攻撃が優先的に起こるため cis 選択性が高止まりしたと考えている[24]。

175

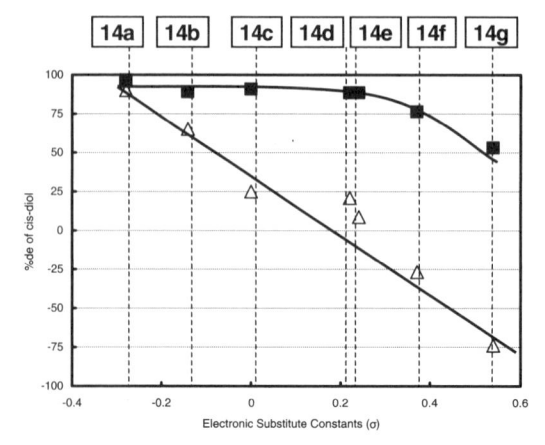

図6　1-フェニルシクロヘキセンオキシドの水和における
Hammett 置換基定数と *cis* 体過剰率の関係

14a: R = *p*-MeO
14b: R = *p*-Me
14c: R = H
14d: R = *p*-Cl
14e: R = *p*-Br
14f: R = *m*-Cl
14g: R = *p*-CF$_3$

式8

5　その他の興味ある触媒反応

5.1　光照射条件でのシリカナノ多孔体の触媒作用

服部らはプロペンのフォトメタセシス反応におけるシリカナノ多孔体の触媒特性を検討している（式9）[25]。活性が800℃加熱処理により向上することから，歪んだSi-O-Si結合が触媒活性に重要であるとしている[26]。

式9

最近，α-ヒドロキシカルボン酸 **15** や *N*-アセチル保護-α-アミノ酸などの光照射下での脱カルボニル化反応が検討されている。同反応は通常重金属触媒存在下で行われるが，伊藤らは金属

第13章　規則性ナノ空間の触媒化学

表4　シリカナノ多孔体上での脱カルボニル化反応

Substrate	Product	Catalyst	Time/h	Yield/%
HO CO$_2$H Ph～Ph　**15**	O Ph～Ph　**16**	FSM-16 (100 mg)	5	88
15	16	MCM-41 (100 mg)	5	55
15	16	SiO$_2$ (100 mg)	5	23
15	16	H-ZSM-5 (100 mg)	5	66
HO CO$_2$H Ph～Me	O Ph～Me	FSM-16 (100 mg)	12	78
H CO$_2$H Ph～Me	O Ph～Me	FSM-16 (100 mg)	60	47

Under irradiation of 400 W mercury lamp.

$$\underset{\textbf{17}: 1.0 \text{ mmol}}{\text{(o-C}_6\text{H}_4\text{(CHO)}_2)} \xrightarrow[\text{40 °C}]{\text{meso Al}_2\text{O}_3,\ \text{scCO}_2\ (8\ \text{MPa})} \text{(isobenzofuranone)}$$

式10

非添加のシリカナノ多孔体が酸素雰囲気下で触媒となることを見出した（表4）[27]。ゼオライトやアモルファスシリカも触媒として使えるが，シリカ系ナノ多孔体の活性が最も高いとしている。本反応では，先の服部らの実験結果に基づいて，ナノ多孔体表面に発生したパーオキシラジカルが活性種であると推測している。

5.2　非シリカ系ナノ多孔体を触媒とする反応

非シリカ系ナノ多孔体についても多くの検討が行われ，Ti，Nb，Ta などの遷移金属酸化物の多孔体化，酸機能やレドックス機能が報告されている。シリカナノ多孔体を鋳型として合成されるメゾポーラス炭素も触媒担体や機能性材料としての応用が期待されている。

アルミナをナノ多孔体化し，担体として利用する研究も行われている。アルミナはそもそも塩基性であるが，多孔体化したときにどのような塩基触媒作用を示すかは興味深い。尾中らはアルミナ系ナノ多孔体を超臨界二酸化炭素（scCO$_2$）中に懸濁し，触媒活性を検討している[28]。scCO$_2$ 中，フタルアルデヒド（**17**）の Tishchenko 反応（式10）を典型的塩基触媒である CaO で行うと表面に CaCO$_3$ 種が生成し不活性化する。これに対し，メゾポーラスアルミナ（mesoAl$_2$O$_3$）は良好な収率で生成物を与える。更に硫酸イオンを導入すると収率がさらに向上する（表5）[28a]。

表5 Tishchenko反応に対するメゾポーラスアルミナの触媒作用

Catalyst (50 mg)	Surface Area/m^2g^{-1}	Yield/%
CaO	48	1
meso Al_2O_3	474	51
meso Al_2O_3 /SO_4^{2-}	570	73

Knoevenagel反応をモデル反応とした場合[28c]，meso Al_2O_3の活性はMgOやナノ多孔体構造を持たないγ-アルミナよりも高い。この反応系では，環境調和型反応媒体として注目されるscCO$_2$を使用していること，ルイス酸性を持つCO$_2$分子の弱吸着により生成した弱い塩基点が特異な活性発現の鍵となっていることが注目される。

メゾポーラスシリカの格子酸素の一部を窒素で置き換えたメゾポーラスシリコンオキシナイトライド（MSON）も塩基触媒としての利用が試みられている[29]。MokayaらはMCM-48をアンモニア処理して得られるMSON（窒素含有率11.4，14.7％）をKnoevenagel反応に用い，MgOより高活性であることを見出している[29a]。またLiuらもSBA-15を母体として高窒素含有率（27.6％）のMSONを合成し，Knoevenagel反応においてアモルファスシリコンオキシナイトライドよりも高活性であることを明らかにしている[29b]。MSON系触媒は，空気中での再酸化，水分に対する高い反応性等で問題を抱えてはいるが，これまでにない塩基触媒として機能する可能性を秘めている。

6 おわりに

規則性ナノ空間物質の特異性に注目が集まり，幾多の研究が行われてきた。しかし，その多くが既存の材料の大表面積代替物質として利用する，形の揃った担体あるいは大分子の反応場として用いる等にとどまっていたように思う。本稿では，ナノ細孔に基づく新規な触媒化学，言い換えると「ナノ空間触媒化学」ともいえる新しい研究分野が存在していること，その分野を新たに切り開くことが重要であることを示してきた。規則性ナノ空間で発現している新機能は，今までに知られていなかった「不思議空間」の存在を示すものである。それらを活用すれば材料，触媒など様々な領域でこれまで未踏であった研究がさらに進展するものと期待している。

第 13 章　規則性ナノ空間の触媒化学

文　　献

1) T. Yanagisawa, T. Shimizu, K. Kuroda, *Bull. Chem. Soc. Jpn.*, **63**, 988 (1990)
2) (a) C. T. Kresge, M. E. Leonowicz, W. J. Roth, J. C. Vartuli, J. S. Beck, *Nature*, **359**, 710 (1992); b) J. S. Beck, J. C. Vartuli, W. J. Roth, M. E. Leonowicz, C. T. Kresge, K. D. Schmitt, C. T. W. Chu, D. H. Olson, E. W. Sheppard, S. B. MuCullen, J. B. Higgins, J. L. Schlenker, *J. Am. Chem. Soc.*, **114**, 10834 (1992)
3) S. Inagaki, Y. Fukushima, K. Kuroda, *J. Chem. Soc., Chem. Commun.*, 680 (1993)
4) A. Corma, *Chem. Rev.* **97**, 2373 (1997)
5) J. A. Melero, R. van Grieken, G. Molares, *Chem. Rev.*, **106**, 3790 (2006)
6) D. Trong, P. N. Joshi, G. Lemay, S. Kaliaguine, *Stud. Surf. Sci. Catal.*, **97**, 543 (1995)
7) M. Hartmann, A. Poppl, L. Kevan, *J. Phys. Chem.*, **100**, 9906 (1996)
8) Y. Tanaka, N. Sawamura, M. Iwamoto, *Tetrahedron Lett.*, **39**, 9457 (1998)
9) M. Iwamoto, Y. Tanaka, N. Sawamura, S. Namba, *J. Am. Chem. Soc.*, **125**, 13032 (2003)
10) 第 1，第 2，第 3 の形状選択性は，細孔内に基質が入れない，生成物が細孔から出られない，ある特定の中間体が細孔内で形成されないためにそれぞれ発現する。
11) T. Yamamoto, T. Tanaka, T. Funabiki, S. Yoshida, *J. Phys. Chem. B*, **102**, 5830 (1998)
12) a) T. Sato, J. Otera, H. Nozaki, *J. Am. Chem. Soc.*, **112**, 901 (1990); b) J. -X. Chen, K. Sakamoto, A. Orita, J. Otera, *Tetrahedron*, **54**, 8411 (1998)
13) S. Murata, M. Suzuki, R. Noyori, *Tetrahedron*, **44**, 4259 (1988)
14) H. Ishitani, M. Iwamoto, *Tetrahedron Lett.*, **44**, 299 (2003)
15) G. A. Olah, "Friedel-Crafts and Related Reactions" Willey, New York (1963)
16) 石谷，内藤，岩本，触媒，**45**，522 (2003)
17) 例えば　a) O. L. Wang, Y. Ma, X. Ji, H. Yan, Q. Qiu, *J. Chem. Soc., Chem. Commun.*, 2307 (1995); b) J. Kaur, I. V. Kozhevnikov, *J. Chem. Soc., Chem. Commun.*, 2508 (2002); c) M. Hino, K. Arata, *J. Chem. Soc., Chem. Commun.*, 112 (1985)
18) 石谷，沖田，岩本，触媒，**47**，467 (2005)
19) a) S. H. Sharman, *J. Am. Chem. Soc.*, **84**, 2945 (1962); b) R. M. Roberts, E. K. Baylis, G. J. Fonken, *J. Am. Chem. Soc.*, **85**, 3454 (1963)
20) a) 石油学会編，"石油化学プロセス"，講談社，p.31 (2001)；b) 化学と工業，**56**，29 (2003)；c) A. M. Al-Jarallah, M. A. B. Siddiqui, A. M. Aitani, A. W. Al-Sa'doun, *Catal. Today*, **14**, 1 (1992); d) T. Cai, *Catal. Today*, **51**, 153 (1999)
21) a) 斯波，尾崎，日化誌，**74**，295 (1953)；b) J. R. Sohn, A.Ozaki, *J. Catal.*, **59**, 303 (1979)
22) M. Iwamoto, Y. Kosugi, *J. Phys. Chem. C*, **111**, 13 (2007)
23) L. Doan. D. Whalen, *J. Org. Chem.*, **64**, 712 (1974)
24) 石谷，門間，貝塚，松本，岩本，触媒，**48**，415 (2006)
25) H. Yoshida, K. Kimura. Y. Inaki, T. Hattori, *Chem. Commun.*, 129 (1997)
26) Y. Inaki, H. Yoshida, T. Yoshida, T. Hattori, *J. Phys. Chem. B*, **106**, 9098 (2002)
27) A. Itoh, T. Kodama. Y. Masaki, S. Ihagaki. *Chem. Pharm. Bull.*, **54**, 1571 (2006)
28) a) T. Seki, M. Onaka, *Chem. Lett.*, **34**, 262 (2005); b) T. Seki, M. Onaka, *J. Phys. Chem. B*,

110, 1240 (2006); c) T. Seki, M. Onaka, *J. Mol. Catal. A: Chemical*, **263**, 115 (2007)

29) a) Y. Xia, R. Mokaya, *Angew. Chem. Int. Ed.*, **42**, 2639 (2003); b) K. Wan, Q. Liu, C. Zhang, J. Wang, *Bull. Chem. Soc. Jpn.*, **77**, 1409 (2004)

第 14 章　フルオラス錯体触媒による有機反応

松原　浩[*1], 柳　日馨[*2]

1　はじめに

ペルフルオロ有機基特有の性質である疎有機性を活用した新しい反応方法をフルオラス（fluorous）法という[1]。ある時には，ペルフルオロ有機基が加熱により親有機性になり，冷却により疎有機性を回復するという thermomorphic nature をうまく活用し，触媒固定に利用されている。図1にはそのようなフルオラス二相系触媒反応（FBC：Fluorous Biphasic Catalysis）のコンセプトを示した。触媒は親フルオロカーボン性の配位子を持たせることで，フルオラス相と有機相を行き来することになる。

研究のオリジナリティーをたどると1991年にドイツ・アーヘン大学の大学院生 Vogt がペルフルオロ化されたポリエーテルへの触媒固定の応用に関する学位論文に行き着く。この成果は後に学術論文として報告されている[2]。一方，世界的に注目を集めたのは，当時アメリカのエクソン社で研究を行っていた Horváth と Rábai が1994年の Science 誌に出したフルオラス・リン配位子を用いたロジウム触媒によるヒドロホルミル化反応であった[3]。均一系触媒の回収再利用について解決策を示したこの方法は，フルオラス法による触媒反応研究の大きな出発点となった。フルオラス触媒は遷移金属触媒に始まったが，フルオラス・ルイス塩基触媒，フルオラス・ルイス酸触媒，フルオラス・ブレンステッド酸触媒，フルオラス分子触媒など多方面への展開が精力的

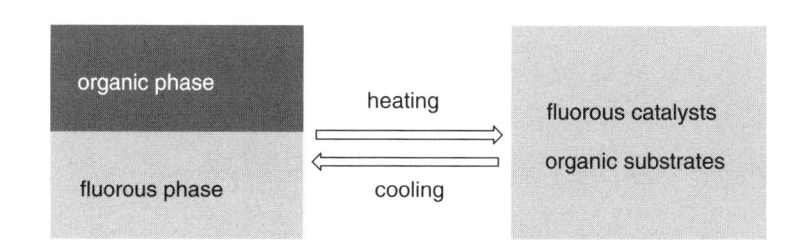

thermomorphic nature の利用
図1　フルオラス二相系触媒反応（FBC）と温度による効果

[*1] Hiroshi Matsubara　大阪府立大学大学院　理学系研究科　准教授
[*2] Ilhyong Ryu　大阪府立大学大学院　理学系研究科　教授

に行われている。ちなみにフルオラス (fluorous) は Horváth と Rábai による造語である。ここでは紙面の制約もあり，特にフルオラス配位子を有する金属錯体触媒による基本的な反応例を紹介する。

2 フルオラス・ヒドロホルミル化反応

Horváth と Rábai による有機・フルオラス 2 相系 (fluorous biphasic system : FBS) 反応では，フルオラス相としてパーフルオロメチルシクロヘキサン (PFMC) をそして有機相としてトルエンを用いた。この反応では図 1 に示した温度による状態変化を見事に触媒固定に利用している。加熱すると系は均一となり，反応が良好に進行する。冷却後，再び二相となるが，上の層からは生成物であるアルデヒドが得られる（図 2）。一方，下のフルオラス相にはロジウム触媒が含まれる。このフルオラス相は触媒相として次の反応へと再び繰り返し用いることができる[3]。

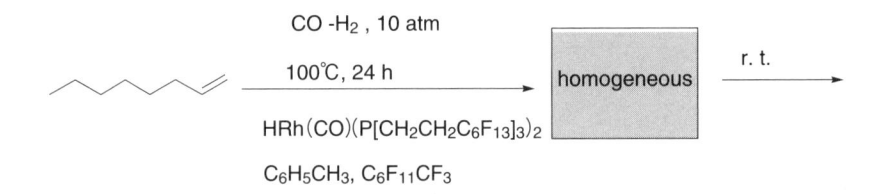

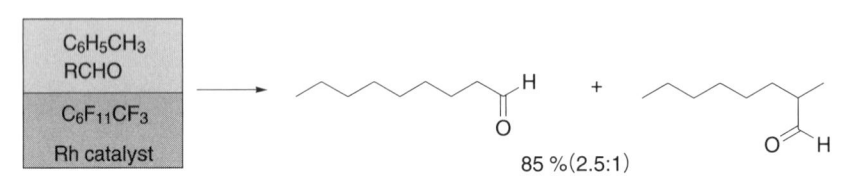

図 2　フルオラス触媒によるヒドロホルミル化反応

3 フルオラス・ヒドロシリル化およびヒドロホウ素化反応

フルオラス・ホスフィン配位子を持つ Willkinson 触媒によるアルケンの還元[4]やフルオラス dppe-Rh 触媒によるアルキンのシス-アルケンへの部分水素化[5]がフルオラス単一相系，あるいは二相系 (FBS) 条件で達成されている。一方，フルオラス Willkinson 触媒によるヒドロシリル化（図 3）[6]やヒドロホウ素化（図 4）[7]も報告されている。フルオラス相から回収した触媒は再利用できる。

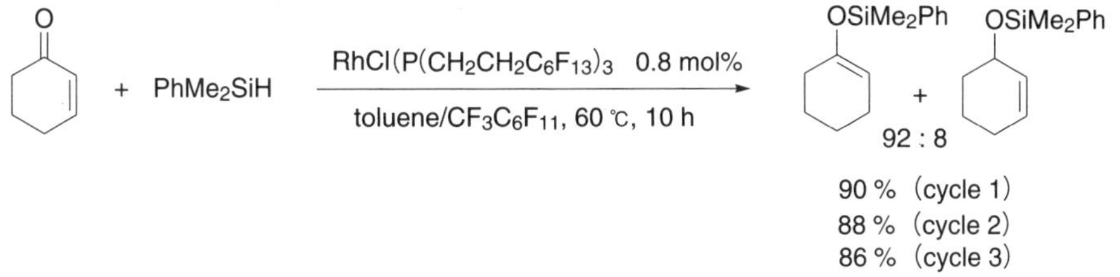

第14章 フルオラス錯体触媒による有機反応

図3 フルオラス・ヒドロシリル化反応

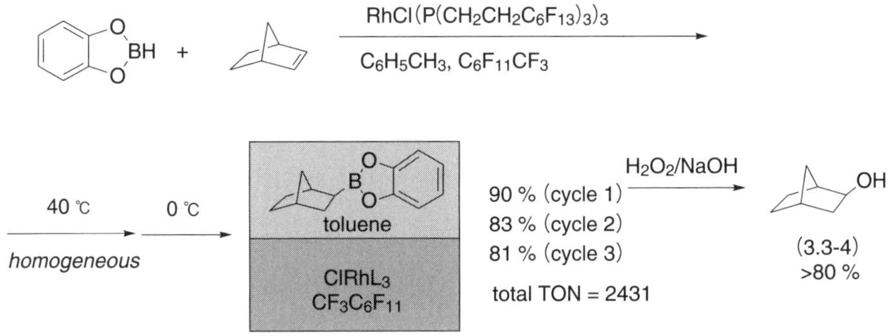

図4 フルオラス・ヒドロホウ素化反応

4 フルオラス・溝呂木–Heck 反応

フルオラス Pd 触媒を用いた溝呂木–Heck 反応も達成されている。以下の図5〜図7に Pozi ら[8]と Lu ら[9]，および Gladysz ら[10]による研究例を示す。前の2グループにおける反応例は FBS の応用であり，反応終了後，触媒を含むフルオラス相を分離し，回収した触媒を用いて数回の反応を繰り返し行っている。一方，Gladysz らによる反応はコンセプトを異にしている。彼らは三つのフルオラス・ポニーテール（fluorous ponytail）を持つパラダサイクルを触媒として用いているが，反応は有機溶媒（DMF）のみで行っている（図7）。この系での触媒効率は極めて顕著であるが，実際の触媒活性種は Pd ナノパーティクルであり，フルオラス・パラダサイクルはそ

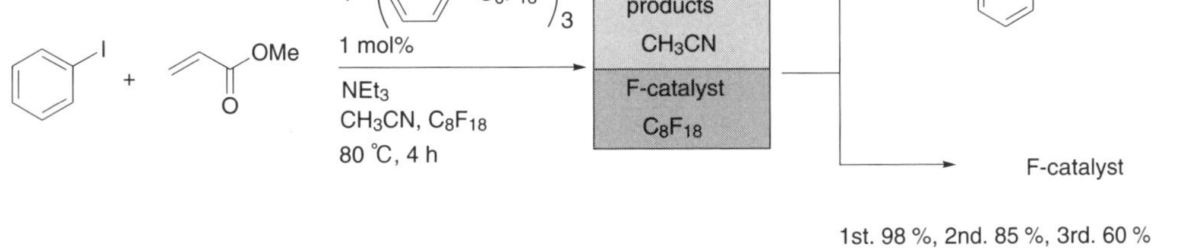

図5 フルオラス・ホスフィン Pd 触媒による溝呂木–Heck 反応

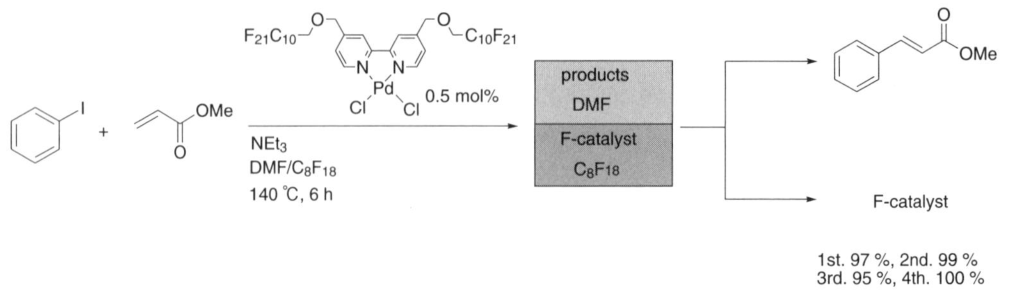

図6 フルオラス・ジピリジル Pd 触媒による溝呂木-Heck 反応

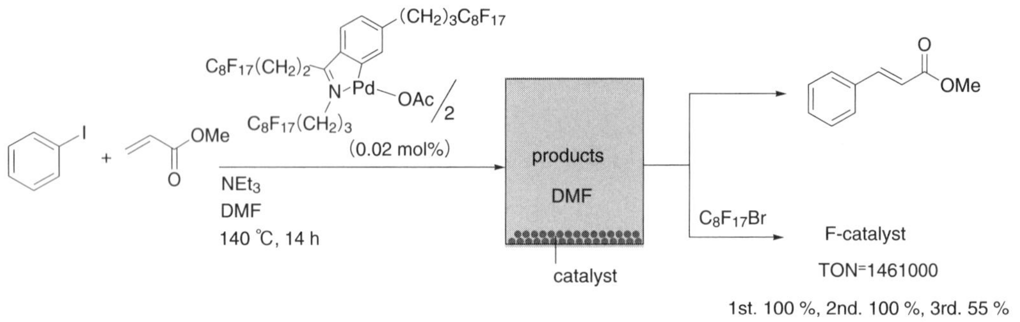

図7 フルオラス・パラダサイクル触媒による溝呂木-Heck 反応

の発生源として機能していることが別の実験で確かめられている。反応後には $C_8F_{17}Br$ を加え Pd ナノパーティクルと有機相を分離しやすくする。

　フルオラス触媒による溝呂木-Heck 反応は，我々のグループと，ピッツバーグの Curran のグループによっても試みられている。我々は，Pd フルオラスイミダゾリウムカルベン錯体を系中発生させ，これを用いてヨードベンゼンとアクリル酸の溝呂木-Heck 反応を行った（図8）[11]。この際，フルオラス有機両親媒性エーテル F-626[12] を用いることで，反応は加熱時に均一となる。生成物は固体で析出するため，濾過だけで生成物と容易に分離でき，溶媒・触媒共に次の反

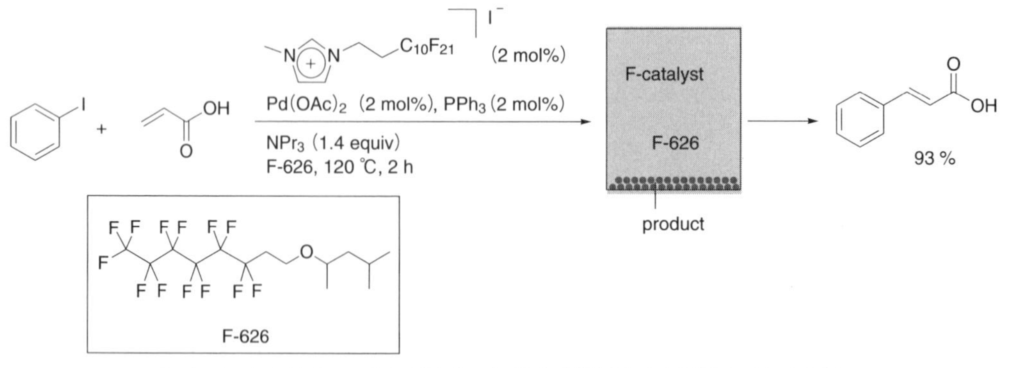

図8 フルオラス・ヘテロ環カルベン錯体を触媒とする溝呂木-Heck 反応

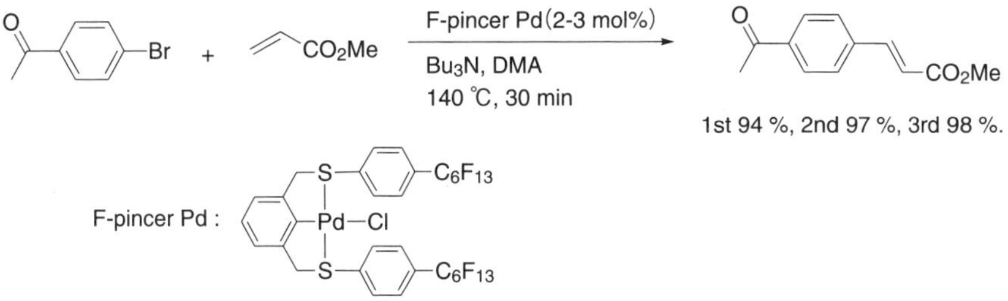

第 14 章 フルオラス錯体触媒による有機反応

図 9 フルオラス・ピンサー Pd 触媒による溝呂木–Heck 反応

応に使用することが可能である。

一方，Curran らはフルオラス Pd ピンサー錯体を用いて，溝呂木–Heck 反応を行った（図 9）[13]。この触媒は空気中で安定であり，回収の際にも取り扱いやすい。触媒の回収はフルオラスシリカゲルを用いたフルオラス固相抽出法（fluorous solid phase extraction：F-SPE）にて行っている。Curran らはフルオラス dppp を用いた溝呂木–Heck 反応も報告している[14]。

5　フルオラス・Stille カップリング反応

Bannwarth らはフルオラス化したホスフィンを導入した Pd 触媒を用いて Stille カップリング反応を試みた。反応は DMF/PFMC の 2 相系で行い，80 ℃，3 時間で完結した。フルオラス相を分離・回収し，再利用も併せて試している（図 10）[15]。なお，関連する研究として Curran らはフルオラススズを用いるフルオラス・Stille カップリング反応を報告している[16]。

図 10　フルオラス・Stille カップリング反応

6　フルオラス・鈴木–宮浦カップリング反応

Bannwarth らはフルオラス化したホスフィンを導入した Pd 触媒を鈴木–宮浦カップリング反応にも適用した。反応は DME/PFMC の 2 相系で行い，回収した触媒系を用いて数回反応を繰り

図11 フルオラス・鈴木-宮浦カップリング反応

返した（図11）[17]。

　一方，Gladyszらは，フルオラス化したスルフィドを合成し，そのPd錯体が鈴木−宮浦カップリング反応に高い活性を示すことを見いだした。0.02 mol%の触媒量で反応は効率的に進行する。DMF–H_2O/PFMCの2相系にて反応を行い，ターンオーバー数（TON）は基質により3500–5000であった。3回まで触媒の再利用を行っているが，活性の低下は認められない[18]。

　ところで，先のGladyszらの報告[10]のように，Pdナノパーティクルが Pd触媒反応の真の活性種となる場合があるが，フルオラス相に Pdナノパーティクルを保持することもできる。Pleixatsらはフルオラスジベンジリデンアセトン（F-dba）が Pdナノパーティクルを効率よく保持することを見いだした[19]。すなわち，F-dba存在下，Pdナノパーティクルを用いて C_6H_6/$C_8F_{17}Br$ の2相系で鈴木-宮浦反応を行ったところ，収率よくカップリング生成物が得られ，反応後フルオラス相を分離することで，Pdナノパーティクルを効率的に回収することができた（図12）。なお本系は，溝呂木-Heck反応でも良好に機能する。

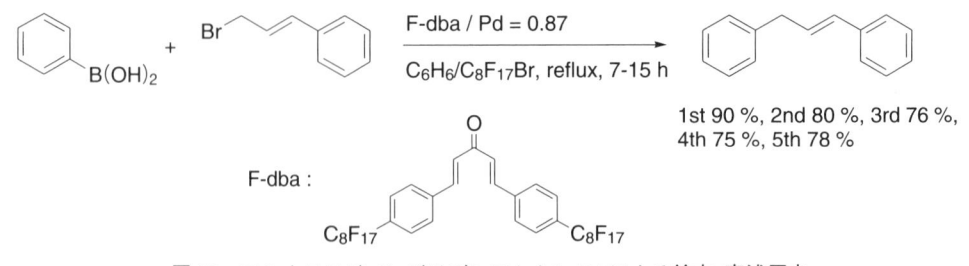

図12 フルオラスジベンジリデンアセトン Pdによる鈴木-宮浦反応

7　フルオラス・薗頭（そのがしら）反応

　我々はフルオラス両親媒性溶媒に興味を持っているが，図13に示したようにフルオラスDMFを用いて，フルオラス薗頭反応を行った[20]。触媒はPdフルオラスイミダゾリウムカルベン錯体を用いた。反応終了後，シクロヘキサンとパーフルオロヘキサンにて2相系処理を行い，フルオ

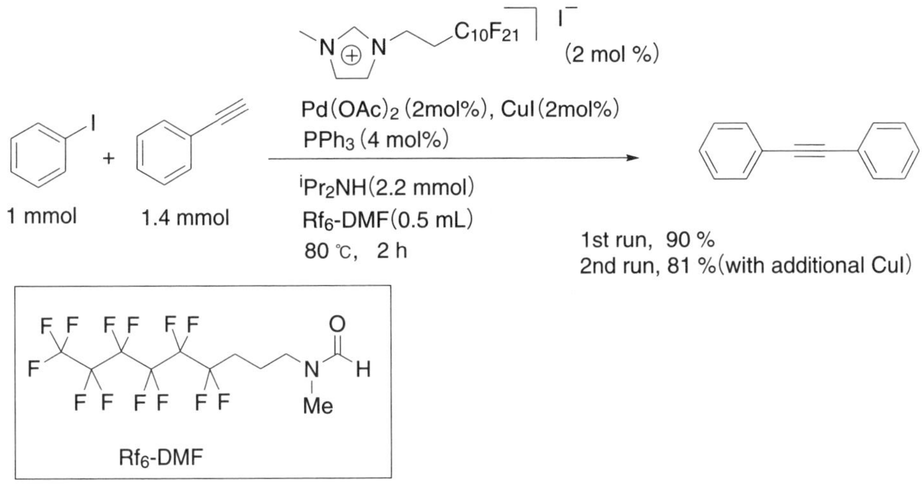

第14章 フルオラス錯体触媒による有機反応

図13 フルオラス DMF を用いたフルオラス・薗頭反応

ラス Pd 触媒を溶解した状態でフルオラス DMF を回収し再使用したところ，一回目と遜色ない収率でカップリング生成物が得られた．フルオラス DMF を用いる溝呂木–Heck 反応も同様に効率よく進行し，触媒の回収再利用も達成されている．

8　フルオラス・アルケンメタセシス反応

ペルフルオロアルキル基を導入した Ru 触媒によるアルケンのメタセシス反応が Curran ら[21]と

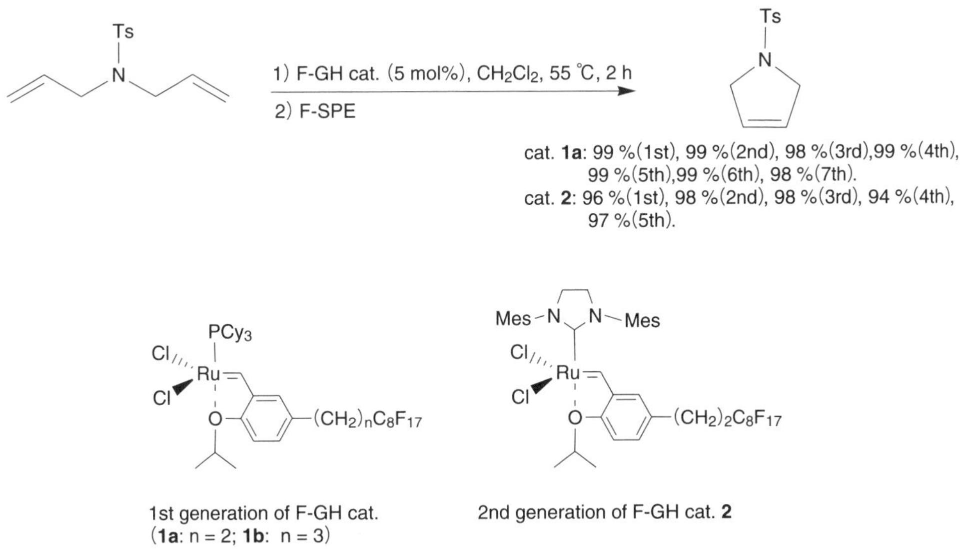

図14　Curran らによるフルオラス・メタセシス反応

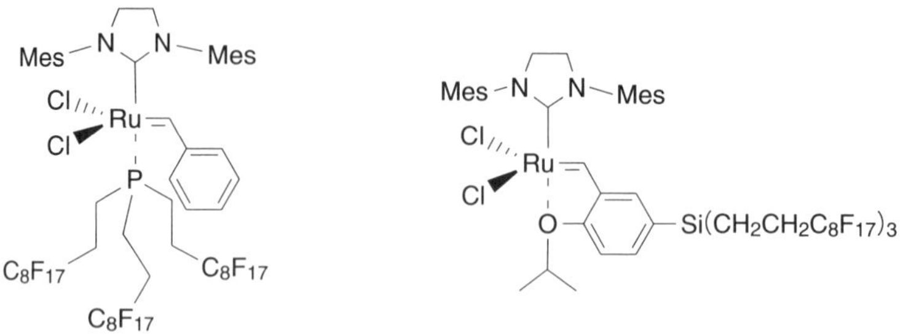

2nd generation of F-GH cat. 3
（Gladysz et al.）

2nd generation of F-GH cat. 4
（Bannwarth et al.）

図15　第2世代GH触媒を基に調製した新しい触媒

Gladyszら[22]，およびBannwarthら[23] 3つのグループからそれぞれ報告されている。Curranらは第1および第2世代のGrubbs-Hoveyda（GH）触媒中のベンジリデン基をフルオラス化し，ジアリルトシルアミドの閉環メタセシス反応に用いた。反応後，フルオラス固相抽出法（F-SPE）によって触媒を回収し，再利用した（図14）。一方，Gladyszらは第2世代GH触媒にフルオラスホスフィンを組み合わせた新たな触媒（3）を調製し，フルオラス／有機2相系にて閉環メタセシス反応を行った。同じ触媒を有機溶媒中で用いたときよりも反応速度が大幅に増加したと報告している。またBannwarthらは，第2世代の触媒にシリル基を介してフルオラスポニーテールを導入した錯体（4）を合成し，閉環メタセシス反応を試みた。触媒の回収はCurranらと同様，F-SPEにて行っている。

9　フルオラス触媒の新しい固定化法

これまで紹介してきた触媒は，いずれもフルオラス性を付与することで疎有機性（およびフルオロカーボンへの親和性）が高まり，反応終了後，反応系から分離・回収，そして再利用が簡便に行えるといった特長を有している。これに対し，最近フルオラス性を利用して種々の担体に触媒を固定化し，再利用を行う研究がいくつか報告されるようになった。以下，簡単にそれらについて述べる。

9.1　フルオラスシリカゲル

フルオラス逆相シリカゲル（FRPSG）は，シリカゲルの水酸基にメチレンスペーサーを介してフルオラスポニーテールを結合させたものである。F-SPEの吸着剤として市販されており，フルオラスタグ法などで頻繁に用いられる一方，上述したようにフルオラス触媒の回収にも利用できる。BannwarthらはフルオラスPd触媒をFRPSGに固定化させることを試みた[24]。フルオラ

第14章　フルオラス錯体触媒による有機反応

5

6

図16　フルオラス逆相シリカゲル（FRPSG）

ス鎖が1本および3本のFRPSG（**5**，**6**）を調製し，そこにフルオラスホスフィンを導入したPd触媒を担持させ，鈴木–宮浦カップリング反応および薗頭反応を行った。鈴木–宮浦反応では0.01 mol%，薗頭反応では0.2 mol%の触媒量で反応が定量的に進行することを明らかにしている。また，鈴木–宮浦反応では6回まで触媒を繰り返し用い，活性の低下が認められないことも報告している。さらにFRPSG固定化Pd触媒を用いて，水中での鈴木–宮浦反応にも成功した[25]。

他にもペルフルオロアルキル基でコーティングしたメソポーラスシリカにフルオラスWilkinson触媒を担持し，スチレンの水素化を行った例[26]や，フルオラスデンドリマーにフルオラスPd錯体を担持し，鈴木–宮浦カップリング反応を行った報告[27]がなされている。

9.2　テフロンテープ

Gladyszらは市販のテフロンテープによるフルオラスRh触媒の担持に成功した（図17）[28]。フルオラス化したロジウム触媒を用いてケトンのヒドロシリル化をジブチルエーテル中で行う際，触媒は室温では沈殿しているが，55 ℃に加熱すると溶解し均一となる。2時間反応後，−30 ℃に冷却すると触媒が析出し沈殿してくるが，このとき系中にテフロンテープを入れておくとそれに吸着され，テープが橙色に染まる（何故かテフロンの撹拌子には吸着しない）。テープを取り出し，次の反応に簡単に用いることができる。彼らは4回反応を繰り返し，98 %，97 %，96 %，65 %の収率でシクロヘキサノンのヒドロシリル化生成物を得た。また，BonchinoらはHyflonというフルオラスポリマーにフルオラスアンモニウムを導入したタングステン酸を担持させ，炭化水素の光酸化反応を検討している[29]。

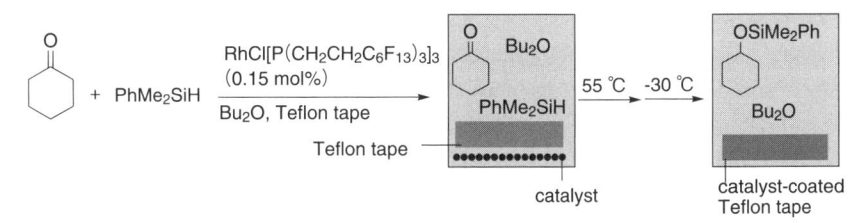

図17　テフロンテープによるフルオラス触媒の固定化

10 今後の展望

　FBSの活用から始まったフルオラス化学は，10年を経た今も多彩な広がりをみせている。フルオラス性を利用した触媒の固定化は，均一系触媒の持つ活性と選択性，および不均一系触媒の持つ分離・回収・再利用の容易さという，双方の触媒の利点を併せ持っており，反応の高機能化と環境調和を目指す触媒化学の大きな柱になると思われる。今後さらにファインチューニングされた新規フルオラス触媒や新たな固定化法が数多く見出され，この分野は着実に発展していくことであろう。

文　　献

1) フルオラス化学に関する総説，例えば，(a) Handbook of Fluorous Chemistry, Hováth, I. T.; Gladysz, A; Curran, D. P. (Eds.), Wiley-VCH, Weinheim, 2004; (b) フルオラスケミストリー，大寺純蔵監修，シーエムシー出版，東京，2005.
2) (a) Vogt, M. Ph. D. Thesis, University of Aaxhen, 1991. (b) Keim, W.; Vogt, M.; Wasserscheid, P.; Driessen-Hölscher, B. *J. Mol. Catal. A: Chem.*, **139**, 171 (1999)
3) Horváth, I. T.; Rábai, J., *Science*, **266**, 72 (1994)
4) Richter, B.; Spek, A. L.; van Koten, G.; Deelman, B. -J. *J. Am. Chem. Soc.*, **122**, 3945 (2000)
5) de Wolf, E.; Spek, A. L.; Kuipers, B. W. M.; Philipse, A. P.; Meeldijk, J. D.; Bomans, P. H. H.; Frederik, P. M.; Deelman, B.-J.; van Koten, G., *Tetrahedron.*, **58**, 3922 (2002)
6) (a) Dinh, L. V.; Gladysz, J. A., *Tetrahedron Lett.* **40**, 8995 (1999); (b) Dinh, L. V.; Gladysz, J. A., *New J. Chem.*, **29**, 173 (2005)
7) (a) Juliette, J. J. J.; Horváth, I. T.; Gladysz, J. A., *Angew. Chem., Int. Ed. Engl.* **36**, 1610 (1997); (b) Juliette, J. J. J.; Rutherford, D.; Horváth, I. T.; Gladysz, J. A., *J. Am. Chem. Soc.*, **121**, 2696 (1999)
8) Moineau, J.; Pozzi, G.; Quici, S.; Sinou, D., *Tetrahedron Lett.*, **40**, 7683 (1999)
9) Lu, N.; Lin, Y.-C.; Chen, J.-Y.; Fan, C.-W.; Liu, L.-K., *Tetrahedron*, **63**, 2019 (2007)
10) (a) Rocaboy, C., Gladysz, J. A.; *Org. Lett.*, **4**, 1993 (2002); (b) Rocaboy, C.; Gladysz, J. A., *New J. Chem.*, **27**, 39 (2003)
11) Fukuyama, T.; Arai, M.; Matsubara, H.; Ryu, I., *J. Org. Chem.*, **69**, 8105 (2004)
12) (a) Matsubara, H.; Yasuda, S.; Sugiyama, H.; Ryu, I.; Fujii, Y.; Kita, K., *Tetrahedron*, **58**, 4071 (2002); (b) Fujii, Y.; Furugaki, H.; Yano, S.; Kita, K., *Chem. Lett.* 926 (2000); (c) Fujii, Y.; Furugaki, H.; Tamura, E.; Yano, S.; Kita, K., *Bull. Chem. Soc. Jpn.*, **78**, 456 (2005)
13) Curran, D. P.; Fischer, K.; Moura-Letts, G., *Synlett*, 1379 (2004)
14) Vallin, K. S. A.; Zhang, Q.; Larhed, M.; Curran, D. P.; Hallberg, A., *J. Org. Chem.*, **68**, 6639

第 14 章　フルオラス錯体触媒による有機反応

(2003)
15) Schneider, S.; Bannwarth, W., *Angew. Chem., Int. Ed. Engl.,* **39**, 4142 (2000)
16) (a) Curran, D. P.; Hoshino, M., *J. Org. Chem.* **61**, 6480 (1996); (b) Hoshino, M.; Degenkolbe, P.; Curran, D. P., *J. Org. Chem.* **62**, 8341 (1997); (c) Larhed, M.; Hoshino, M.; Hadida, S.; Curran, D. P.; Hallsberg, A., *J. Org. Chem.*, **62**, 5583 (1997)
17) Schneider, S.; Bannwarth, W., *Helv. Chem. Acta.*, **84**, 735 (2001)
18) Rocaboy, C.; Gladysz, J. A., *Tetrahedron*, **58**, 4007 (2002)
19) Moreno-Mañas, M.; Pleixats, Villarroya, S., *Organometallics*, **20**, 4524 (2001)
20) Matsubara, H.; Maeda, L.; Ryu, I., *Chem. Lett.* **34**, 1548 (2005)
21) (a) Matsugi, M.; Curran, D. P., *J. Org. Chem.* **70**, 1636 (2005); (b) Moura-Letts, G.; Curran, D. P., *Org. Lett.*, **7**, 5 (2006)
22) (a) de Costa, R. C.; Gladysz, J. A., *Chem. Commun.*, 2619 (2006); (b) de Costa, R. C.; Gladysz, J. A., *Adv. Synth. Catal.*, **349**, 243 (2007)
23) Michalek, F.; Bannwarth, W., *Helv. Chem. Acta.*, **89**, 1030 (2006)
24) (a) Tzschucke, C. C.; Markert, C.; Glatz, H.; Bannwarth, W., *Angew. Chem. Int. Ed.*, **41**, 4500 (2002); (b) Tzschucke, C. C.; Andrushko, V.; Bannwarth, W., *Eur. J. Org. Chem.*, 5248 (2005)
25) Tzschucke, C. C.; Bannwarth, W., *Helv. Chem. Acta.*, **87**, 2882 (2004)
26) Hope, E. G.; Sherrington, J.; Stuart, A. M., *Adv. Synth. Catal.*, **348**, 1635 (2006)
27) Garcia-Berbabe, A.; Tzschucke, C. C.; Bannwarth, W.; Haag, R., *Adv. Synth. Catal.*, **347**, 1389 (2005)
28) Dinh, L. V.; Gladysz, J. A. *Angew. Chem. Int. Ed.*, **44**, 4095 (2005)
29) Carraro, M.; Gardan, M.; Scorrano, G.; Drioli, E.; Fontananova, E.; Bonchio, M., *Chem. Commun.*, 4533 (2006)

第15章　フルオラスLewis酸触媒

吉田彰宏[*1]，錦戸條二[*2]

1　はじめに

「フルオラス」とは，親水性を意味する「アクエアス」と同等に用いられるように作られた造語であり，高度にフッ素化された飽和の有機物，有機分子，有機分子断片の特性を持っていることを指す[1,2]。1994年，HorváthとRábaiは，触媒にペルフルオロヘキシル基を含むホスフィン配位子を有するロジウム(I)錯体，$RhH(CO)[P(CH_2CH_2-n-C_6F_{13})_3]_3$を用いたヒドロホルミル化反応を報告した[3]。フルオラス化合物がフルオラス溶媒（ペルフルオロアルカン等）に易溶で有機溶媒に難溶であることを利用して，有機／フルオラス二相系反応においてフルオラス触媒をフルオラス相に"固定"するという発想が，固体に触媒を担持固定する手法に比べて画期的であった[4]。液相反応であるから，固体触媒反応より高い触媒活性も期待できる。また反応後，冷却・相分離によって生成物と触媒を容易に分離でき，触媒は回収・再使用が可能である（図1）。

その後，数多くの"フルオラス化された"触媒が合成されたが，そのほとんどがエチレン基やフェニレン基などの炭化水素スペーサーを介してペルフルオロアルキル基を有する配位子で修飾された遷移金属錯体であった[2]。これはフッ素原子が全原子中最も高い電気陰性度を有し，ペルフルオロアルキル基が高い電子求引性を示すことによるところが大きい。スペーサーを介すれば，電子的な影響が小さくなるわけである。我々は逆に，この電子求引性を最大限に利用するこ

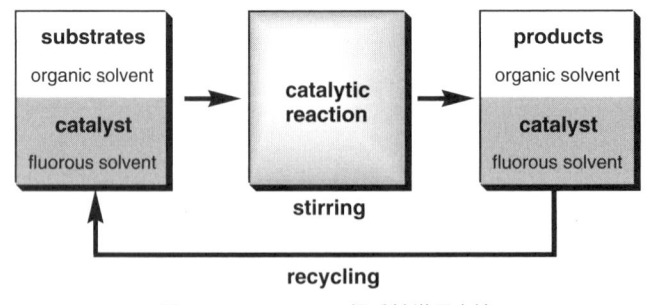

図1　フルオラス二相系触媒反応法

---

*1　Akihiro Yoshida　㈶野口研究所　錯体触媒研究室　研究員

*2　Joji Nishikido　㈶野口研究所　錯体触媒研究室　元室長（現：旭化成株式会社）

第15章 フルオラス Lewis 酸触媒

とを考えた。すなわち，Lewis 酸触媒配位子への利用である。例えば，カルボニル基の活性化のために用いられる Lewis 酸には，カルボニル炭素が求核攻撃を受けやすくするため，高い電子求引性を有する配位子が求められる。

一方，含フッ素 Lewis 酸触媒として，希土類金属トリフラート（$RE(OSO_2CF_3)_3=RE(OTf)_3$）が注目されている[5]。しかしながらトリフラート触媒は，水に溶解する等の特異な性質を有しているものの，肝心のフルオラス性を示さない。フルオラス性を示すためにはフッ素の数が少なすぎる。そこで我々は，トリフルオロメチル基を長鎖ペルフルオロアルキル基に置き換えたスペーサーのない配位子（$(R_fSO_2)_nX^-$, X=C, N, O；n=3, 2, 1）をデザインした。なかでも，よりフルオラス溶媒との親和性を高めるために，フルオラス基が三次元的に拡がるビススルホニルアミド（X=N；n=2）やトリススルホニルメチド（X=C, n=3）が高いフルオラス性を有すると考えられた。またそれぞれの共役酸であるスルホンイミドやトリススルホニルメタンの酸性度は，トリフルオロメタンスルホン酸（TfOH）より高いことが知られており[6]，金属トリフラート触媒よりも高い触媒活性が期待される（図2）。

そこで，これらの配位子を合成し，種々の金属との錯体（$M[N(SO_2R_f)_2]_n$, $M[C(SO_2R_f)_3]_n$；M=Sc, Yb, Sn, Hf, Ga, In, Bi, *etc*.；$R_f=n\text{-}C_4F_9$, $n\text{-}C_8F_{17}$, $CF_2CF_2OCF(CF_3)CF_2OCF(CF_3)CF_2OCHFCF_3$[7]）を調製し[8]，Lewis 酸触媒活性を調べることとした。

これらのフルオラス Lewis 酸は，トルエンやジクロロメタンなどの極性の低い有機溶媒には溶解しない。メタノールやアセトニトリルには可溶だが，これらは Lewis 酸の中心金属に容易に配位してしまうため，Lewis 酸触媒反応の溶媒としてはあまり好ましくない。もちろんフルオラス溶媒には溶解する。またトリフラート触媒と対照的に，撥水性が高く水にはほとんど溶解しないものの，水に対して安定というトリフラート触媒に類似した性質も示すことがわかった。

したがってこれらのフルオラス触媒は，有機／フルオラス両親媒性溶媒[9]を用いて反応を行うか，もしくは有機／フルオラス二相系において反応を行うことができると考えられる。我々は，これらのフルオラス触媒が，ベンゾトリフルオリド中という前者の条件で高活性触媒として機能することを見出した[10a, b]。しかしながら，このような均一系反応条件では，触媒の回収に煩雑な

Gas Phase Acidity: ΔG_{acid} (kcal/mol)

$AH \xrightleftharpoons{K_a} A^- + H^+$ $\Delta G_{acid} = -RT \ln K_a$

CF_3SO_3H < $(CF_3SO_2)_2NH$ < $(CF_3SO_2)_3CH$ < $(n\text{-}C_4F_9SO_2)_2NH$
299.5   291.8   289.0   284.1

図2 気相中における含フッ素スルホニル化合物の酸性度[6]

操作を必要とする。一方，後者の条件では，Lewis 酸触媒がフルオラス相に"固定"されて，相分離により触媒が容易にリサイクルされると期待できる。そこで有機／フルオラス二相系にて反応を行い，その触媒活性を調べることとした。

2　フルオラス二相系 Lewis 酸触媒反応

調製したフルオラス Lewis 酸触媒を用いて，フルオラス二相系における種々の Lewis 酸触媒反応を行い，その触媒活性を調べてみた[11]。

まず，シクロヘキサノールのアセチル化によるエステル合成反応をプローブ反応として，フルオラス Lewis 酸触媒の触媒活性を検討した[12]。触媒に $Yb[C(SO_2-n-C_8F_{17})_3]_3$ および $Sc[C(SO_2-n-C_8F_{17})_3]_3$ を用い，トルエン／ペルフルオロ（メチルシクロヘキサン）の二相系で反応を行った（表1）。

その結果，いずれの触媒を用いたときでも反応は定量的に進行し，さらにいずれのフルオラス相を5回リサイクル使用しても触媒活性の低下は観測されなかった。反応終了後の有機相に，触媒は〜2 ppm（金属基準）含まれているに過ぎず，フルオラス相にほぼ固定されていたと言える。なお，反応液は攪拌中も均一相とはならず，懸濁液のままアセチル化反応が進行し，反応終了（攪拌停止）後は速やかに二相に分離した（写真1）。

これらのフルオラス Lewis 酸触媒は，炭素-炭素結合生成反応として重要なアルドール型反応（表2）や Diels-Alder 反応（表3）にも有効であり，リサイクル使用も可能であった[12]。

表1　フルオラス二相系シクロヘキサノールのアセチル化反応

	%yield[b,c]	
cycle[a]	$Yb[C(SO_2-n-C_8F_{17})_3]_3$	$Sc[C(SO_2-n-C_8F_{17})_3]_3$
1	99	99 (98)
2	99 (96)	100 (98)
3	98	99
4	99	99
5	99 (96)	100 (98)

[a] The catalyst in the lower phase was recycled.
[b] Calculated by GC analysis using n-nonane as an internal standard.
[c] Values in parentheses refer to the isolated yields.

第 15 章 フルオラス Lewis 酸触媒

Friedel–Crafts アシル化反応にも本触媒は有効である[13]（表 4）。通常 Friedel–Crafts アシル化反応は，塩化アルミニウム等が Lewis 酸として用いられ，当量（以上）必要とする。これは生成物の芳香族ケトンにアルミニウムが強く配位するためと言われている。ところが，トリフラート触媒を用いると触媒量で反応が進行することが知られている[5]。したがって我々のフルオラス Lewis 酸触媒が，トリフラート触媒と同様に触媒量で反応が進

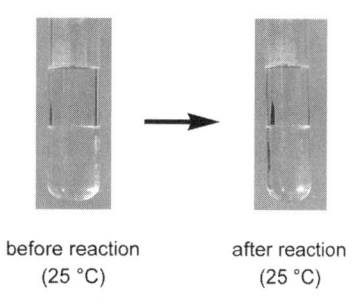

before reaction (25 °C) → after reaction (25 °C)

写真 1　アセチル化反応の前後の様子

表 2　フルオラス二相系アルドール型反応

PhCHO (2 mmol) + [OTMS/OMe ketene acetal] (2.1 mmol) → [Ph-CH(OTMS)-C(CH_3)_2-CO_2Me]

Cat. (1 mol%), toluene 6 mL, CF_3-c-C_6F_{11} 6 mL, 40 °C, 15 min

cycle[a]	%yield[b,c]	
	$Yb[C(SO_2\text{-}n\text{-}C_8F_{17})_3]_3$	$Sc[C(SO_2\text{-}n\text{-}C_8F_{17})_3]_3$
1	84	88 (84)
2	85	88
3	83	86

[a] The catalyst in the lower phase was recycled.
[b] Calculated by GC analysis using n-nonane as an internal standard.
[c] Values in parentheses refer to the isolated yield.

表 3　フルオラス二相系 Diels–Alder 反応

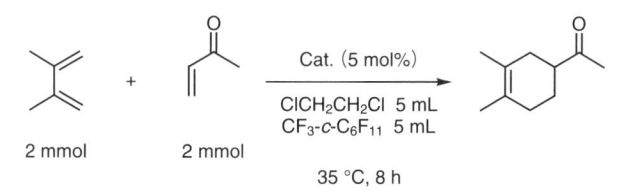

[2,3-dimethylbutadiene] (2 mmol) + [methyl vinyl ketone] (2 mmol) → [cyclohexene product]

Cat. (5 mol%), $ClCH_2CH_2Cl$ 5 mL, CF_3-c-C_6F_{11} 5 mL, 35 °C, 8 h

cycle[a]	%yield[b,c]	
	$Sc[C(SO_2\text{-}n\text{-}C_8F_{17})_3]_3$	$Sc[N(SO_2\text{-}n\text{-}C_8F_{17})_2]_3$
1	95 (92)	91 (89)
2	94 (91)	92
3	95	91
4	95 (92)	91 (88)

[a] The catalyst in the lower phase was recycled.
[b] Calculated by GC analysis using n-nonane as an internal standard.
[c] Values in parentheses refer to the isolated yields.

表4 フルオラス二相系 Friedel–Crafts アシル化反応

catalyst	%yield^b	ratio $(p/o)^b$
Hf[N(SO$_2$-n-C$_8$F$_{17}$)$_2$]$_4$	80	100 : 0
Hf[N(SO$_2$-n-C$_8$F$_{17}$)$_2$]$_4^c$	92	>99 : <1
Hf(OTf)$_4$	49	97 : 3
Sc(OTf)$_3$	45	98 : 2
Yb(OTf)$_3$	16	97 : 3
AlCl$_3^d$	2	100 : 0

^{a} See ref. 18. ^{b} Calculated by GC analysis using n-nonane as an internal standard. ^{c} 3 mol% of fluorous Hf(IV) catalyst was used. ^{d} 10 mol% of AlCl$_3$ was used.

行するかどうかが大きな関心事であった。

　実際に反応を行ってみると，わずか1 mol%の Hf[N(SO$_2$-n-C$_8$F$_{17}$)$_2$]$_4$ 触媒で反応はスムーズに進行し，対応する金属トリフラート触媒より高活性であることを見出した。本触媒は，やはりリサイクル使用が可能であり，芳香族求核体に低反応性のトルエンやクロロベンゼンでさえも用いることができる[13]。

　たいていの Lewis 酸にとって，水は毒であり，速やかに分解してしまう。それに対して我々のフルオラス Lewis 酸触媒は，トリフラート触媒と同様，水に対して安定である。したがって，水が副生する反応にも用いることができる。カルボン酸とアルコールからエステルを合成する，いわゆる直接エステル化反応は，エステル合成における最も基本的な反応である。カルボン酸，アルコールの両者とも貴重な原料のとき，一般的に1,3-ジシクロヘキシルカルボジイミド（DCC）のような脱水縮合剤を用いて1：1で反応させることが多いが，縮合剤が当量必要なことや尿素誘導体等の副生物が問題となる。一方，触媒量のフルオラス Lewis 酸で縮合させることができれば，副生物は水だけとなり，環境にやさしい atom economical な反応といえよう[14]。

　そこで，Hf[N(SO$_2$-n-C$_8$F$_{17}$)$_2$]$_4$ 触媒を用いて，直接エステル化反応を行ってみた[8]（表5）。その結果，嵩高い基質同士の組み合わせでは収率が若干低下するものの，全般的に高収率で生成物が得られ，またいずれも高選択率であった。メタクリル酸メチル（MMA）の合成等に応用も可能である[15]。

　過酸化水素水を用いる Baeyer–Villiger 反応には，Sn[N(SO$_2$-n-C$_8$F$_{17}$)$_2$]$_4$ 触媒が有効である[16]。通常 Baeyer–Villiger 反応は，過酢酸や過安息香酸，実験室的には m-クロロ過安息香酸（mCPBA）を用いて反応させるが，当量の対応するカルボン酸が副生する問題がある。酸化剤に過酸化水素

表5 フルオラス二相系直接エステル化反応

$$R^1CO_2H + R^2OH \xrightarrow[\substack{ClCH_2CH_2Cl\ 3\ mL \\ CF_3\text{-}c\text{-}C_6F_{11}\ 3\ mL}]{\substack{Hf[N(SO_2\text{-}n\text{-}C_8F_{17})_2]_4 \\ (5\ mol\%)}} R^1CO_2R^2$$

1 mmol   1 mmol

R^1CO_2H	R^2OH	conditions	%yield[a]	%selectivity[b]
AcOH	cyclohexyl-OH	50℃, 8 h	82	98
cyclohexyl-CO₂H	n-BuOH	70℃, 15 h	92	97
cyclohexyl-CO₂H	PhCH₂OH	50℃, 24 h	89	98
cyclohexyl-CO₂H	cyclohexyl-OH	50℃, 24 h	55	98
PhCO₂H	n-BuOH	90℃, 15 h[c]	85	96
CH₂=C(CH₃)CO₂H	MeOH[d]	60℃, 8 h	86	98

[a] Calculated by GC analysis using n-nonane as an internal standard. [b] Molar ratio of formed ester / converted acid. [c] In ClCH₂CH₂Cl (3 mL) / perfluorodecalin (3 mL). [d] 5 mmol of methanol was used.

を用いることができれば，副生物は水のみとなる．まず，2-アダマンタノンのBaeyer-Villiger反応を行ってみた（表6）．

その結果，中心金属にSn(IV)，続いてHf(IV)を用いたフルオラスLewis酸触媒が高収率でラクトンを与えた．またすべての金属で，フルオラスアミド触媒が対応するトリフラート触媒より高活性であった．$Sn[N(SO_2\text{-}n\text{-}C_8F_{17})_2]_4$触媒を用いたときは，4回リサイクル使用しても触媒活性の低下は観測されなかった．本反応は，これまで紹介してきた反応とは異なり，基質特異性が高く，嵩高いケトンやシクロブタノンのような反応性の高いケトンに有効である．

3　フルオラス二相系ベンチスケール流通式連続反応

前節までは，バッチ式フルオラス二相系Lewis酸触媒反応を紹介した．次に，フルオラス二相系で流通式反応を行うことを考えた[17]．流通式反応は生産性が高く，工業プロセスへの展開を図るために是非ともクリアーしたい課題である．

今回のような液液二相系のシステムで，フルオラス相を固定相，有機相を移動相とした流通式反応を行うために，我々はリアクターとデカンターが2本の管で直結されたシステムを考案した

表6 フルオラス二相系 Baeyer–Villiger 反応

entry	catalyst	cycle[a]	%yield[b]	%selectivity[c]
1	$Sn[N(SO_2\text{-}n\text{-}C_8F_{17})_2]_4$	1	93(91)[d]	99
		2	92	99
		3	90(89)[d]	98
		4	93	99
2	$Sn[N(SO_2\text{-}n\text{-}C_8F_{17})_2]_2$	1	48	83
3	$Sn(OTf)_2$	1	37	87
4	$SnCl_4$	1	41	79
5	$Hf[N(SO_2\text{-}n\text{-}C_8F_{17})_2]_4$	1	82	92
6	$Hf(OTf)_4$	1	41	91
7	$Sc[N(SO_2\text{-}n\text{-}C_8F_{17})_2]_4$	1	53	69
8	$Sc(OTf)_3$	1	31	66
9	$Yb[N(SO_2\text{-}n\text{-}C_8F_{17})_2]_4$	1	31	73
10	$Yb(OTf)_3$	1	19	83
11	none	1	2	26

[a] The catalyst in the lower phase was recycled. [b] Calculated by GC analysis using n-nonane as an internal standard. [c] Molar ratio of formed lactone/converted ketone. [d] Isolated yield.

（図3）。

　反応開始前にフルオラス触媒溶液をリアクターへ注ぐ。続いて，リアクター内を激しく攪拌しながら，基質・反応剤を含んだ有機相を一定速度で送液する。その結果，リアクター内は懸濁液状態となり，Lewis 酸触媒反応が進行する。リアクターが液で満たされると，懸濁液はデカンターへ流出する。デカンター内では攪拌していないので，二相に相分離する。触媒を含んだフルオラス相は有機相よりも比重が大きいので下相となりリアクターへ還るが，生成物を含んだ有機相はオーバーフローする。したがって，基質・反応剤を含んだ有機溶液がこのシステムを通過すると，生成物溶液が取り出せるわけである。

　実際に，容量60 mLの実験室スケールの小さなリアクターを用いて $Yb[N(SO_2\text{-}n\text{-}C_8F_{17})_2]_3$ 触媒によるシクロヘキサノールのアセチル化反応を行ったところ，5,735という高いTONを達成した。そこで，この反応を以下に示すベンチスケール装置で行ってみることにした（図4，写真2）。

第15章 フルオラス Lewis 酸触媒

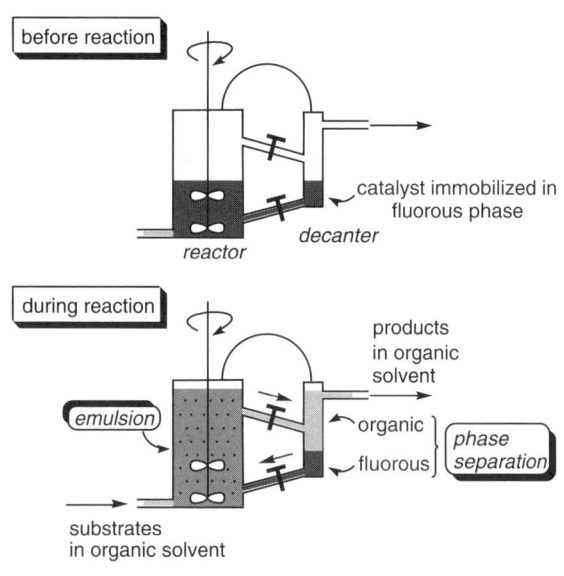

図3 フルオラス二相系流通式反応システム

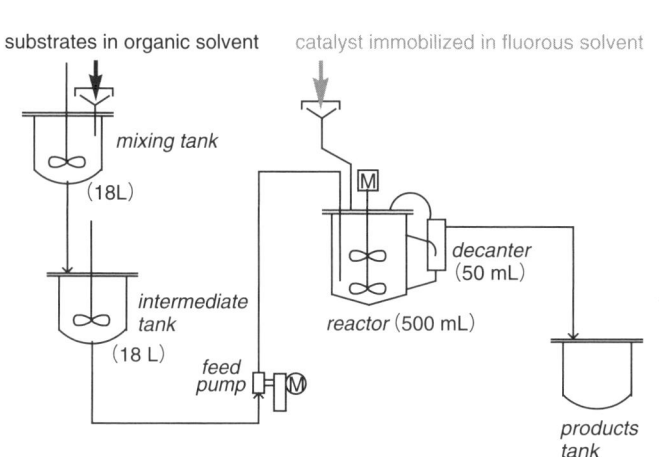

図4 ベンチスケール流通式反応装置

写真2 ベンチスケール反応装置（1：リアクター，2：デカンター，3：混合槽，4：中間槽，5：製品槽，6：送液ポンプ）

まずリアクターへ，$Yb[N(SO_2\text{-}n\text{-}C_8F_{17})_2]_3$ とほぼ同等の触媒活性を有する $Yb[N(SO_2C_{10}HF_{20}O_3)_2]_3$（3.23 g）を溶解させた GALDEN® SV 135[18]（250 mL）を注ぐ。一方混合槽へ，シクロヘキサノール（200.3 g），無水酢酸（245.0 g），トルエン（6 L）を加え，よく攪拌して中間槽へ移す。続いてリアクター内をよく攪拌しながら，送液ポンプでトルエン溶液を約 1 mL/min で連

図 5 ベンチスケール流通式エステル化反応(1)

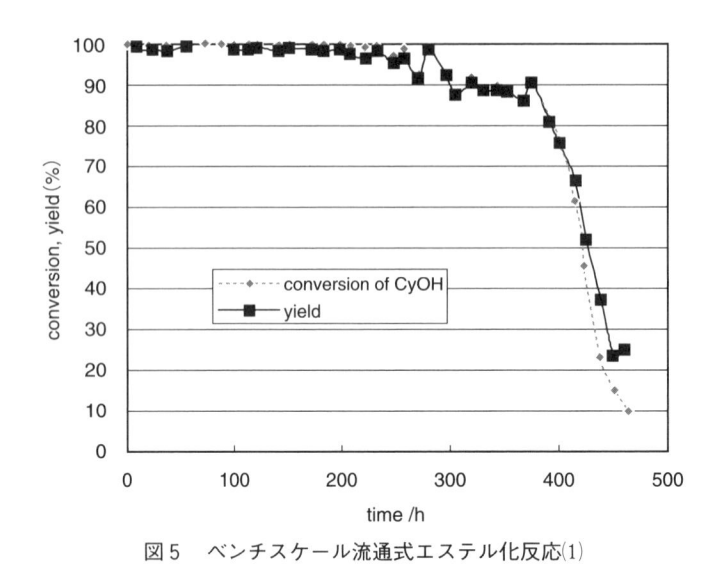

続的にリアクターへ供給していくと,デカンターからオーバーフローしたトルエン溶液が製品槽へ溜まっていく。この反応結果を図 5 に示す。

反応は 300 時間付近まではほぼ定量的に,400 時間付近まで 90 % 以上という高い収率で進行した。その後,転化率が急激に低下したものの,この時点で TON は実験室スケールに比べて 8,780 と向上した。400 時間付近からの急激な転化率の低下は,Yb(III) 触媒が最大でも 11 ppm (Yb 基準) と低濃度ではあるが,有機相へ移行してしまうことが原因と考えられた。

そこで,製品槽から触媒の回収をし,回収触媒をリアクターへ還すことにより TON を向上させようと考えた(図 6)。実際に,触媒量を前回の 1/10 として流通式反応を開始し,反応途中に製品槽のトルエン溶液から GALDEN®溶媒で触媒を抽出し,回収触媒をリアクターへ還す操作を 2 回繰り返した(50,77 時間経過後)ところ,TON は 21,244 と大幅に向上することを見出した(図 7)。

回収触媒の触媒活性を確かめるため,新しい触媒と回収触媒の反応速度の比較をしてみた(図 8)。その結果,回収触媒は新しい触媒とほぼ同等の触媒活性を維持していることを見出した。

本手法は,$Sn[N(SO_2\text{-}n\text{-}C_8F_{17})_2]_4$ 触媒,過酸化水素水による 2-アダマンタノンの Baeyer-Villiger 反応にも適用でき,TON 2,191 を達成している。今後は,触媒の工業的回収法や種々の Lewis 酸触媒反応への適用等が課題である。

第 15 章　フルオラス Lewis 酸触媒

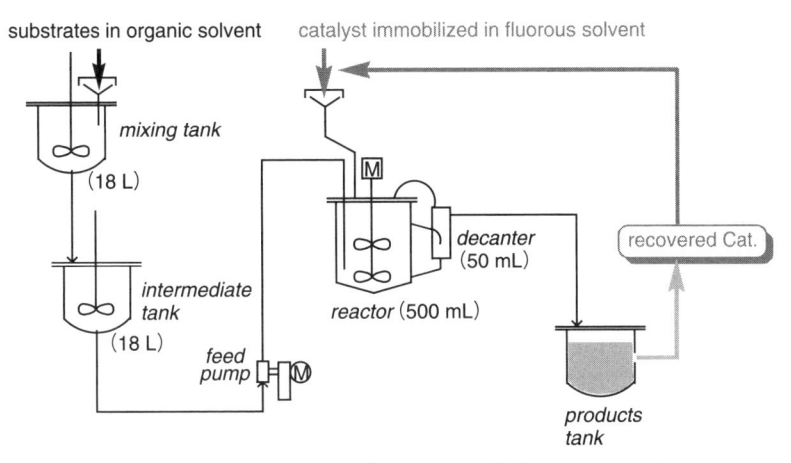

図 6　ベンチスケール反応装置における触媒のリサイクル法

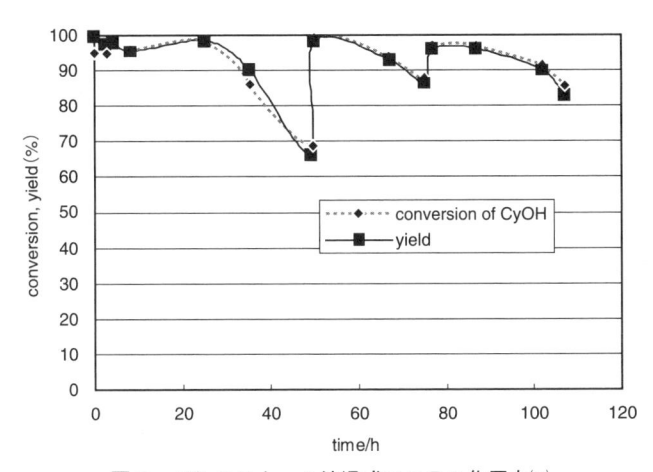

図 7　ベンチスケール流通式エステル化反応(2)

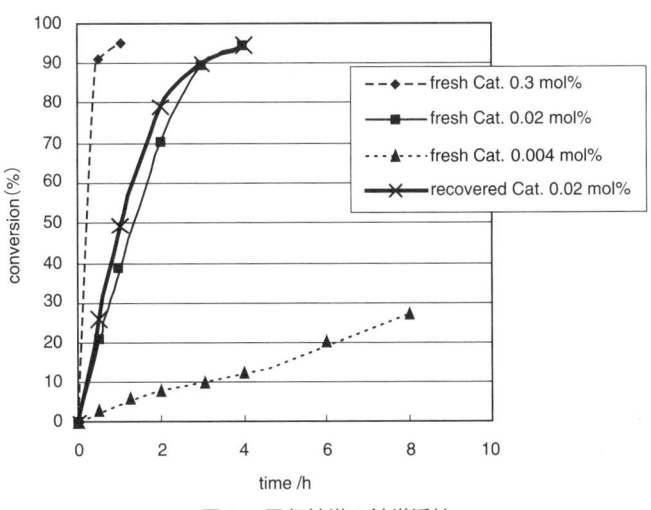

図 8　回収触媒の触媒活性

4 固体担持 Lewis 酸触媒

最後に，フルオラス二相系から離れた研究を紹介したい。前節までは，フルオラス溶媒にフルオラス触媒を"固定"して反応させるフルオラス二相系触媒反応であったが，液体のフルオラス溶媒の代わりにフルオラス化合物に親和性のある固体を用いれば，簡単な濾過操作で回収できる固体触媒になるのではないかと考えられる（図9）。また，水中反応への可能性も拡がる。

そうした固体として，シクロデキストリンとフルオラスシリカゲルに注目した。まず，シクロデキストリンとペルフルオロブチル基との親和性に着目して，シクロデキストリン-エピクロロヒドリン共重合体（CDP）にトリス（ペルフルオロブタンスルホニル）メチドを配位子とするイッテルビウム(III) もしくはスカンジウム(III) 錯体を包接固定した触媒を調製した[19]。この触媒を用いて水中で反応を行うと，ペルフルオロブチル基が包接した疎水性空洞の外側に希土類金属が位置するため，他の空洞の中に存在する基質を活性化できると期待される（図10）。

そこで，2,3-ジメチル-1,3-ブタジエンとメチルビニルケトンとの Diels-Alder 反応を，種々の触媒存在下，水中で行ったところ，CDP 包接イッテルビウム(III) 錯体のみが高収率で付加体を与えた（表7）。また，CDP 包接スカンジウム(III) 触媒を用いてリサイクル反応を試みたところ，4回目の反応でも触媒活性の低下は観測されなかった（表8）。この触媒をカラムに充填し，基質の溶液を連続的に供給することによって，前述したような流通式反応への展開にも成功した[19]。

一方，フルオラスシリカゲルとは，シリカゲル表面をペルフルオロアルキル基で修飾した一種の逆相シリカゲルであり，Fluorous Technologies 社からは Fluoro*Flash*™ という商品名で市販されている[20]。当然のことながら，フルオラスな化合物との親和性が高い。したがって，フルオラス Lewis 酸はフルオラスシリカゲルに担持固定できると考えられる[21]（図11）。

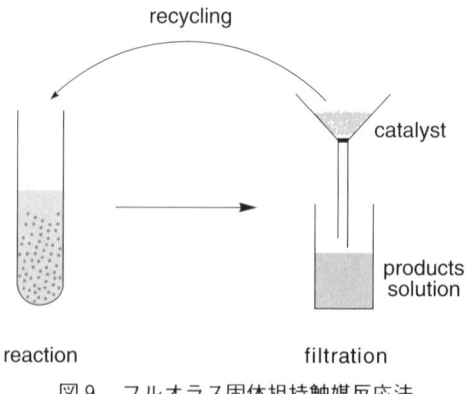

図9　フルオラス固体担持触媒反応法

第15章 フルオラス Lewis 酸触媒

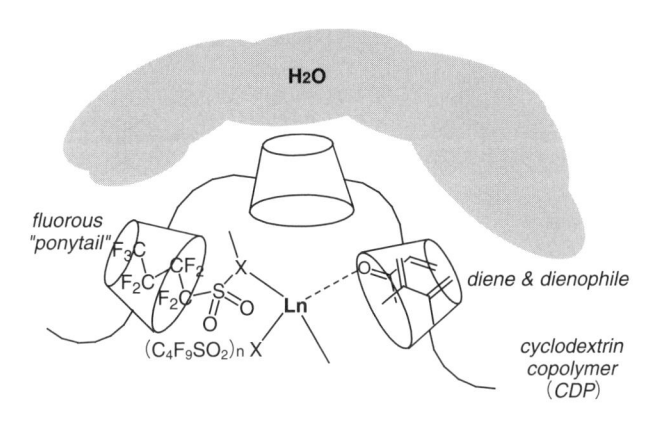

X = N or C, n = 2 or 3
Ln = lanthanide metal

図10 フルオラスシリカゲル担持 Lewis 酸触媒反応モデル

表7 シクロデキストリン包接触媒による Diels-Alder 反応

entry	catalyst[a]	%yield[b]
1	none	8
2	D-glucose[c]	8
3	β-CD[c]	9
4	γ-CD[c]	9
5	CDP[c]	12
6	Yb(OTf)$_3$	9
7	Yb(NTf$_2$)$_3$	9
8	Yb[N(SO$_2$-n-C$_4$F$_9$)$_2$]$_3$	39
9	CDP-Yb[N(SO$_2$-n-C$_4$F$_9$)$_2$]$_3$	99
10	CDP-Yb[N(SO$_2$-n-C$_4$F$_9$)$_2$]$_3$[d]	25

[a] CDP: β-CD/epichlorohydrin copolymer. [b] Calculated by GC analysis using n-nonane as an internal standard. [c] 20 mol% of catalyst was used. [d] The reaction was carried out in dichloromethane (6 mL).

まず，フルオラスシリカゲルに担持固定された Sn[N(SO$_2$-n-C$_8$F$_{17}$)$_2$]$_4$ 触媒を用いた 2-アダマンタノンの 0.44％過酸化水素水（1.1 当量）中での Baeyer-Villiger 酸化反応を行った。また比較のため，上記方法と同様に ODS 化逆相シリカゲルや通常のカラムクロマトグラフィー用のシリカゲルに担持した Sn[N(SO$_2$-n-C$_8$F$_{17}$)$_2$]$_4$ 触媒も調製し，反応を行ってみた（表9）。その結果，ODS 化シリカゲルや通常のカラムクロマトグラフ用のシリカゲルに Sn[N(SO$_2$-n-C$_8$F$_{17}$)$_2$]$_4$

表8　シクロデキストリン包接触媒による Diels–Alder 反応

cycle[a]	%yield[b]
1	95
2	94
3	95
4	94 (90)[c]

[a] The catalyst was recycled by filtration.　[b] Calculated by GC analysis using n-nonane as an internal standard.　[c] Value in parenthesis refer to the isolated yield.

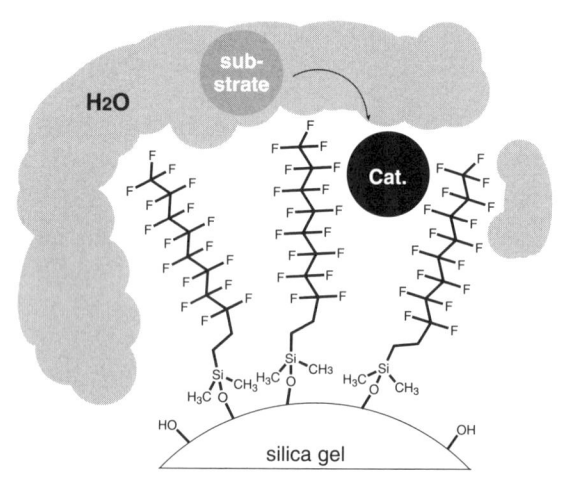

図11　フルオラスシリカゲル担持 Lewis 酸触媒反応モデル

を担持させた触媒は活性が低く，かつ触媒のリサイクル使用による活性低下が大きいのに対し，フルオラスシリカゲルに $Sn[N(SO_2-n-C_8F_{17})_2]_4$ を担持させた触媒は高活性であり，触媒のリサイクルも可能であった．

フルオラスシリカゲルに担持させたフルオラス Lewis 酸は，反応後でおいてさえフルオラスシリカゲルに強く固定されていることを，スズの electron probe microanalysis（EPMA）による分布解析により確認できた[11a]．ODS 化逆相シリカゲルや通常のシリカゲルに担持させたフルオラス Lewis 酸は，反応後ほとんどシリカゲルに固定されていなかったのと対照的である．

本触媒は，水中や有機溶媒中での Diels–Alder 反応，直接エステル化反応にも有効である[21]．

第 15 章　フルオラス Lewis 酸触媒

表9　シリカゲル担持 Sn[N(SO$_2$-n-C$_8$F$_{17}$)$_2$]$_4$ 触媒による Baeyer-Villiger 反応

アダマンタノン + H$_2$O$_2$ aq. (0.44%) → ラクトン
1.1 equiv
Cat. (5 mol%) / H$_2$O
35 ℃, 16 h

catalyst	cycle[a]	%yield[b,c]	%selectivity[c,d]
fluorous SiO$_2$-Sn[N(SO$_2$-n-C$_8$F$_{17}$)$_2$]$_4$	1	79 (87)	100 (89)
	2	75 (89)	97 (92)
	3	73 (86)	96 (90)
	4	71 (88)	91 (93)
ODS SiO$_2$-Sn[N(SO$_2$-n-C$_8$F$_{17}$)$_2$]$_4$	1	60	88
	2	41	84
	3	28	82
SiO$_2$-Sn[N(SO$_2$-n-C$_8$F$_{17}$)$_2$]$_4$	1	49	93
	2	34	100
	3	24	86

[a] The catalyst was recycled by simple filtration.　[b] Calculated by GC analysis using n-nonane as an internal standard.　[c] Values in parentheses were the results of the reactions at 25℃ using 10 equiv. of H$_2$O$_2$ (4 wt%).　[d] Molar ratio of formed lactone /converted ketone.

フルオラスシリカゲルは，カラムクロマトグラフィーによるフルオラス化合物の分離に威力を発揮するが，このようにフルオラス二相系触媒反応の概念を適用して，フルオラス触媒の担体として用いることも可能であることを示すことができた。なお我々の研究途上，同様の考え方でBannwarth らはフルオラスパラジウム錯体をフルオラスシリカゲルに担持した遷移金属触媒を用いた Suzuki-Sonogashira カップリングを報告しているので，参照されたい[22]。

5　おわりに

以上，フルオラス Lewis 酸触媒反応に関する我々の研究成果を紹介した。フルオラス Lewis 酸触媒は，超臨界二酸化炭素中での利用[23]など，他にもまだまだ大きな可能性を秘めた触媒と考えている。触媒を容易にリサイクルできるフルオラス技術は，FBC（＝Fluorous Biphasic Catalysis）と略されるほど注目されている環境にやさしい技術である。まだ課題は残されているが，酸廃棄物を削減できる技術として実用化されることを期待している。

文　献

1) フルオラスケミストリー，大寺純蔵監修，シーエムシー出版 (2005)
2) "Handbook of Fluorous Chemistry", (Ed.: J. A. Gladysz, D. P. Curran, I. T. Horváth), Wiley-VCH, Weinheim (2004)
3) I. T. Horváth, J. Rábai, *Science*, **266**, 72 (1994)
4) B. Cornils, *Angew. Chem. Int. Ed.*, **36**, 2057 (1997)
5) (a) S. Kobayashi, M. Sugiura, H. Kitagawa, W. W. L. Lam, *Chem. Rev.*, **102**, 2227 (2002); (b) ランタノイドを利用する有機合成，日本化学会編，学会出版センター (1998) および引用文献
6) I. A. Koppel, R. W. Taft *et al.*, *J. Am. Chem. Soc.*, **116**, 3047 (1994)
7) (a) 吉田彰宏，郝秀花，錦戸條二，日本化学会第85春季年会，講演予稿集II，2 C-02. (b) 吉田彰宏，郝秀花，錦戸條二，日本化学会第84春季年会，講演予稿集II，2 K 3-44.
8) X. Hao, A. Yoshida, J. Nishikido, *Tetrahedron Lett.*, **45**, 781 (2004)
9) H. Matsubara, S. Yasuda, H. Sugiyama, I. Ryu, Y. Fujii, K. Kita, *Tetrahedron*, **58**, 4071 (2002)
10) (a) J. Nishikido, F. Yamamoto, H. Nakajima, Y. Mikami, Y. Matsumoto, K. Mikami, *Synlett*, 1990 (1999); (b) J. Nishikido, H. Nakajima, T. Saeki, A. Ishii, K. Mikami, *Synlett*, 1347 (1998); (c) A. G. M. Barrett, D. Chadwick *et al.*, *Synlett*, 847 (2000)
11) (a) 錦戸條二，吉田彰宏，有機合成化学協会誌，**63**，144 (2005); (b) 錦戸條二，ファインケミカル，**33**(8), 5 (2004)
12) (a) K. Mikami, Y. Mikami, Y. Matsumoto, J. Nishikido, F. Yamamoto, H. Nakajima, *Tetrahedron Lett.*, **42**, 289 (2001); (b) K. Mikami, Y. Mikami, H. Matsuzawa, Y. Matsumoto, J. Nishikido, F. Yamamoto, H. Nakajima, *Tetrahedron*, **58**, 4015 (2002)
13) X. Hao, A. Yoshida, J. Nishikido, *Tetrahedron Lett.*, **46**, 2697 (2005)
14) (a) B. M. Trost, *Science*, **254**, 1471 (1991); (b) B. M. Trost, *Angew. Chem., Int. Ed. Engl.*, **34**, 259 (1995)
15) X. Hao, A. Yoshida, J. Nishikido, *Green Chem.*, **6**, 566 (2004)
16) (a) X. Hao, O. Yamazaki, A. Yoshida, J. Nishikido, *Tetrahedron Lett.*, **44**, 4977 (2003); (b) X. Hao, O. Yamazaki, A. Yoshida, J. Nishikido, *Green Chem.*, **5**, 524 (2003)
17) A. Yoshida, X. Hao, J. Nishikido, *Green Chem.*, **5**, 554 (2003)
18) 構造式 $CF_3-[OCF(CF_3)CF_2]_n-(CF_2)_m-CF_3$ で示される Solvay Solexis 社より購入した沸点135℃のフルオラス溶媒．
19) J. Nishikido, M. Nanbo, A. Yoshida, H. Nakajima, Y. Matsumoto, K. Mikami, *Synlett*, 1613 (2002)
20) D. P. Curran *et al.*, "Combinatorial Chemistry: A Practical Approach", (Ed.: H. Fenniri), Vol. 2, p. 327, Oxford University Press, Oxford (2001)
21) O. Yamazaki, X. Hao, A. Yoshida, J. Nishikido, *Tetrahedron Lett.*, **44**, 8791 (2003)
22) C. H. Tzschucke, C. Markert, H. Glatz, W. Bannwarth, *Angew. Chem. Int. Ed.*, **41**, 4500 (2002)
23) J. Nishikido, M. Kamishima, H. Matsuzawa, K. Mikami, *Tetrahedron*, **58**, 8345 (2002)

第16章　イオン液体を触媒の支持体として用いる有機反応

萩原久大[*1], 星　隆[*2]

1　はじめに

　イオン液体は，化学的に安定で，非水溶性，非脂溶性，低揮発性，難燃性をあわせ持つ液体である。この性質は他の液体と比較すると極めて特徴的である。この特性を利用し適切に管理すれば，イオン液体のリサイクル使用が可能となる。低揮発性，難燃性なので保安上の問題も少ない。現在，全世界で有機素材生産のために使用される有機溶剤の量は数百万トンを超えるとされ，それらの環境への漏洩が問題となっている。既知有機溶剤をイオン液体に置き換える事ができれば，有機素材生産に関し環境的，エネルギー的，さらにコスト的に大きな貢献が期待できる。

　溶剤としてでは無く反応場として微視的に見た場合も，イオン液体は興味深い特徴を持っている。極性が非常に高いため高極性成分を溶解し，また極性中間体の安定化による反応の促進効果が期待される。反応場としての使い方に関しては，近年極めて多くの研究例が報告されている。あらゆる有機合成反応を対象に反応場としての検討が加えられ，その幅広い適用性が実証されている[1]。

　本稿では反応場としてではなく触媒支持体としてのイオン液体に焦点を当て，固体触媒の液相支持体として，あるいは均一系触媒の固体支持体への固定化溶剤として，イオン液体を用いた我々の研究例を紹介したい。

　有機素材生産を担う有機合成反応には，環境対応度の高さが求められている。量論的な反応よりも触媒反応が好ましい。その流れの中で，これまで数多くのすばらしい機能を持った有機金属触媒が開発されてきた。それらには，高選択性，高効率などの極めて優れた点が認められている。しかし，一方で，取り扱いに注意が必要で失活しやすく，リサイクル性に欠けるなどの問題点が見受けられるものもある。最近注目されている有機分子触媒は，設計自由度の高い事，資源供給に左右されない事，再生産および廃棄が容易である事などから，環境に対応した触媒として

[*1]　Hisahiro Hagiwara　新潟大学大学院　自然科学研究科　教授
[*2]　Takashi Hoshi　新潟大学　工学部　助教

期待されている。しかし，低い触媒効率，不安定性，また均一系触媒であるためのリサイクル性の低さなどは否定できない。これら触媒の長所を生かし，その短所を克服するためには触媒支持体への固定化という方法が上げられる。

固定化支持体としては液相支持体と固体支持体の2つに分けられる。液相支持体の場合，既知触媒を溶かし込むだけなので，これまで蓄積されてきた既知溶液反応の知見をそのまま生かす事が出来る。液相支持体にはイオン液体，PEG，フルオラス溶媒，水などをはじめ幾つか知られている。それぞれ相補う異なった特性を持ち，本編でも紹介されている。この中で，他の液体と混じりあわない特性を持つイオン液体は，液相触媒支持体として多くの可能性を持っている。非水溶性という点ではPEGや水と異なり，非脂溶性，高極性という点ではフルオラス系の溶媒と異なる。極性の高さは極性中間体を経る反応には有利であり，マイクロ波吸収効率にも寄与する。

このようなイオン液体の性質を利用すると，リサイクル型のプロセスを構築する事が出来る。イオン液体に触媒を溶解または懸濁させておき，反応終了後イオン液体の低揮発性を利用し蒸留により生成物を直接取り出す事が可能となる。触媒の熱安定性が鍵となるが，触媒を含むイオン液体は再使用できる。抽出操作が必要無いのは，大量合成を考える時大きなメリットとなる。あるいは，反応終了後イオン液体の非脂溶性を生かし，有機溶剤で生成物を抽出する事も出来る。塩が副生すれば，イオン液体の非水溶性を利用し水洗で除く事が出来る。触媒が有機溶剤や水で抽出されない事が前提となるが，触媒を含むイオン液体は再使用可能である（図1）。

このように，液相支持体は触媒を混ぜるだけで手軽に使える。しかし，リサイクル使用を考えた時，蒸留に際し触媒の熱安定性が高い事，あるいは液相支持体および触媒ともに抽出溶剤に溶解しない事が第一条件である。この条件を満たすためには，固体支持体に触媒を一旦固定化し不

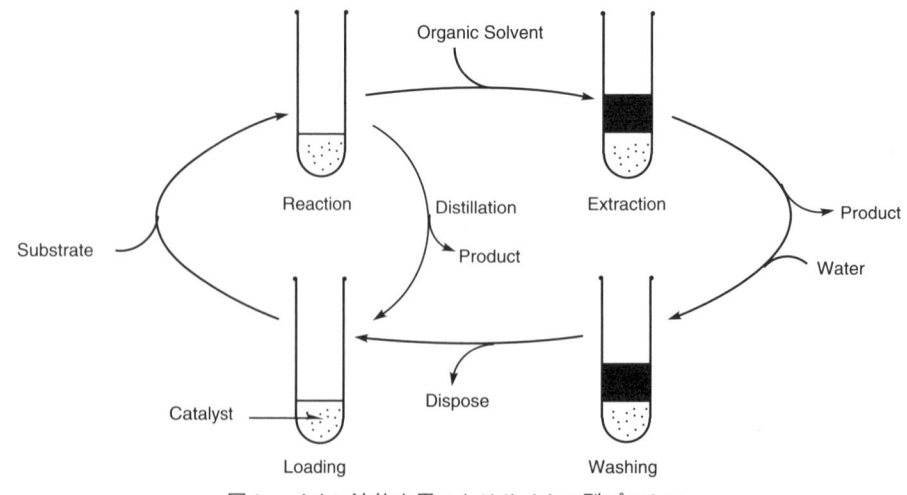

図1　イオン液体を用いたリサイクル型プロセス

第16章　イオン液体を触媒の支持体として用いる有機反応

均一系触媒として，イオン液体中で用いるのが好ましい。その際，固体支持体は無機支持体と有機支持体とに分けられるが，無機固体支持体が調製のし易さ，取り扱い易さやコストの面から優れている。高分子支持体は調製にコストがかかる上に，溶媒によっては膨潤などの問題も伴う。

2　イオン液体を液相支持体とする固定化有機分子触媒（IMOC）の反応

2.1　アミン担持シリカゲル触媒

以上のような観点から固体支持体としてシリカゲルを用い，その表面上に触媒となるアミノプロピル残基を共有結合により化学的に担持した。担持操作は表面シラノールとシランカップリング剤との反応により容易に行う事が出来る。支持体としてのシリカゲルの特徴は，溶媒により膨潤しない，表面積が広い，一定の細孔構造を持つ，強度が高い，安価，成型容易，などにある。このようにして，1級，2級，3級アミノプロピルおよび，ピリジルプロピル残基を担持したシリカゲル触媒（IMOC=Immobilized Molecular Organocatalyst）を調製した（図2）。以下イオン液体を液相触媒支持体として用い，これらIMOCの機能について検討した例を紹介する。

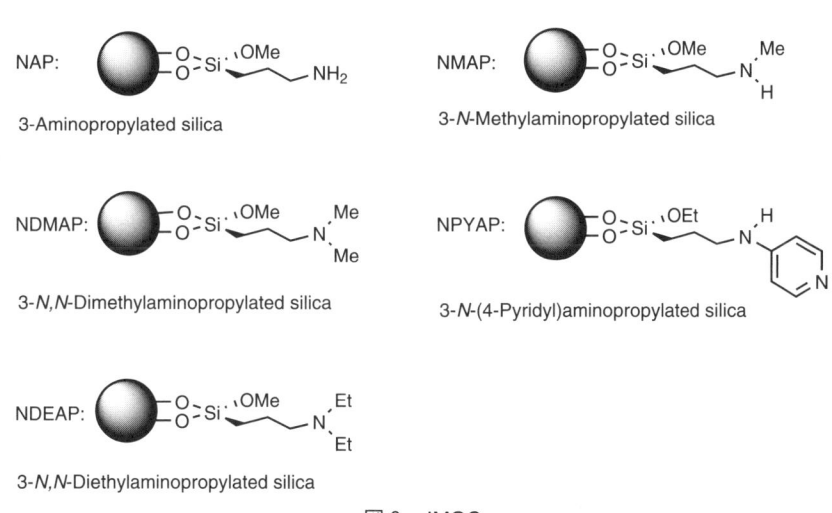

図2　IMOC

2.2　アルデヒドの直接的な1,4-付加反応[2]

アルデヒドは様々な有機合成反応における求電子剤として非常に重要な基質である。しかしフォルミル基が活性で副反応が進み易いため，求核剤として直接的な求核反応に用いることは難しい。そのためエナミンやシリルエノールエーテルなどの中間体に一旦導き，それらと求電子剤とを反応させる方法が一般的であるが，それら各中間体の合成および続く求核反応の収率は良く

ない。この問題に対し，我々はジエチルアミノトリメチルシラン（DEATMS）触媒を用いる方法を開発した[3]。この反応では，DEATMS存在下，アルデヒドとビニルケトンを加熱し，そのまま蒸留する事により1,4-付加体が得られる。しかし，DEATMSは均一系触媒であるためにその固定化を考え，非脂溶性，疎水性ともに高いイオン液体[bmim]PF_6中でアミン触媒（IMOC）を用いた反応を検討した。その結果，80℃でアミン担持シリカゲル触媒を用いるとアルデヒドの直接的な1,4-付加反応が容易に進行する事を見出した。均一系アミンより固定化アミン（IMOC）が，また2級アミンであるメチルアミノプロピル残基を担持したNMAPより3級アミンであるジエチルアミノプロピル残基を担持したNDEAPが好結果を与えた。生成物はフラスコから直接エーテル抽出により単離した。

反応の一般性は高い。酸あるいは塩基で脱保護される保護基も影響を受ける事は無く，反応条件の温和な事が分かる。デカナールとの反応のように，反応フラスコから減圧蒸留により直接単離する事もできた。抽出操作が必要無いのは利点の一つである（図3）。生成物は分子内環化反応により容易にシクロヘキセノン誘導体へ導く事が出来る[3]。

NDEAPを懸濁したイオン液体は，前処理や再活性化を行わなくとも平均収率67％で少なくとも5回リサイクル使用可能であった。

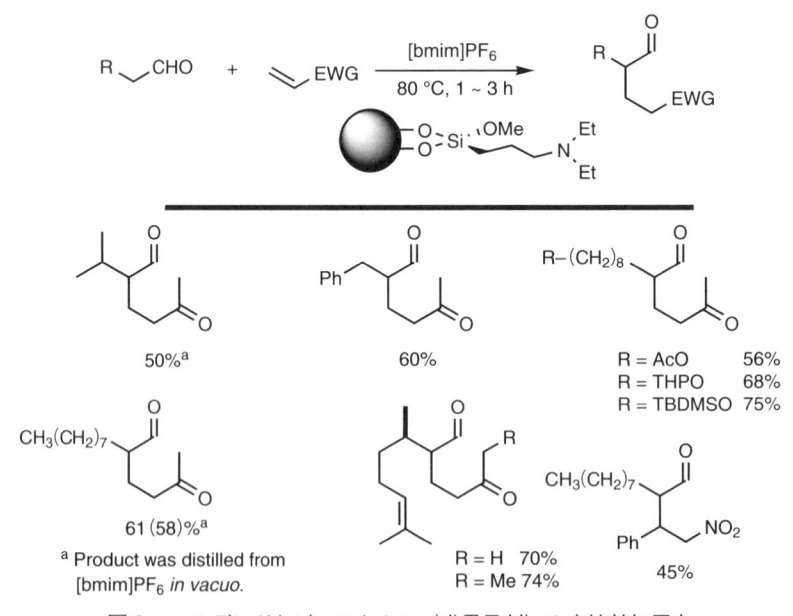

図3 アルデヒドとビニルケトン（求電子剤）の直接付加反応

第16章 イオン液体を触媒の支持体として用いる有機反応

2.3 アルデヒドの直接的な自己アルドール縮合[4]

上述の1,4-付加反応と同様，アルデヒドの直接的な自己アルドール縮合を効率的に行う事は難しい。しかし，アミン担持シリカゲル触媒（IMOC）を用いイオン液体中での反応を検討した結果，2級アミンであるメチルアミノプロピル残基を担持したNMAPが好結果を与える事を見出した（図4）。

NMAPを懸濁した[bmim]PF_6は減圧乾燥した後，8回までの使用が可能であった。この反応の場合，パウダー状のシリカゲルは抽出時に抽出溶剤相に移行するロスがあったが，ペレット状に成型したシリカゲルを用いる事で解決出来た。

なお，本稿に示したアミン担持シリカゲル触媒（IMOC）は，イオン液体のみならず他の環境対応型反応媒体，例えば超臨界二酸化炭素中でのアルデヒドの自己アルドール反応，水溶媒でのKnoevenagel反応による不飽和エステルの合成，Knoevenagel/Mislow-Evans転位反応によるγ-ヒドロキシ不飽和ニトリルの合成，Michael反応，三成分連結反応によるDihydropyran合成などにも威力を発揮し，その有用性が実証されている[5]。

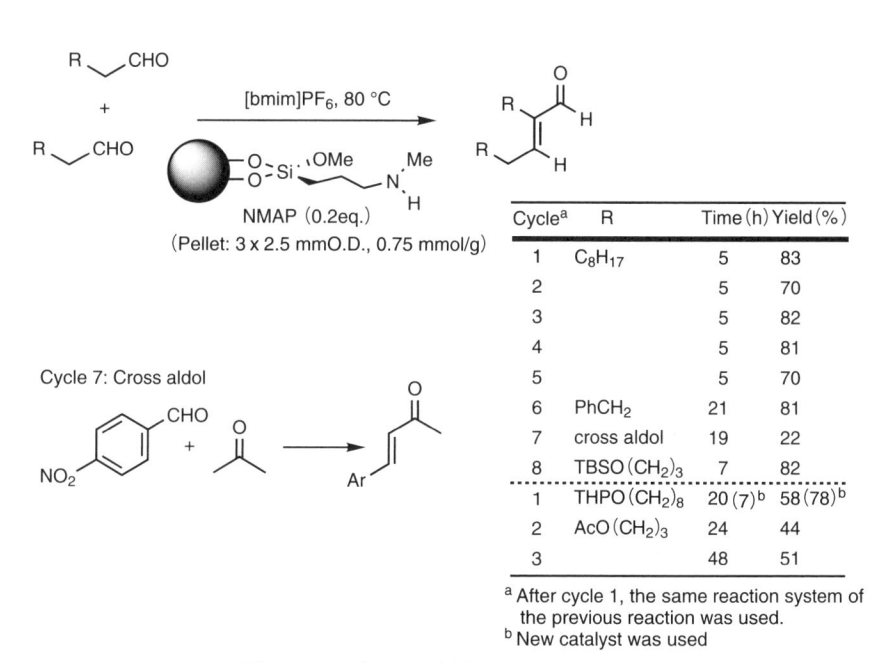

Cycle[a]	R	Time (h)	Yield (%)
1	C_8H_{17}	5	83
2		5	70
3		5	82
4		5	81
5		5	70
6	$PhCH_2$	21	81
7	cross aldol	19	22
8	$TBSO(CH_2)_3$	7	82
1	$THPO(CH_2)_8$	20 (7)[b]	58 (78)[b]
2	$AcO(CH_2)_3$	24	44
3		48	51

[a] After cycle 1, the same reaction system of the previous reaction was used.
[b] New catalyst was used

図4 アルデヒドの直接自己アルドール反応

3 イオン液体担持シリカゲル触媒（ILIS）の反応

　有機イオン液体が見出された当初は，反応媒体としての役割に研究が集中した。その研究が一段落した現在，これらに一定の機能を持たせた機能性イオン液体が注目されている。主としてイミダゾール環部（カチオン部）に様々な機能性残基が導入されたイオン液体を合成し，これらの触媒活性が検討されている。その非脂溶性を生かし，イオン液体自身を触媒支持体とする考え方である。それらの中で，スルフォン酸および塩化スルフォニル残基を置換した2種の酸性イオン液体は，ベックマン反応，フリーデルクラフツアルキル化反応，ニトロ化反応の触媒として用いられた[6]。これらの触媒は非脂溶性が高く，リサイクル使用可能であった。これらの触媒にさらに高い安定性とリサイクル性と取り扱い易さを与えるため，ラジカルカップリング反応を用いてシリカゲル上に固定化した（ILIS＝Ionic Liquid Supported on Silica）。それにより，側鎖長の異なる4種のスルフォン酸型および塩化スルフォニル型担持触媒を合成した（図5）。これらILISは，エステル化とニトロ化反応に威力を発揮した[7]。

　直鎖アルコールと直鎖カルボン酸とのエステル化反応は無溶媒で行われ，1/300の触媒量を用い，高収率でエステル体を与えた。触媒は3回のリサイクル使用が可能であった。スルフォン酸型よりも塩化スルフォニル型触媒の方が若干高い活性を示した。バイオディーゼルの燃料成分として知られている長鎖カルボン酸と長鎖アルコールとのエステル合成も可能であった（表1）。

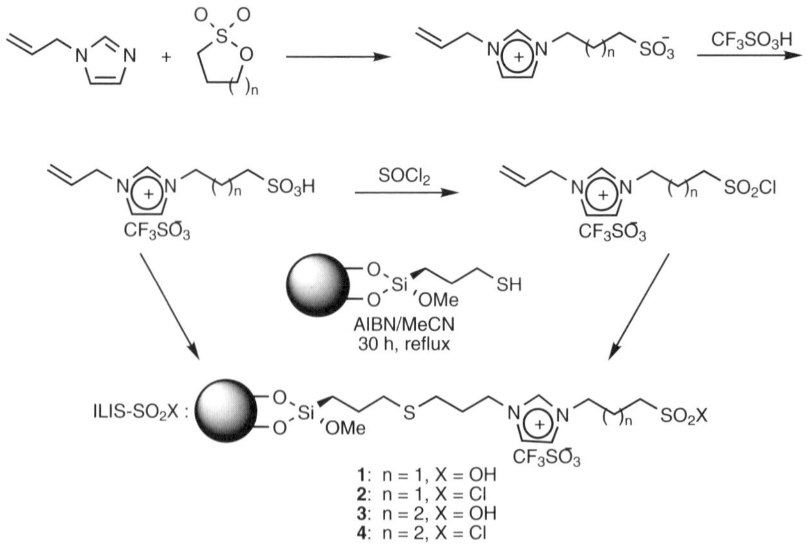

図5　スルフォン酸型および塩化スルフォニル型担持触媒の合成

第16章　イオン液体を触媒の支持体として用いる有機反応

表1　長鎖カルボン酸と長鎖アルコールのエステル合成反応

$$R^1CO_2H + R^2OH \xrightarrow[\text{neat}]{\text{IL cat (0.003 eq)}} R^1CO_2R^2 + H_2O$$

Entry	R^1	R^2	Cat	Temp.(℃)	Time(h)	Yield(%)
1	CH_3	C_2H_5	1	80	6	76
2	CH_3	C_2H_5	3	80	6	82
3	CH_3	C_2H_5	2	80	6	72
4	CH_3	C_2H_5	4	80	6	83
5	CH_3	$n\text{-}C_{10}H_{21}$	4	100	8	95
6	$n\text{-}C_9H_{19}$	C_2H_5	4	100	8	86
7	$n\text{-}C_9H_{19}$	$n\text{-}C_{10}H_{21}$	4	100	8	90

ILISを用いる芳香族ニトロ化反応の特徴は，62％の硝酸水溶液で行えるところにある。スルフォン酸型の触媒を5％用い，反応温度は80℃でよい。濃硫酸を触媒とし濃硝酸を用いる従来法と異なりメリットは大きい。触媒のリサイクル使用も可能である（表2）。

表2　ILISを用いた芳香族ニトロ化反応

Entry	R	Conv.(%)	*ortho*	*meta*	*para*
1	H	62	—	—	—
2	Me	86	34	6	60
3	Cl	10	43	1	56
4	Br	22	46	<1	54

ビスインドリルメタン類は生理活性化合物として有用な化合物であり[8]，そのため近年様々な合成例が報告されるようになった[9]。反応は酸触媒によりインドールとアルデヒド2分子との縮合反応により進むが，リサイクル性のある反応条件は極めて限られている。ILISを用い反応条件を検討したところ，スルフォン酸型より塩化スルフォニル型が有効であり，アセトニトリル中，室温，高収率で進行する事を見出した（図6）[10]。

基質一般性を調べたところ，電子吸引基のみならず電子供与基を置換した芳香族アルデヒド，酸あるいは塩基で脱保護される置換基を有する芳香族アルデヒドにも対応した。

既知法では脂肪族アルデヒドとの反応に問題点が見られたが，本方法は脂肪族アルデヒドでも生成物を与えた。さらに，アルデヒドのみならずインドールにも基質一般性が認められ，例えばインドール環上に電子吸引基や電子供与基が存在しても収率に問題は見られなかった。このように従来法に無い高い活性と温和な反応条件に特徴がある。

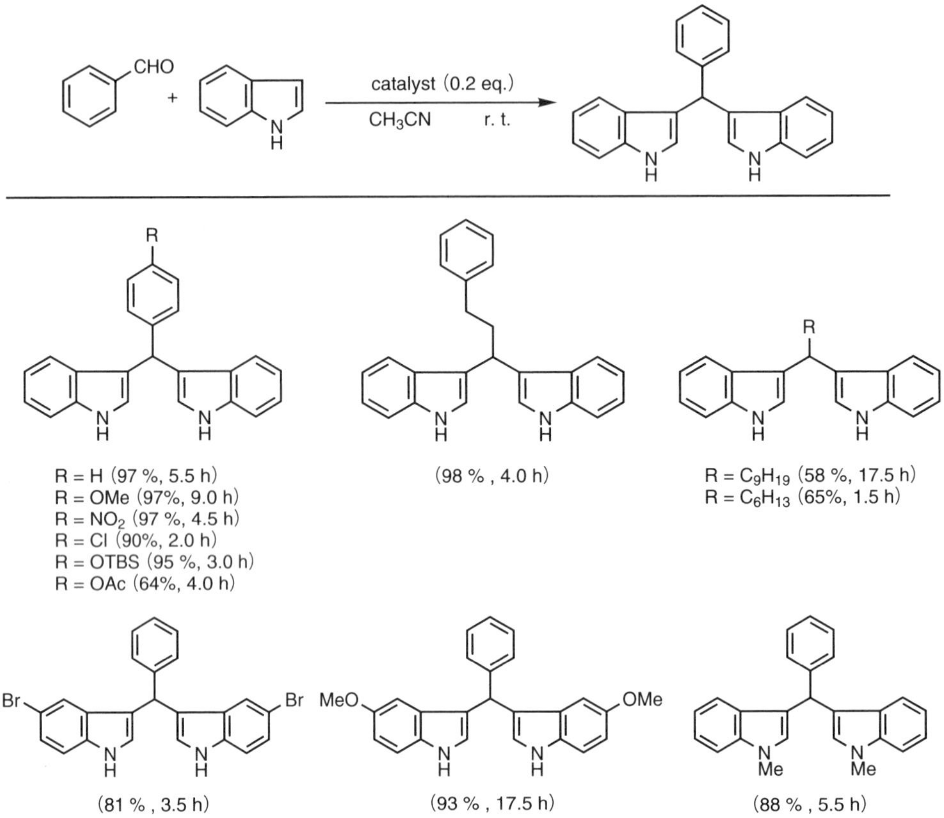

図6 ILIS を用いたビスインドリルメタン類の合成

ろ過性能を上げるためシリカゲルペレット上に担持した ILIS を用いたところ，減圧乾燥する前処理のみで平均収率 93％で 4 回リサイクル使用可能であった．

触媒を変え反応を検討した結果，高触媒活性の発現には，シリカゲル支持体，イオン液体部，塩化スルホニル部，いずれも必要である事がわかっている．なおモレキュラーシーブスの添加効果は見られなかった．

4 イオン液体を液相支持体とする Mizoroki-Heck 反応

イオン液体は有機金属触媒の液相支持体としてふさわしい特性を持っており，非常に多くの有機金属触媒反応がイオン液体中で実践されてきた[1]．ここでは，Pd/C をイオン液体中で用いる Mizoroki-Heck 反応の例について紹介する[11]．

Mizoroki-Heck 反応は主として芳香族およびビニルハライド類と電子欠損オレフィンとのクロスカップリング反応であり，最も基本的な Pd 触媒反応の 1 つである．基質一般性が高い事，位

第 16 章　イオン液体を触媒の支持体として用いる有機反応

置および立体選択性の良い事，他の官能基に影響されない事などから有用な反応であり，天然物合成などへの応用例も多い。そのため，極めて多くの新しい方法が報告されてきた[12]。しかし，その一方でPd触媒が不安定で失活し易く，触媒活性を示すターンオーバー数は必ずしも高くない。触媒の活性化には高価で毒性のあるフォスフィン系配位子を必要とするのも改良を要する点である。

それらの問題点を考慮に入れ，イオン液体[bmim]PF_6をPd触媒の液相支持体として反応を検討した[11]。均一系Pd触媒を含め触媒種を種々検討した結果，安価で安定性の高いPd/Cが高い活性を示した。反応には配位子を必要としなかった。生成物はイオン液体からエーテル抽出した。Pd/Cはイオン液体に均一に懸濁し，抽出時にもエーテル相に移行しなかった。Pdのイオン液体へのリーチングは0.31%で，通常のレベルであった。

この反応の基質一般性は高く，異なった電子的性質を持つ芳香族化合物，オレフィンとしては不飽和エステル，不飽和ニトリル，スチレンなどが対応した（図7）。

Pd/Cを懸濁したイオン液体は平均収率88%で少なくとも6回リサイクル使用可能であった。リサイクル4回目から若干の収率低下が見られたが，これはトリエチルアミンヨウ化水素塩の蓄積が原因と考えられ，イオン液体相を水洗後減圧乾燥したところ活性が回復した。この処理法により，さらにリサイクル回数を重ねられるものと予想される。

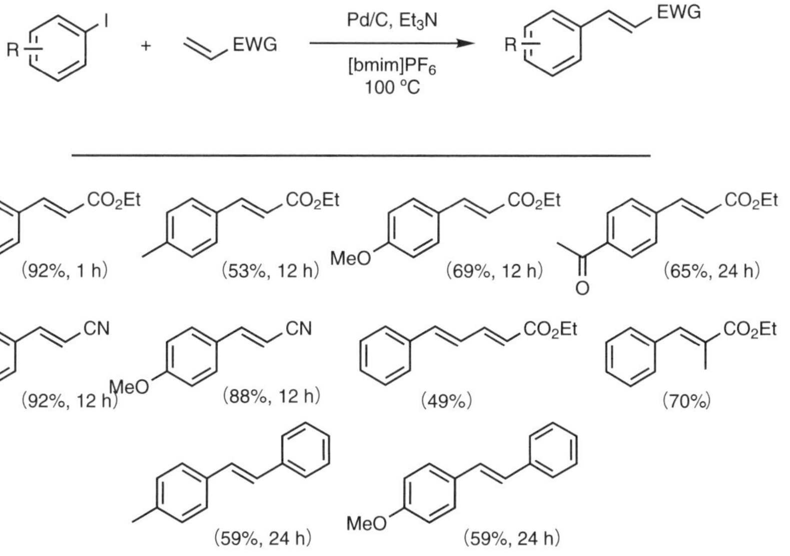

図7　Pd/Cを用いるイオン液体中でのMizoroki-Heck反応

5 イオン液体を用いた均一系有機金属触媒の無機固体支持体への固定化（SILC）とその反応性

5.1 Pd-SILC の調製[13]

前述の方法により Pd 触媒のリサイクル使用に成功したが，現段階ではコスト的な問題がイオン液体には残る．その使用量の軽減，粘性の高いイオン液体からの生成物の抽出操作の簡便化などを検討した．そのため，アモルファスシリカの空孔内へ，Pd 触媒が溶解したイオン液体を取り込ませる固定化法を行った（Pd-SILC＝Pd Supported Ionic Liquid Catalyst）（図8）．

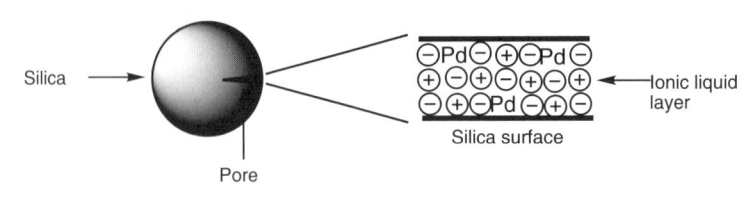

図8 Pd-SILC

触媒の固定化法は簡便である．THF に触媒とイオン液体を溶解または懸濁させておき，アモルファスシリカゲルを懸濁させ撹拌する．溶液の触媒の色がシリカゲルに移行した事を確認し，THF を減圧留去する．次いで，エーテルでシリカゲル表面をゆすぎ，取り込みきれない Pd 触媒を除く．乾燥すると，流動性のある粉体が得られる．この方法により $Pd(OAc)_2$, $Pd(PPh_3)_4$, Pd Black が担持できた．なお，$Pd(OAc)_2$ の担持量はシリカゲルに対しグラム当り最大でおよそ 0.25 mmol であった．またイオン液体の最大担持量は 250 mg 程度であり，それ以上になると担持シリカの流動性が失われた．イオン液体としては，[bmim]PF_6，[hmim]PF_6，[bmim]Br，[bmim]NTf_2 が使用可能であったが，さらにより多様なイオン液体が使用可能と考えられる（図9）．

後述するように，この Pd-SILC を水中で用いるとイオン液体がシリカゲルから流出する事，およびヘキシル基をグラフトした疎水性シリカゲルにイオン液体は取り込まれない事などから，イオン液体はシリカゲル表面のシラノール基との水素結合により取り込まれているものと推察している．これに対し，アミン残基をグラフトしたシリカゲル（IMOC）に担持した Pd-SILC は水中でも安定である．イオン液体とシリカゲル表面アミン残基との静電的な相互作用による取り込みをうかがわせる．

このシリカゲル担持触媒の表面分析を，EPMA, SEM, AFM を用いて行った．これらの結果，およびイオン液体の担持量（シリカゲル当り約 250 mg）と流動性のある表面性状から，Pd を溶解したイオン液体はアモルファスシリカの空孔内に存在していると考えている．

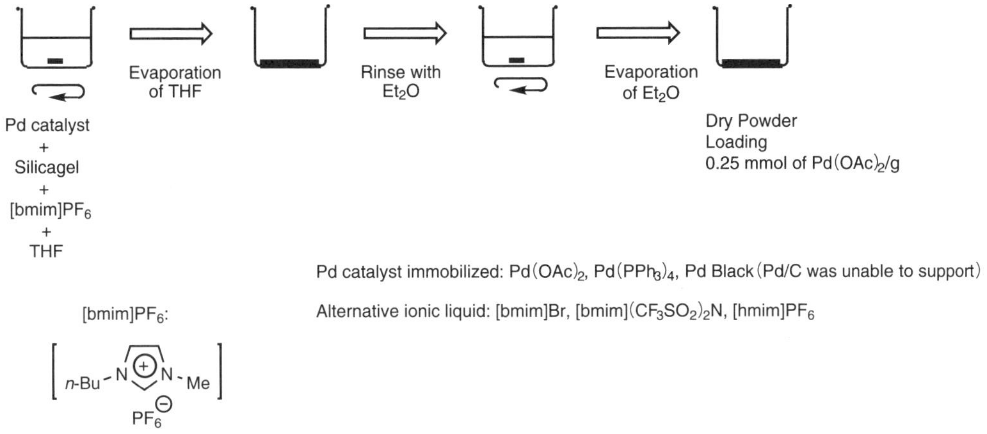

第16章 イオン液体を触媒の支持体として用いる有機反応

図9 アモルファスシリカ空孔内へのPd触媒溶解イオン液体の固定化フロー

5.2 Pd-SILCのMizoroki-Heck反応への適用[13]

[bmim]PF_6を用いてPd(OAc)$_2$をカラムクロマト用シリカに固定化したPd-SILCを用い，Mizoroki-Heck反応の最適条件を検討した。その結果，ドデカン中トリブチルアミンを塩基とし，150℃に加熱する事により配位子を用いる事無く高収率で反応が進行する事を見出した。反応後の処理は有機相のデカンテーションのみで良く，粘性のあるイオン液体からの溶剤抽出よりもはるかに簡便となった。この条件をふまえ，反応の一般性の検討を行った。その結果，電子吸引基のみならず電子供与基を置換した基質も反応し，さらに反応時間の短縮を図る事も出来た（表3）。

表3 Pd-SILCを用いたMizoroki-Heck反応

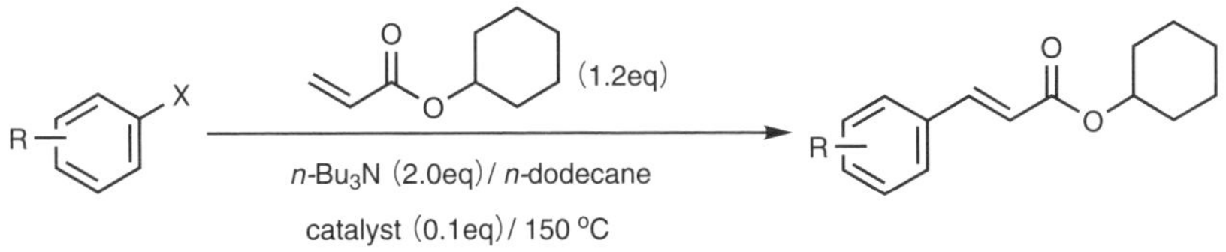

Entry	X	R	Time(h)	Yield(%)	Entry	X	R	Time(h)	Yield(%)
1	I	4-Br	1.3	82	7	Br	4-NO_2	3.0	86
2	I	4-Ac	1.3	81	8	Br	4-t-Bu	26.0	12
3	I	4-MeO	2.5	96	9	Br	3-Cl	30	0
4	I	4-Me	2.0	86	Entry	Aryl		Time(h)	Yield(%)
5	I	4-I	5.0	68	10	2-チエニル-I		8	31
6	I	2-CHO 4-MeO 5-OH	2.0	57	11	1-ナフチル-I		2.5	88

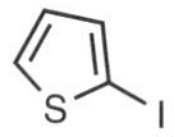

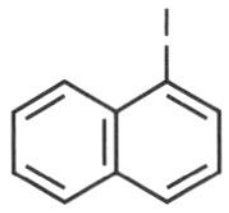

本 Pd-SILC の安定性およびリサイクル能は高く，平均収率 94 % で少なくとも 6 回の使用が可能であった。4 回使用後から触媒の流動性が失われ，それとともに収率が低下した。これは生成したトリブチルアミンヨウ化水素塩が触媒表面に沈着したためで，弱アルカリ洗浄により塩を除くと，活性を回復させる事が出来た。なお，Pd のリーチングは 0.28 % であった。

触媒活性を示すターンオーバー数は 90,000 を超えた。これまでの不均一系固体触媒を用いた高活性な反応例は，ヒドロキシアパタイト担持 Pd 触媒を用いた Kaneda らによる 49,000 であり[14]，これと比較すると高い数値と言える。

5.3　Pd-SILC を用いた水中での Mizoroki-Heck 反応[15]

水は誘電率，凝集エネルギーともに大きく，また安全かつ安価な環境対応型反応媒体として注目を集めている。Pd(OAc)$_2$ の担持に使用したイオン液体[bmim]PF$_6$ は疎水性が強く，従って上記 Pd-SILC は水系溶媒でも機能を発揮する事が期待された。しかし，1 回目の反応は高収率で進行したにもかかわらず，触媒のリサイクルを行ったところ，イオン液体相がシリカゲルから流出してしまった。これは，シリカゲル内に取り込まれているイオン液体相と親水性のシラノールとの間に水が入り込んだためと考えられた。

そこで，シリカゲルの表面を疎水加工したシリカゲルへの担持を検討した。その結果，先に示したアミノプロピル（NAP）およびジエチルアミノプロピル（NDEAP）残基をグラフトしたシリカゲル（IMOC）に[bmim]PF$_6$ を用いたところ Pd(OAc)$_2$ を担持する事が出来た（図10）。

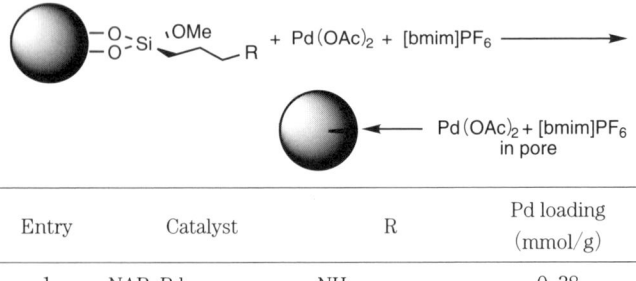

Entry	Catalyst	R	Pd loading (mmol/g)
1	NAP-Pd	NH$_2$	0.38
2	NDEAP-Pd	NEt$_2$	0.36
3	NDEAP/HCl-Pd	NHEt$_2^+$Cl$^-$	0.28
4	Hexyl	C$_3$H$_7$	0.00

図 10　疎水加工シリカゲルへの Pd(OAc)$_2$ 担持

この触媒を用い，水の加熱還流下で Mizoroki-Heck 反応を検討したところ，本 Pd-SILC のリサイクル使用に成功した。反応後は，水層をデカンテーション，触媒をエーテルで洗い，さらに水層をエーテル抽出して生成物を単離した。この反応条件により，150 ℃ から 100 ℃ へと反応温

第 16 章　イオン液体を触媒の支持体として用いる有機反応

度を下げる事，および反応時間の短縮に成功した。なお 2 回目使用以降，反応時間が大幅に短縮された。イミダゾールカチオンの 2 位の水素の pKa は 21～23 と見積られている。塩基存在下での加熱によりイミダゾールカチオンがカルベンとなり，これが配位する事により Pd を活性化したものとも考えられたが，Pd-SILC とアミンのみを加熱前処理して用いても活性の増強は見られなかった。理由についてはさらに検討を必要とする。

さて，de Vries らは，Pd を用いる触媒反応において低濃度の触媒使用を提唱している[16]。これは，活性 Pd のクラスター化による Pd black の生成による失活を防ぐためとされている。そこでシリカゲルへの Pd の担持濃度をこれまでの 1/10 程度に抑えた触媒 (0.04 mmol/g) を調製し水中での反応を試みた。その結果，反応はさらに活性化され，ドデカン中での反応よりも短時間で完結した。基質一般性にも問題は無かった（図 11）。

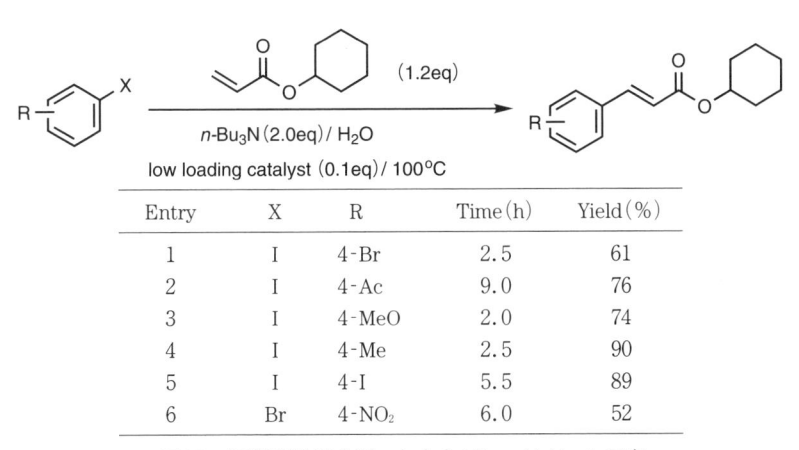

Entry	X	R	Time (h)	Yield (%)
1	I	4-Br	2.5	61
2	I	4-Ac	9.0	76
3	I	4-MeO	2.0	74
4	I	4-Me	2.5	90
5	I	4-I	5.5	89
6	Br	4-NO$_2$	6.0	52

図 11　低濃度触媒を用いた水中 Mizoroki-Heck 反応

触媒の耐久性も高く，平均収率 96 ％で 6 回リサイクル使用する事が出来た。生成したヨウ化アンモニウム塩は水にとけ込む。そのためドデカンを溶媒とした時の反応と異なり，Pd-SILC 表面に沈着する事は無い。水層をデカンテーションした後そのままリサイクルする事が出来る。回収触媒を減圧乾燥する必要も無い。6 回以上のさらなる再使用も可能と考えられる。なお，Pd の水相へのリーチングは 1 ppm であった。

水中での Pd-SILC の触媒活性は高く，ターンオーバー数は 200,000 に達した。反応初期は基質が触媒表面に沈着するが，アンモニウム塩の生成のためかフラスコ内は次第に溶解する。高い活性発現には Pd-SILC 上への基質沈着による濃度効果，溶媒効果が働いているものと推測している。

5.4 Pd-SILC を用いた Suzuki-Miyaura 反応[17]

Suzuki-Miyaura 反応は主として芳香族ハロゲン化物とボロン酸とのクロスカップリング反応であり，副生成物がホウ酸誘導体であるため，医薬品合成などに多用される極めて有用な反応である[18]。Pd-SILC の Suzuki-Miyaura 反応への応用を検討した。

$Pd(OAc)_2$ を[bmim]PF_6 で逆相アルミナに担持した。Pd の担持量は前と同じく低濃度とした。この触媒を用いて反応溶媒を検討したところ，エタノール中での反応が室温，短時間で定量的に生成物を与えた。さらに水を加えると反応は加速された。p-ブロモアセトフェノンとフェニルボロン酸との反応はエタノールと水の比率にも依存し[19]，1：1の時，反応は室温で瞬時に終結した。支持体とその表面修飾を検討した結果，ジエチルアミノプロピル残基を担持したアルミナ（NDEAP-Al_2O_3）が，またイオン液体としては[bmim]PF_6 が最適の結果を与えた。反応は塩基の種類と当量にも依存し，K_2CO_3 を2当量用いたとき最高の収率を示した。反応条件の基質一般性は高く，室温で短時間で様々な基質に対応した（図12）。

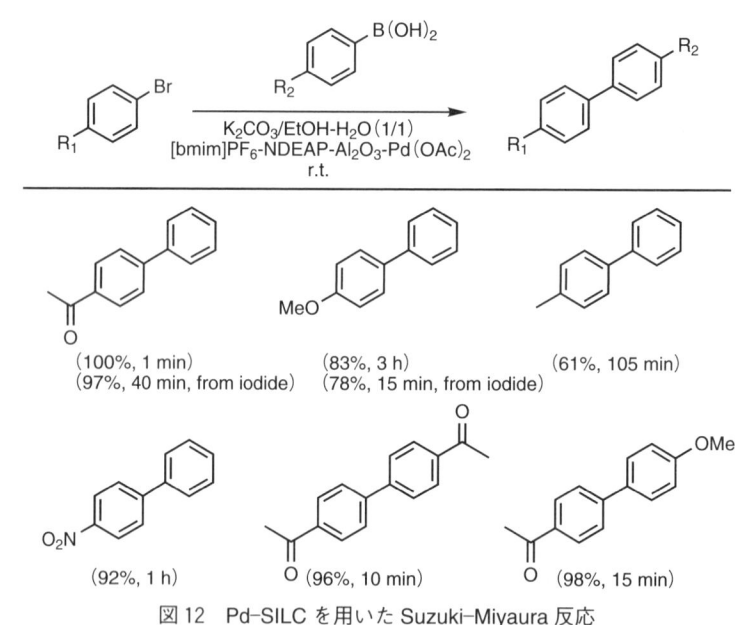

図12 Pd-SILC を用いた Suzuki-Miyaura 反応

触媒活性は極めて高く，ターンオーバー数は 2,000,000 を記録した[20]。また，本 Pd-SILC は平均収率 95％で少なくとも 5 回の使用が可能であった。

以上のようにイオン液体を用いて無機支持体細孔内に Pd 触媒を担持する事により，活性および耐久性ともに向上した。担持は高分子合成や大量のイオン液体を用いないため，コスト的にも優れている。担持方法も簡便である。基本的にはイオン液体に溶解する均一系有機金属触媒全て

に適用可能な固定化法である[21]。固定化支持体の種類とその表面加工，イオン液体の種類，などの細かいチューニングが必要であるが，幅広い応用が期待出来る。

6 おわりに

以上，シリカゲル固定化アミン触媒（IMOC）のイオン液体中での反応性，シリカゲル固定化酸性イオン液体触媒（ILIS）の反応性，およびイオン液体による無機固体担持Pd触媒（Pd-SILC）の反応性について我々の研究例を紹介した（図13）。このような使われ方をする液相触媒支持体としてPEGやフルオラス溶媒なども知られているが，汎用性においてイオン液体は優れている。この分野のさらなる発展を期待したい。

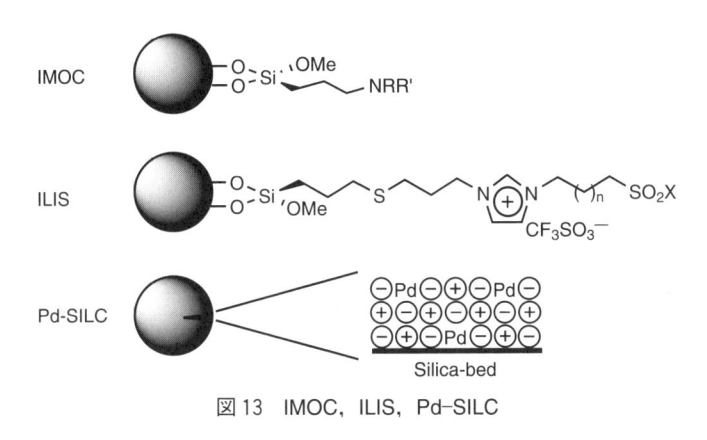

図13 IMOC, ILIS, Pd-SILC

文　献

1) (a) "Ionic Liquids in Organic Synthesis" S. V. Malhotra, Eds, ACS Symposium Series 950, American Chemical Society: American Chemical Society: Washington, D.C., (2007); (b) "Ionic Liquids in Synthesis" P. Wasserscheid, T. Welton, Eds., Wiley-VCH: Weinheim, (2003); (c) "Green Industrial Applications of Ionic Liquids" R. D. Rogers, K. R. Seddon, Eds., Kluwer: Dordrecht, (2003); (d) H. Olivier-Bourbigou, L. Magna, *J. Mol. Catal. A: Chem.*, **182-183**, 419 (2002); (e) J. Dupont, R. F. de Souza, P. A. Z. Suarez, *Chem. Rev.*, **102**, 3667 (2002); (f) R. D. Rogers, K. R. Seddon, "Ionic Liquids: Industrial Applications to Green Chemistry" R. D. Rogers, K. R. Seddon, Eds., ACS Symposium Series 818, American Chemical Society: Washington, D.C., (2002); (g) T. Welton, *Chem. Rev.*, **99**, 2071 (1999)
2) H. Hagiwara, S. Tsuji, T. Okabe, T. Hoshi, T. Suzuki, H. Suzuki, K. Shimizu, Y. Kitayama,

Green Chem., **4**, 461 (2002)

3) (a) H. Hagiwara, *Mini Reviews in Organic Syntheses*, **1**, 169 (2004); (b) 萩原久大, 有機合成化学協会誌, **60**, 953 (2002)

4) J. Hamaya, T. Suzuki, T. Hoshi, K. Shimizu, Y. Kitayama, H. Hagiwara, *Synlett*, 873 (2003)

5) (a) H. Hagiwara, S. Inotsume, M. Fukushima, T. Hoshi, T. Suzuki, *Chem. Lett.*, **35**, 926 (2006); (b) H. Hagiwara, A. Numamae, K. Isobe, T. Hoshi, T. Suzuki, *Heterocycles*, **68**, 889 (2006); (c) K. Isobe, T. Hoshi, T. Suzuki, H. Hagiwara, *Molecular Diversity*, **9**, 317 (2005); (d) M. Fukushima, S. Endou, T. Hoshi, T. Suzuki, H. Hagiwara, *Tetrahedron Lett.*, **46**, 3287 (2005); (e) H. Hagiwara, J. Hamaya, T. Hoshi, C. Yokoyama, *Tetrahedron Lett.*, **46**, 393 (2005); (f) H. Hagiwara, A. Koseki, K. Isobe, K. Shimizu, T. Hoshi, T. Suzuki, *Synlett*, 2188 (2004); (g) K. Shimizu, H. Suzuki, T. Kodama, H. Hagiwara, Y. Kitayama, *Stud. Surf. Sci. Catal.*, **145**, 145 (2003); (h) K. Shimizu, E. Hayashi, T. Inokuchi, T. Kodama, H. Hagiwara, Y. Kitayama, *Tetrahedron Lett.*, **43**, 9073 (2002); (i) K. Shimizu, H. Suzuki, E. Hayashi, T. Kodama, Y. Tsuchiya, H. Hagiwara, Y. Kitayama, *Chem. Commun.*, 1068 (2002)

6) (a) K. Qiao, C. Yokoyama, *Chem. Lett.*, **33**, 472 (2004); (b) K. Qiao, C. Yokoyama, *Chem. Lett.*, **33**, 808 (2004); (c) K. Qiao, Y. Deng, C. Yokoyama, H. Sato, M. Yamashina, *Chem. Lett.*, **33**, 1350 (2004)

7) K. Qiao, H. Hagiwara, C. Yokoyama, *J. Mol. Cat. A: Chem.*, **246**, 65 (2006)

8) (a) M. Chakrabarty, A. Mukherji, S. Karmakar, S. Arims, Y. Harigaya, *Heterocycles*, **68**, 331 (2006); (b) M. Chakrabarty, R. Mukherjee, A. Mukherji, S. Arims, Y. Harigaya, *Heterocycles*, **68**, 1659 (2006) and earlier references cited in these references; (c) R. Nagarajan, P. T. Perumal, *Chem. Lett.*, **33**, 288 (2004)

9) (a) D.-G. Gu, S.-J. Ji, Z.-Q. Jiang, M.-F. Zhou, T.-P. Loh, *Synlett*, 959 (2005); (b) S.-J. Ji, M.-F. Zhou, D.-G. Gu, Z.-Q. Jiang, T.-P. Loh, *Eur. J. Org. Chem.*, 1584 (2004); (c) S.-J. Ji, M.-F. Zhou, D.-G. Gu, S.-Y. Wang, T.-P. Loh, *Synlett*, 2077 (2003)

10) H. Hagiwara, M. Sekifuji, T. Hoshi, K. Qiao, C. Yokoyama, *Synlett* (2007), in press.

11) H. Hagiwara, Y. Shimizu, T. Hoshi, T. Suzuki, M. Ando, K. Ohkubo, C. Yokoyama, *Tetrahedron Lett.*, **42**, 4349 (2001)

12) (a) I. P. Beletskaya and A. V. Cheprakov, *Chem. Rev.*, 2000, **100**, 3009; (b) R. F. Heck, *Org. React.*, 1982, **27**, 345; (c) T. Mizoroki, K. Mori, A. Ozaki, *Bull. Chem. Soc., Jpn.*, 1971, **44**, 581

13) H. Hagiwara, Y. Sugawara, K. Isobe, T. Hoshi, T. Suzuki, *Org. Lett.,* **6**, 2325 (2004)

14) K. Mori, K. Yamaguchi, T. Hara, T. Mizugaki, K. Ebitani, K. Kaneda, *J. Am. Chem. Soc.*, **124**, 11572 (2002)

15) H. Hagiwara, Y. Sugawara, T. Hoshi, T. Suzuki, *Chem. Commun.*, 2942 (2005)

16) (a) M. T. Reetz, J. G. de Vries, *Chem. Commun.*, 1559 (2004); (b) A. H. M. de Vries, J. M. C. A. Mulders, J. H. M. Mommers, H. J. W. Henderickx, J. G. de Vries, *Org. Lett.*, **5**, 3285 (2003)

17) H. Hagiwara, K. H. Ko, T. Hoshi, T. Suzuki, *Chem. Commun.*, (2007), accepted for publicaton.

18) (a) N. Miyaura, A. Suzuki, *Chem. Rev.*, **95**, 2457 (1995); (b) J. Hassan, M. Se´vignon, C. Gozzi, E. Schulz, M. Lemaire, *Chem. Rev.*, **102**, 1359 (2002); (c) N. Miyaura, *Top. Curr.*

Chem., 11 (2002); (d) S. Kotha, K. Lahiri, D. Kashinath, *Tetrahedron*, **58**, 9633 (2002)

19) (a) N. E. Leadbeater, M. Marco, *Org. Lett.*, **4**, 2973 (2002); (b) H. Sakurai, T. Tsukuda, T. Hirao, *J. Org. Chem.*, **67**, 2721 (2002); (c) C. J. Mathews, P. J. Smith, T. Welton, *Chem. Commun.*, 1249 (2000); (d) R. Rajagopal, D. V. Jarikote, K. V. Srinivasan, *Chem. Commun.*, 616 (2002); (e) J. D. Revell, A. Ganesan, *Org. Lett.*, **4**, 3071 (2002); (f) F. McLachlan, C. J. Mathews, P. J. Smith, T. Welton, *Organometallics*, **22**, 5350 (2003)

20) (a) K. Kaneda, K. Ebitani, T. Mizugaki, K. Mori, *Bull. Chem. Soc., Jpn.*, **79**, 981 (2006); (b) J.-H. Li, X.-D. Zhang, Y.-X. Xie, *Synlett*, 1897 (2005); (c) D. N. Korolev, N. A. Bumagin, *Tetrahedron Lett.*, **46**, 5751 (2005)

21) (a) A. Riisager, R. Fehrmann, S. Flicker, R. van Hal, M. Hanmann, P. Wasserscheid, *Angew. Chem. Int. Ed.*, **44**, 815 (2005); (b) J. Huang, T. Jiang, H. Gao, B. Han, Z. Liu, W. Wu, Y. Chang, G. Zhao, *Angew. Chem. Int. Ed.*, **43**, 1397 (2004); (c) A. Riisager, P. Wasserscheid, R. van Hal, R. Fehrmann *J. Catal.*, **219**, 452 (2003); (d) C. P. Mehnert, E. J. Mozeleski, R. A. Cook, *Chem. Commun.*, 3010 (2002)

第17章　イオン液体を触媒の支持体として用いる脱水縮合反応

石原一彰*

1　樹脂担持型ジルコニウム(IV)-鉄(III)触媒を用いるエステル縮合反応[1]

1.1　はじめに

　近年，グリーンケミストリーの観点から環境への負担の少ない有機合成プロセスの研究が盛んに行われている。エステル縮合反応は生合成においても化学合成においても最も基本的かつ重要な反応の一つである。エステルは私たちの生活に密接に関係している重要な物質であることから，基礎研究のみならず工業的にも古くから研究が盛んに行われている分野であり，これまでに様々な合成手法が開発されてきた。エステルを化学合成する場合，従来カルボン酸をまず縮合剤を用いて活性なカルボン酸誘導体に変換してからアルコールと反応させるか，反応平衡を利用してカルボン酸かアルコールのどちらかを過剰に用いる方法がとられてきた（図1）。しかし，これらの方法には縮合剤由来の副生成物の生成や原料の過剰使用などの問題がある。それに対し

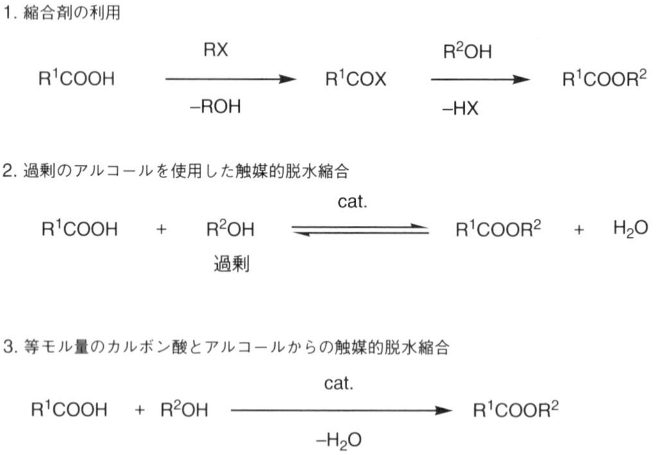

1. 縮合剤の利用

$$R^1COOH \xrightarrow[-ROH]{RX} R^1COX \xrightarrow[-HX]{R^2OH} R^1COOR^2$$

2. 過剰のアルコールを使用した触媒的脱水縮合

$$R^1COOH + R^2OH \underset{過剰}{\xrightleftharpoons{cat.}} R^1COOR^2 + H_2O$$

3. 等モル量のカルボン酸とアルコールからの触媒的脱水縮合

$$R^1COOH + R^2OH \xrightarrow[-H_2O]{cat.} R^1COOR^2$$

図1　カルボン酸とアルコールの縮合反応

---

*　Kazuaki Ishihara　名古屋大学大学院　工学研究科　化学・生物工学専攻　生物機能工学分野　教授

第 17 章　イオン液体を触媒の支持体として用いる脱水縮合反応

て，カルボン酸とアルコールの等モル量からの直接脱水縮合反応は，原子効率（[目的生成物量／総原材料量]×100％）が最も高く，E ファクター（[総廃棄物量／目的生成物量]×100％）が最も低い，環境低負荷型のエステル合成方法である。

　2000 年，我々は触媒量の $HfCl_4・2THF$ 存在下，カルボン酸とアルコール 1：1 モル混合溶液をトルエンやヘプタンなどの非極性溶媒中で加熱還流して共沸脱水することにより，効率よくエステルを得る方法を開発した[1a]。この方法は，3 級アルコールを除くほとんどすべての脂肪族および芳香族アルコールとカルボン酸に適用できるという利点をもっている。2002 年には，より安価な $ZrCl_4・2THF$ にも $HfCl_4・2THF$ と同等の触媒活性があることを発表した[1c]。これらの金属塩触媒はエステル交換反応を触媒しないので，2 級アルコール共存下でも 1 級アルコールを高選択的にエステル化することができる[1b,c]。一方，同族のチタン(IV)触媒は脱水縮合反応及びエステル交換反応の両方に有効であり，1 級アルコールの選択的エステル化反応には適さない[1b]。

　2004 年には空気中で安定な $ZrOCl_2・8H_2O$ や $HfOCl_2・8H_2O$ にも $ZrCl_4・2THF$ や $HfCl_4・2THF$ と同等の触媒活性があるばかりか，反応後，反応溶液を少量の塩酸で処理することにより，水相から $ZrOCl_2・8H_2O$ や $HfOCl_2・8H_2O$ として回収・再利用出来ることを見つけた[1d]。2005 年，さらに活性な触媒としてジルコニウム(IV)-鉄(III)複合塩を開発し[1e]，この複合金属塩触媒がイオン液体や樹脂担持型アンモニウム塩を支持体として用いることにより，塩酸を用いなくても回収・再利用できることを明らかにした[1f]。興味深いことに，樹脂担持型アンモニウム塩を支持体として用いる場合，ジルコニウム(IV)-鉄(III)複合塩触媒はあくまで均一触媒として働き，反応が完結すると，ジルコニウム(IV)-鉄(III)複合塩触媒は樹脂に担持されることがわかった。

1.2　ジルコニウム(IV)-鉄(III)複合塩触媒を用いるエステル脱水縮合反応[1e]

　ジルコニウム(IV)-鉄(III)複合塩触媒を用いたエステル脱水縮合反応の実施例を図 2 に示す。1 級，2 級両方のアルコールに対して有効であるが，3 級アルコールには適応出来ない。不飽和結合，アルコキシ基，カルボニル基，シアノ基などの官能基が存在していても，触媒は高い活性を維持し，選択的にエステル縮合反応を触媒する。Brønsted 酸触媒を用いて加熱条件下で二級アルコールのエステル化を行うと，しばしば副生成物としてオレフィンが得られるが，本触媒についてはオレフィンの生成は観測されない。

1.3　イオン液体を用いるジルコニウム(IV)-鉄(III)複合塩触媒の回収・再利用[1e]

　N-ブチルピリジニウムトリフリルメタンスルホニルイミドをイオン液体として用いて，等モル量のカルボン酸とアルコールのエステル化を行うと触媒の回収・再利用ができる（図 3）。

　反応前後で触媒はヘプタン相からイオン液体相に移動することが鉄(III)の色と反応後のイオン

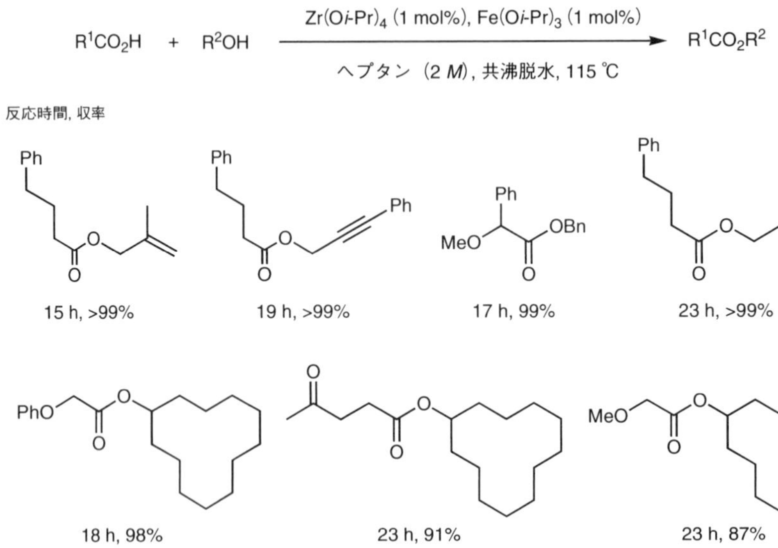

図2　ジルコニウム(IV)–鉄(III)複合塩触媒を用いるエステル脱水縮合反応

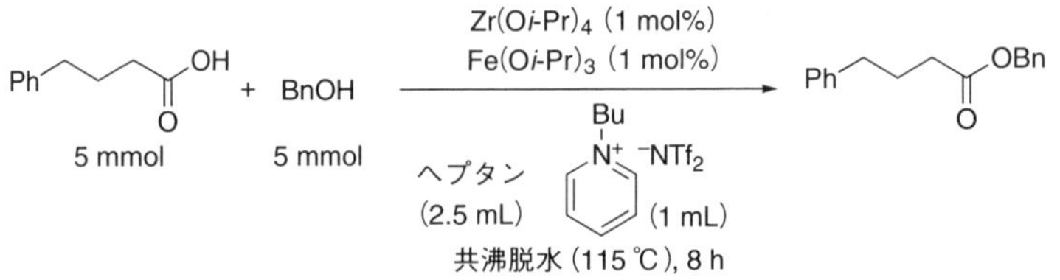

反応回数	1	2	3	4	5	6	7	8	9	10	11
収率(%)	96	99	99	98	>99	98	>99	>99	99	>99	>99

図3　[ヘプタン／イオン液体] 二相系による触媒の回収・再利用

液体に含まれた金属イオン量の定量分析から確認できている。エステル縮合反応前のフラスコ内において，$Zr(O\,i\text{-}Pr)_4$ 及び $Fe(O\,i\text{-}Pr)_3$ はイオン液体相よりもヘプタン相に多く存在している。しかし，エステル化が完結した時点で，ジルコニウム(IV)–鉄(III)複合塩触媒はヘプタン相からイオン液体相に移動しているので，ジルコニウム(IV)–鉄(III)複合塩触媒のイオン液体溶液として簡単に回収・再利用することができる。しかし，生成物であるエステルはヘプタン相とイオン液体相の両方に存在しているため，イオン液体相をヘプタンとジエチルエーテル 1：1 の混合溶液で抽出することによって収率よくエステルを回収しなくてはならない（図4）。イオン液体からエステルを抽出する際，ジエチルエーテルや酢酸エチル等の高極性溶媒を用いるとイオン液体がこれらの極性溶媒に溶け込んでくるので，これらの溶媒を単独でエステルの抽出に用いることはできない。このことは極性の高いエステルが生成した際にイオン液体から抽出できないことを意味し，用いることのできる基質が限定されるという問題が起こる。また，極性の低いヘプタ

第17章　イオン液体を触媒の支持体として用いる脱水縮合反応

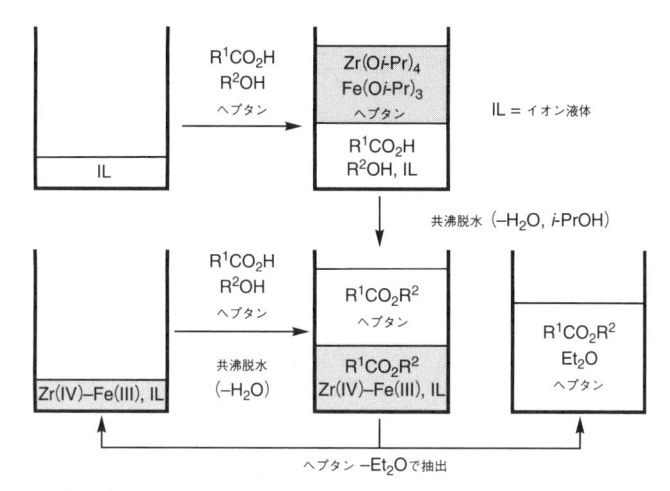

図4　［ヘプタン／イオン液体］二相系による触媒の回収・再利用の手順

ンを用いて抽出しようとすると，多量のヘプタンが必要になるという問題が起こる．

1.4　樹脂担持型アンモニウム塩を支持体として用いるジルコニウム(IV)-鉄(III)複合金属塩触媒の回収・再利用[11]

　イオン液体を樹脂に担持することによって反応溶液をろ過するだけで金属触媒の担持された樹脂と生成物とを容易に分離できる．我々は触媒の回収・再利用に成功した前述のイオン液体を参考に樹脂担持型アンモニウム塩を設計した（図5）．

　具体的にはポリスチレン樹脂を N-ブチルピリジニウムトリフリルイミドの N-ブチル末端に導入し，N-ブチル-4-(ポリスチリル)ピリジニウムトリフリルイミド1を設計した．この樹脂担持型アンモニウム塩1は4-ブロモブチルポリスチレンをピリジンで求核置換し，アニオン交換することによって二段階で収率よく合成することができる（図6）．

　樹脂1の存在下，$Zr(Oi\text{-}Pr)_4$ と $Fe(Oi\text{-}Pr)_3$ を触媒に用いてエステル縮合反応を行い，反応後，樹脂を濾過し，エーテルで洗浄することにより，ジルコニウム(IV)-鉄(III)複合塩は樹脂1に取り込まれる形で回収できる．こうして樹脂に担持されたジルコニウム(IV)-鉄(III)複合塩

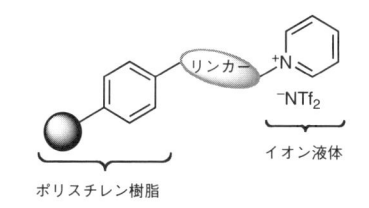

図5　樹脂担持型アンモニウム塩の設計

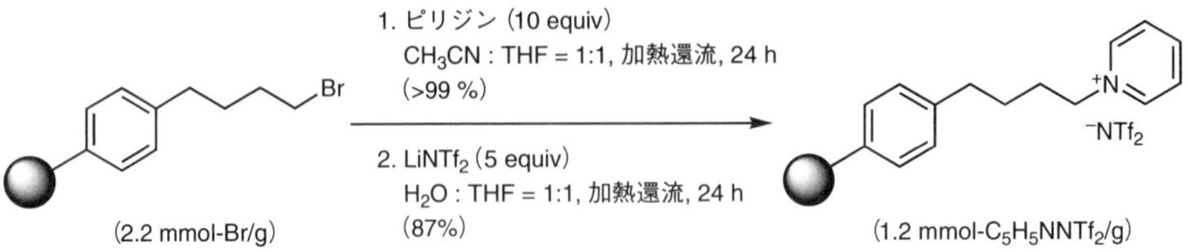

図6 *N*-ブチル-4-(ポリスチリル)ピリジニウムトリフリルイミド1の合成

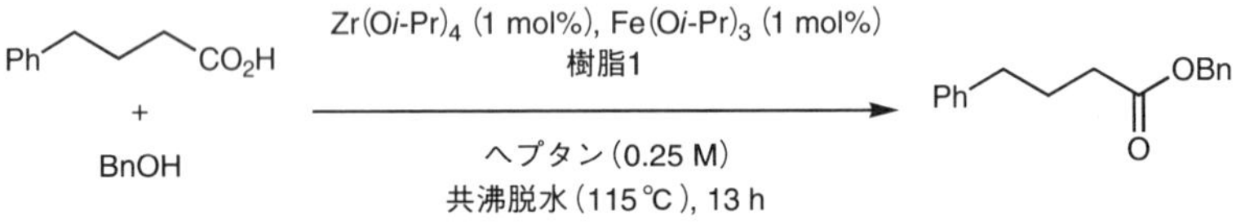

回数	0*	1	2	3	4	5	6	7	8	9	10
収率(%)	2	91	90	93	91	92	93	95	91	95	93

*ブランク実験(Zr(Oi-Pr)$_4$とFe(Oi-Pr)$_3$なしで1を使用した)。

図7 [ヘプタン/樹脂1]二相系による触媒の回収・再利用

は,触媒活性を下げることなく,少なくとも10回は回収・再利用できることを確認している(図7)。イオン液体を用いる場合,極性有機溶媒でイオン液体が溶けてしまうので,エステルの抽出が難しいことがあるが,樹脂1は全く溶けないので,極性有機溶媒を用いて,しかも比較的少ない量でエステルを効率よく抽出することができる。

樹脂担持型ジルコニム(IV)-鉄(III)複合塩触媒は1級アルコールのみならず酸に不安定な2級アルコールやプロパジルアルコールのエステル化にも有効であり,樹脂の有無に関わらず基質一般性が高い(表1)。また,(*R*)-2-フェニルプロピオン酸のエステル化においてもエピマー化が起こらない(表1)。さらに,これらの基質では全て少なくとも3回はエステル化の収率を損なうことなく触媒が回収・再利用できることを確かめている。

興味深いことに,イオン液体と同様に反応前の段階でZr(O*i*-Pr)$_4$,Fe(O*i*-Pr)$_3$は樹脂1に吸着されていない。しかし反応が完結した時点で,ジルコニウム(IV)-鉄(III)複合塩は樹脂1に吸着しており,樹脂をろ過してエーテルで洗っても,樹脂から遊離しない。さらに驚くべきことに,樹脂1に吸着されたジルコニウム(IV)-鉄(III)触媒を再びエステル化反応で使用すると,基質の含まれているヘプタン相にジルコニウム(IV)-鉄(III)触媒が移動する(反応溶媒の色が透明から茶色に変化する)。しかもエステル化が再び完結すると反応溶媒の色は再び透明に戻り,ジルコニウム(IV)-鉄(III)触媒は樹脂1に吸着されるという実験事実を得ている(図8)。このことはジルコニウム(IV)-鉄(III)触媒が樹脂の存在化においても均一触媒として働き,反応後は樹脂に吸着して回収できるという特長を持っている。

第17章 イオン液体を触媒の支持体として用いる脱水縮合反応

表1 エステル脱水縮合反応における樹脂担持型ジルコニウム(IV)−鉄(III)触媒の基質一般性

$$R^1CO_2H + R^2OH \xrightarrow[\text{溶媒(0.25 M), 共沸脱水, 時間(h)}]{\text{Zr}(Oi\text{-Pr})_4 \text{ (X mol\%), Fe}(Oi\text{-Pr})_3 \text{(X mol\%)} \quad 1} R^1CO_2R^2$$

（1.2 equiv）

エステル	X mol%	溶媒	時間(h)	収率（%） run 1	run 2	run 3	run 4
Ph〜〜C(O)O−CH₂CH₂Ph	2	ヘプタン	24	>99	>99	>99	
Ph〜〜C(O)O−CH₂C≡C−Ph	1.5	オクタン	17	>99	>99	>99	
Ph〜〜C(O)O−CH(C₅H₁₁)₂	2	オクタン	24	99	>99	99	>99
Ph〜〜C(O)O−シクロドデシル	2	オクタン	24	82	98	>99	99
Cy−C(O)O−CH₂Ph	1.5	ヘプタン	24	>99	>99	>99	
Ph−CH(CH₃)−C(O)O−CH₂Ph	1.5	オクタン	8	>99	>99	>99	>99

　樹脂1に吸着されたジルコニウム(IV)−鉄(III)触媒は，非極性溶媒であるヘキサンやトルエンだけでなく，極性溶媒であるエーテル，酢酸エチル，アルコールなどで洗っても金属イオンは解離しない。ところが，カルボン酸存在下（酸性条件）では解離する。このことから，エステル脱水縮合反応の初期の段階では原料基質であるカルボン酸が存在しており，反応系が酸性であるために触媒が樹脂から解離し，反応の進行に伴ってカルボン酸が消費されて反応系が酸性ではなくなるため，再び樹脂に担持されると考えられる。

　以上の実験事実より，ジルコニウム(IV)−鉄(III)複合塩のアンモニウム塩への吸着機構について次のような推測が出来る。まず，鉄(III)がアート錯体として樹脂のカウンターアニオンに取り込まれる。次に，ジルコニウム(IV)が鉄(III)と酸素架橋する，あるいはアルコールやカルボン酸を配位子(L)に架橋し，ジルコニウム(IV)−L−鉄(III)複合塩として樹脂に吸着される（図9）。また，ジルコニウム(IV)のみではイオン性液体に吸着されないという実験結果が得られていることからも，鉄(III)は触媒の吸着に関して重要な働きをしていると言える。触媒の解離においては酸

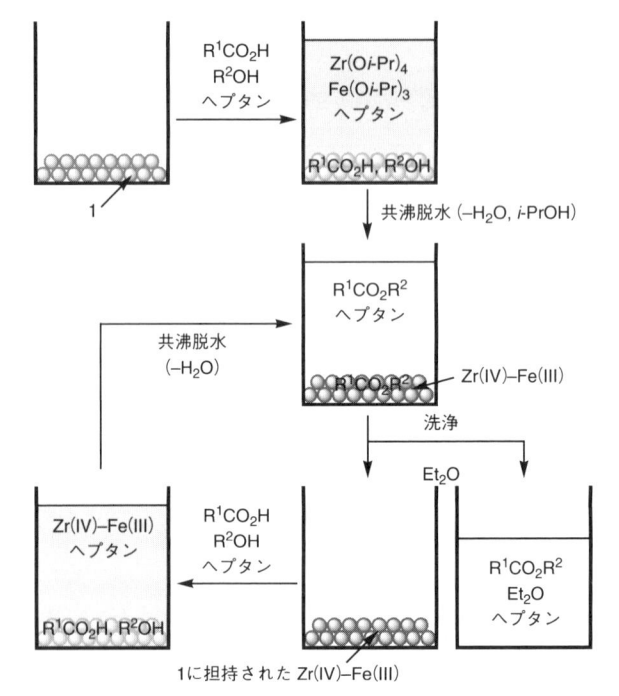

図8 ［ヘプタン／樹脂1］二相系による触媒の回収・再利用の手順

図9 予想される触媒の吸着機構

が重要であることがわかっており，カルボン酸存在下では金属イオンがカルボキシラートとしてはずれ，アニオン交換が起こり，その結果として触媒が解離すると考えられる。

2 樹脂担持型ボロン酸触媒を用いるアミド縮合反応[2]

2.1 はじめに

1978年にB. Ganemらはカテコールボランを縮合剤に用いたカルボン酸とアミンの縮合反応を報告している（図10(1)）[3]。この反応ではカルボン酸とカテコールボランが反応し，一旦アシロキシホウ素錯体を生成してカルボキシル基を活性化する。1当量のアミンはこの活性中間体のホウ素中心に配位するので，縮合反応には2当量のアミンが必要となる。一方，1996年に我々は電子求引性基を有するアリールボロン酸がカルボン酸とアミンの脱水縮合反応に有効な触媒となることを報告している（図10(2)）[2a,c]。この反応の実現にはトルエン等の低極性溶媒による共沸

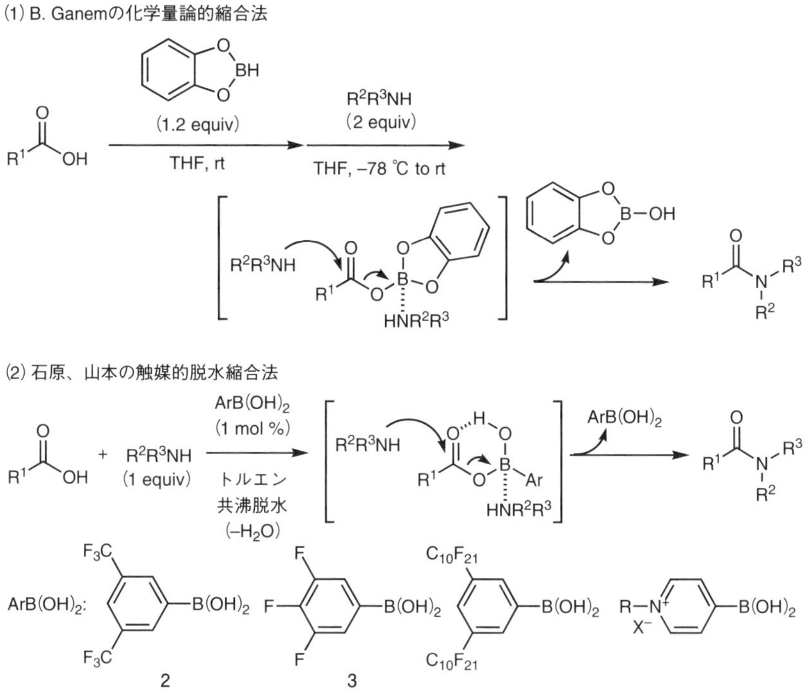

第17章　イオン液体を触媒の支持体として用いる脱水縮合反応

図10　カルボン酸とアミンからの直接的アミド縮合反応

脱水が必須条件であり，反応系から水を除くことにより触媒とカルボン酸からアシロキシホウ素錯体を再生する。カテコールボランの場合と同様に，ホウ素化合物に対し2当量のアミンが必要であるが，ホウ素化合物を触媒量に減らすことにより，カルボン酸とアミンのモル比をほぼ1：1にすることが可能である。その後，フルオラスボロン酸触媒を開発し，触媒の回収・再利用にも成功している[2b]。しかし，原料であるカルボン酸とアミンは1：1塩を生じるため，低極性溶媒では溶けづらいという問題がしばしば生じる。溶解性向上のためには高極性溶媒の使用が必要不可欠であるが，これまでのニュートラルなアリールボロン酸触媒の活性は高極性溶媒下で低下するため，その用途が限られてきた。2005年，我々は高極性溶媒耐性をもつ4-ピリジニウムボロン酸触媒を新たに開発し，アミド縮合のみならずエステル縮合反応にも効果があることを見出した[2e,f,h]。

2.2　N-メチル-4-ピリジニウムボロン酸ヨウ化物4触媒の開発[2e,h]

　2005年，我々は高極性溶媒中で高活性を示し，回収・再利用が容易なアリールボロン酸触媒の開発を目的に分子内にカチオン部位を有するN-メチル-4-ピリジニウムボロン酸ヨウ化物4の開発に成功している[2e]。この触媒の特長は触媒のカチオン部位のカチオン性が極性溶媒中で高

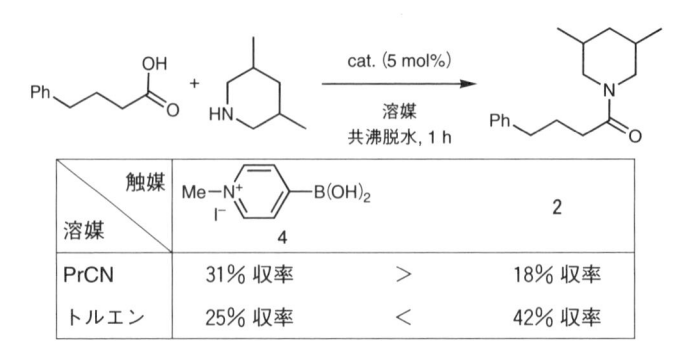

図11 触媒2と4のアミド縮合反応活性比較

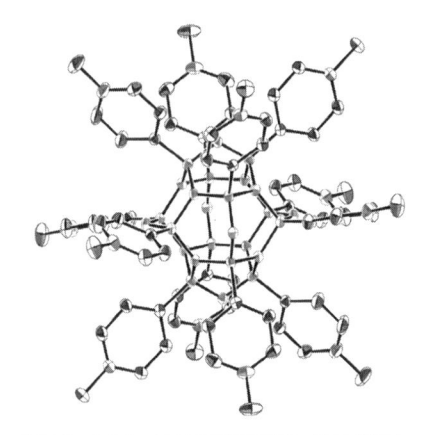

溶媒＼触媒	4 (Me-N⁺ ... B(OH)₂, I⁻)		2
PrCN	31% 収率	>	18% 収率
トルエン	25% 収率	<	42% 収率

図12 [4]₁₂のX線結晶構造（I⁻は省略）

められ，その結果ホウ素のルイス酸性が向上することである。実際，トルエンのような低極性溶媒中では高い反応性を示さないが，ニトリルなどの高極性溶媒中でアミド化反応を行うと，既存の触媒よりも高い反応性を示す（図11）。

また，この触媒4は共沸脱水という反応条件下で，徐々に12量体になることがX線結晶構造解析により明らかになっている（図12）。

この12量体を触媒に用いてトルエン溶媒中アミド化反応を行っても，単量体と比べて触媒活性が著しく低い（図13）。ところが，トルエンとイオン液体［emim］［OTf］の2相系混合溶媒中でアミド化反応を行うと，単量体，12量体共に触媒活性が劇的に向上し，双方の触媒活性に差はなくなる。この活性化効果は，イオン液体の添加により触媒活性の低い12量体の生成が抑えられるため触媒活性が向上するためと推測される。

触媒4のイオン性を利用すれば，イオン液体による触媒4の回収・再利用も可能である。ニュートラルなボロン酸触媒はイオン液体よりも有機溶媒への親和性が高いため，イオン液体相を回収し再利用しても2回目以降，反応性はほとんど示さないが，触媒4を用いた場合は，イオ

第 17 章　イオン液体を触媒の支持体として用いる脱水縮合反応

図 13　4 及び [4]₁₂ の触媒活性比較

溶媒＼触媒	4	[4]₁₂
トルエン	41% 収率 ＞	15% 収率
トルエン＋[emim][OTf]（5：1）	74% 収率	75% 収率

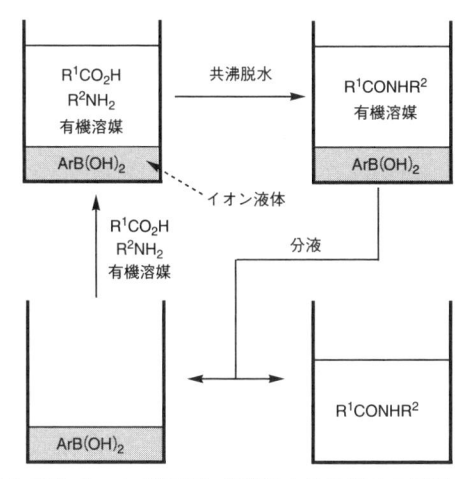

図 14　イオン液体 [emim][OTf] を利用する触媒 4 の回収・再利用手順

表 2　触媒 4 を用いるアミド縮合反応

溶媒	触媒	アミド	収率(%)
トルエン	2	Ph～COBn	＞99 (1st) 22 (2nd)
トルエン−[emim][OTf]（5：1）	4	Ph～COBn	＞99 (1st) ＞99 (2nd) ＞99 (3rd)
トルエン−[emim][OTf]（5：1）	4	Ph-CH(OMe)-CONHBn	98 (1st) 93 (2nd) 95 (3rd)
o-キシレン−[emim][OTf]（5：1）	4	NC-C₆H₄-CONHBn	99 (1st) 98 (2nd) 99 (3rd)

ン液体相に触媒が留まるため，**4**のイオン液体溶液として3回以上の回収・再利用ができることを確認している（図14，表2）。

2.3 N-ポリスチリル-4-ピリジニウムボロン酸塩化物 5 触媒の開発[2e,h]

Merrifield 樹脂と4-ピリジンボロン酸からN-ポリスチリル-4-ピリジニウムボロン酸塩化物触媒を合成することもできる。この触媒は固体触媒であるため，ろ過による回収・再利用が可能であるだけでなく，イオン性液体を共溶媒に用いなくても十分な触媒活性を維持する。均一触媒 **4** は同反応条件下で徐々に12量体になって失活していくが，この触媒はポリスチレン樹脂表面にボロン酸が担持されているため，12量化が妨げられており，失活することなく3回以上の回収再利用が可能である（図15，表3）。

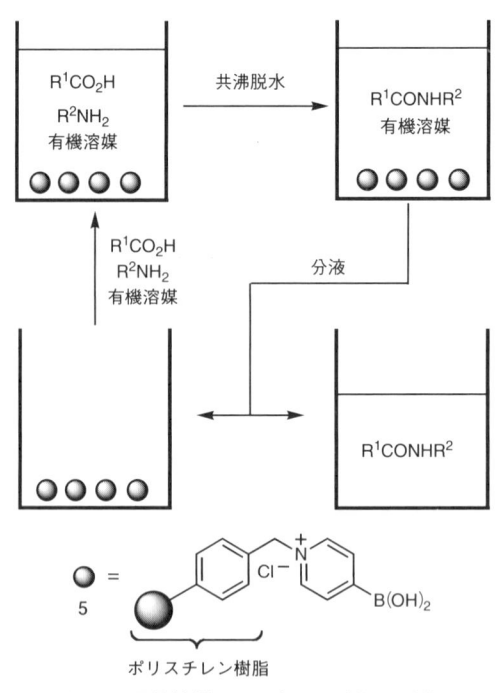

図15 固体触媒5の回収・再利用の手順

第17章　イオン液体を触媒の支持体として用いる脱水縮合反応

表3　固体触媒5を用いるアミド縮合反応

$$R^1CO_2H + R^2R^3NH \xrightarrow[\text{共沸脱水, 5 h}]{\text{5 (5 mol \%)}} R^1CONR^2R^3$$

溶媒	アミド	収率（%）
トルエン	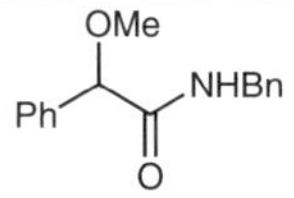 Ph-CH(OMe)-C(O)-NHBn	95 (1st) / 95 (2nd) / 94 (3rd)
トルエン	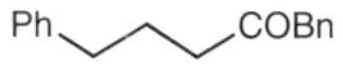 Ph-(CH$_2$)$_3$-COBn	>99 (1st) / >99 (2nd) / >99 (3rd)
o-キシレン	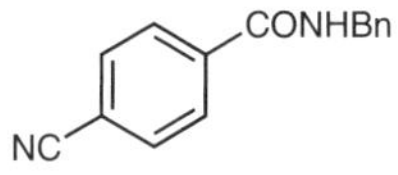 NC-C$_6$H$_4$-CONHBn	94 (1st) / 92 (2nd) / 94 (3rd)

2.4　ボロン酸触媒によるエステル縮合反応[2f,h]

　一般にボロン酸触媒はエステル化反応にも有効であるが，アミド化反応ほどの高い活性はない．アルコール溶媒中，共沸脱水という反応条件においても満足のいく反応性は得られない．その理由として考えられるのが，アミンの代わりにアルコールを用いて縮合反応を行おうとすると，アシロキシホウ素種よりもボロン酸エステルが優先的に生じてしまい，うまくカルボキシル基を活性化できないからである（図16）[2a]．

　ところが，2004年にHoustonらはホウ酸が α-ヒドロキシカルボン酸のエステル化反応に有効な触媒であることを報告した（図17）[4]．この反応はアルコール溶媒中で行わなければならないが，加熱還流もしくは室温で反応が進行する点で非常に興味深い．この反応が進行する理由はアルコール存在下にもかかわらず，α-ヒドロキシカルボン酸がホウ酸と安定な1,3,2-ジオキサボロラン中間体を構築し，うまくカルボキシル基を活性化できるからだと考えられる．

　そこで我々は極性溶媒中で高活性を示すN-メチルピリジニウムボロン酸ヨウ化物4を用いて

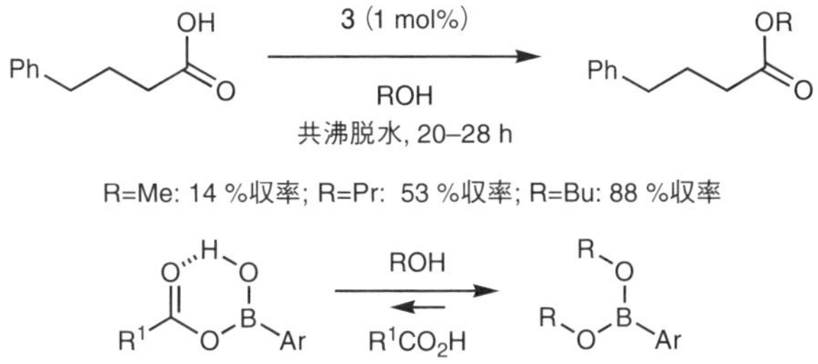

Ph-(CH$_2$)$_3$-COOH $\xrightarrow[\text{ROH, 共沸脱水, 20-28 h}]{\text{3 (1 mol\%)}}$ Ph-(CH$_2$)$_3$-COOR

R=Me: 14 %収率; R=Pr: 53 %収率; R=Bu: 88 %収率

図16　ボロン酸触媒によるエステル脱水縮合反応

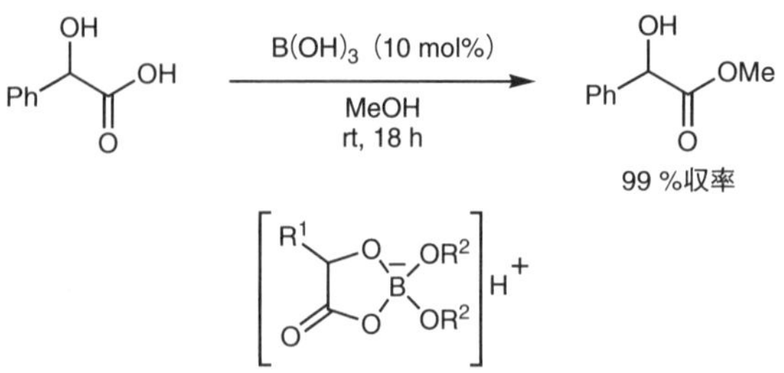

図17 ホウ酸触媒によるα-ヒドロキシカルボン酸のエステル縮合反応

表4 エステル縮合反応におけるホウ酸とボロン酸との触媒活性比較

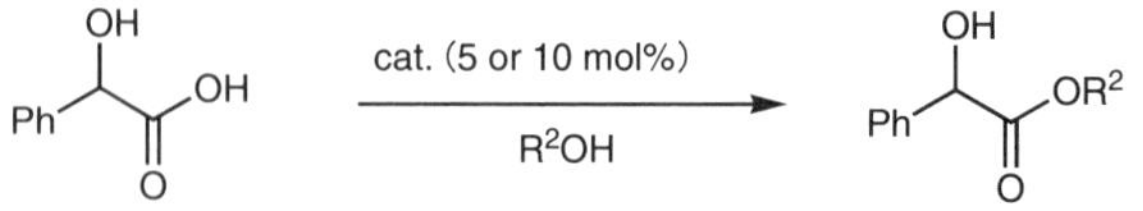

R^2OH（反応条件）	B(OH)$_3$	2	4
MeOH（rt, 2 h）	28%	48%	77%
i-BuOH（加熱還流, 1 h）	36%	32%	83%
HOCH$_2$CH$_2$OH（80℃, 1.5 h）	48%	29%	83%

　α-ヒドロキシカルボン酸のエステル化反応をアルコール溶媒中で検討した。その結果，ホウ酸やニュートラルなアリールボロン酸2よりも高い反応性を示した（表4）。

　触媒4の基質一般性については図18に示す。α-ヒドロキシカルボン酸だけでなくβ-ヒドロキシカルボン酸のエステル縮合反応にも適用でき，目的のヒドロキシエステルを高収率で得ることができる。

　高価なアルコールとのエステル縮合反応を想定した場合，やはり等モル量のα-ヒドロキシカルボン酸とアルコールからのエステル縮合反応が望ましい。興味深いことに，アルコールを大過剰から等モル量に減らしていっても，2や4などのアリールボロン酸の触媒活性に大きな変化が無いのに対し，ホウ酸の触媒活性は著しく向上し，4よりも高い活性を示す。このホウ酸触媒の高い触媒活性はスピロ型の重複活性構造を有する中間体を経由するためだと考えられる（図19）。

　反応用途に応じてホウ素触媒と反応条件を選定することにより，アミド縮合反応のみならずエステル縮合反応に適用することが可能である。

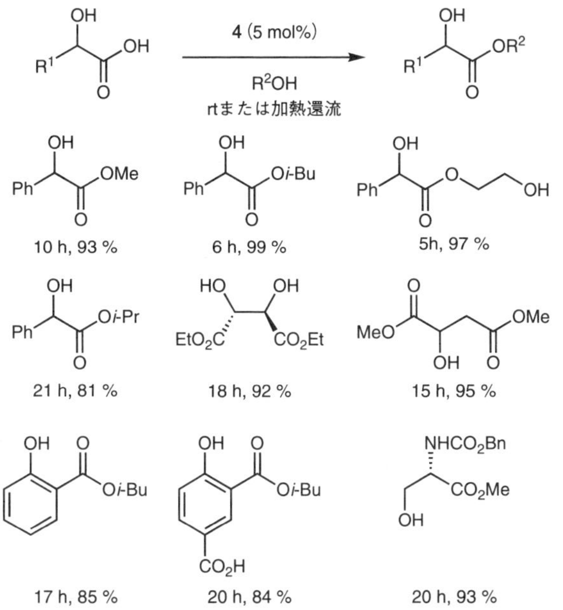

第17章 イオン液体を触媒の支持体として用いる脱水縮合反応

図18 エステル縮合反応における基質一般性

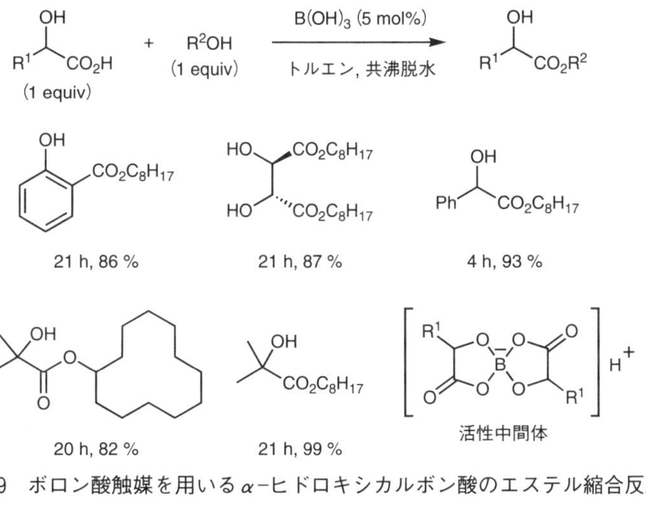

図19 ボロン酸触媒を用いるα-ヒドロキシカルボン酸のエステル縮合反応

本研究は名古屋大学において山本尚教授の下でスタートし，山本教授がシカゴ大学へ異動され小生が教授になった2002年7月以降も，引き続き名古屋大学で継続されたものである。この間，数々のご助言を賜った山本教授には深く感謝申し上げます。また，共同研究者である大原卓君，近藤章一君，中山昌也君，佐藤篤史君，王暁偉君，牧利克君，中村友香さんに心から感謝致します。

文　献

1) (a) Ishihara, K.; Ohara, S.; Yamamoto, H. *Science* **290**, 1140–1142 (2000); (b) Ishihara, K; Nakayama, M.; Ohara, S.; Yamamoto, H. *Synlett*, 1117–1120 (2001); (c) Ishihara, K.; Nakayama, M.; Ohara, S.; Yamamoto, H. *Tetrahedron*, **58**, 8179–8188 (2002); (d) Nakayama, M.; Sato, A.; Ishihara, K.; Yamamoto, H. *Adv. Synth. Catal.* **346**, 1275–1279 (2004); (e) Sato, A.; Nakamura, Y.; Maki, T.; Ishihara, K.; Yamamoto, H. *Adv. Synth. & Catal.* **347**, 1337–1440 (2005); (f) Nakamura, Y.; Maki, T.; Wang, X.; Ishihara, K.; Yamamoto, H. *Adv. Synth. Catal.* **348**, 1505–1510 (2006)

2) (a) Ishihara, K.; Ohara, S.; Yamamoto, H. *J. Org. Chem.* **61**, 4196–4197 (1996); (b) Ishihara, K.; Kondo, S.; Yamamoto, H. *Synlett*, 1371–1374 (2001); (c) Ishihara, K.; Ohara, S.; Yamamoto, H. *Org. Synth.* **79**, 176–185 (2002); (d) Maki, T.; Ishihara, K.; Yamamoto, H. *Synlett*, 1355–1358 (2004); (e) Maki, T.; Ishihara, K.; Yamamoto, H. *Org. Lett.* **7**, 5043–5046 (2005); (f) Maki, T.; Ishihara, K.; Yamamoto, H. *Org. Lett.* **7**, 5047–5050 (2005); (g) Maki, T.; Ishihara, K.; Yamamoto, H. *Org. Lett.* **8**, 1431–1434 (2006); (h) Maki, T.; Ishihara, K.; Yamamoto, H. *Tetrahedron* in press (2007); (i) 石原一彰, *Organic Square*, 1–4 (2006)

3) Collum, D. B.; Chen, S.-C.; Ganem, B. *J. Org. Chem.* **43**, 4393–4394 (1978)

4) Houston, T. A.; Wilkinson, B. L.; Blanchfield, J. T. *Org. Lett.* **6**, 679–682 (2004)

第18章　イオン液体の燃料電池への展開

北爪智哉*

1　はじめに

　近未来の動力源として期待されているものに燃料電池があり，活発に開発研究が行われている。燃料電池の原理は，水素と酸素などによる電気化学反応によって電力を取り出すことであり，原料となる水素と酸素を外部からどのようにかして供給し続けることで継続的に電力が供給可能となるシステムである。一般的な発電システムと異なる点は，化学エネルギーから電気エネルギーへの変換途中で熱エネルギーという形態を経ないので，発電効率が高いことである。燃料電池には①高分子固体電解質型燃料電池，②アルカリ電解質型燃料電池，③溶融炭酸塩型燃料電池，④リン酸型燃料電池，⑤ナトリウム-硫黄電池，⑥固体酸化物型燃料電池，⑦バイオ燃料電池，等々いくつかの種類があるが，現在では高分子固体電解質型燃料電池が主に研究されている[1]。

2　燃料電池発電

　燃料電池の陽極では，水素やメタノールなどの燃料が供給され図1に示したような反応が起き，プロトン（H^+）が生成する。そして生成したプロトンが電解質中を移動し，電子は導線内を通って移動する。陽極の素材としては，カーボンブラック担体上に白金触媒，あるいはルテニ

アノード

$$H_2 \longrightarrow 2H^+ + 2e^-$$

（メタノールの場合：$CH_3OH + H_2O \longrightarrow CO_2 + 6H^+ + 6e^-$）

カソード

$$1/2\,O_2 + 2H^+ + 2e^- \longrightarrow H_2O$$

燃料電池全体

$$H_2 + 1/2\,O_2 \longrightarrow H_2O$$

図1　アノードとカソードでの化学反応

＊　Tomoya Kitazume　東京工業大学大学院　生命理工学研究科　教授

ウム-白金合金触媒を担持したものが用いられている。そして，移動したプロトンにより陰極（一般的には，カーボンブラック担体上に白金触媒を担持したもの）で酸素の還元反応が起きている。反応を全体的に眺めれば，水素と酸素により水が生成する反応であるが水素と酸素をただ単に混ぜただけでは反応は起きない。

現在どのような点が開発の問題点となっているのであろうか。まず，電解質として現在使用されているものはペルフルオロアルキルスルフォン酸型イオン交換膜であるが，高価でありプロトン伝導性を示すためには充分に吸湿した状態であることが必要とされている。この条件を満たすためには，水の蒸発によるプロトン伝導性の低下を考慮すると80℃以下で固体高分子電解質型燃料電池を運転する必要性が生じる。

酸素は空気から供給可能であるが，水素の供給源が問題である。たとえば，水素を天然ガスのメタンを供給源として選び，改質器を通して生産すると式1のように二酸化炭素が副生するため，温暖化への影響が懸念される。

$$CH_4 + 2\,H_2O \longrightarrow 4\,H_2 + CO_2$$

式1

また，改質反応は高い温度で行われるため発電のために冷却する必要が生じる場合もある。低温での電極反応（酸化還元反応）は非常に遅いために高価な白金触媒を多量に必要とする。以上のような理由から，中温領域（120〜200℃程度）で作動可能な燃料電池用プロトン伝導体が望まれており，イオン液体にその期待が集まっている要因である。イオン液体を燃料電池の電解質として使用するという試みは，渡邉らによって詳細に検討されている[2]。彼らは，イミダゾール（Im）とビス（トリフルオロメタンスルフォニル）アミド（HTFSI）という超強プロトン酸との組み合わせで検討を行い，水素と酸素から水が生成する反応のギブスエネルギー変換を電気エネルギーに変換する燃料電池発電が非水条件下で実現できることを明らかにしている。

このようなイオン液体を電解質として活用した燃料電池においては，図2に示したような反応が起きていると考えられる。

アノード
$$H_2 + 2\,Im \longrightarrow 2\,ImH^+ + 2\,e^-$$

カソード
$$1/2\,O_2 + 2\,ImH^+ + 2\,e^- \longrightarrow H_2O + 2\,Im$$

燃料電池全体
$$H_2 + 1/2\,O_2 \longrightarrow H_2O$$

図2　電解質としてイオン液体を利用したときの化学反応

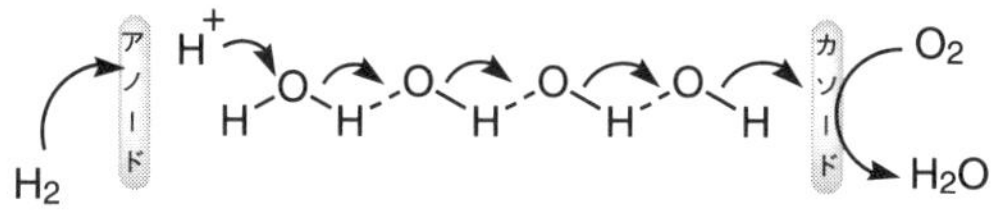

第18章 イオン液体の燃料電池への展開

図3 プロトン酸／水系における燃料電池発電機構

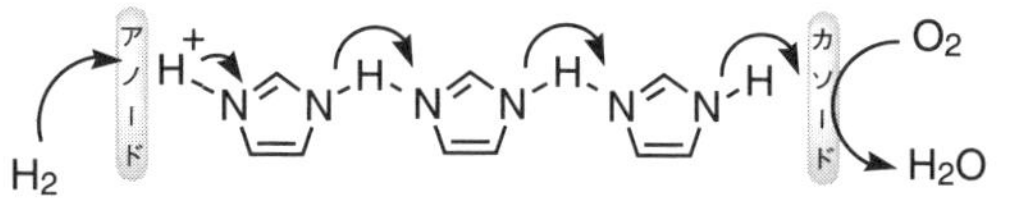

図4 HTFSI／イミダゾール系における燃料電池発電機構

また，萩原らにより提唱されている電池の原理では，[emim](FH)$_{2.3}$F が用いられており図5に示したような原理に従って起電されている[3]。

アノード　　$H_2 + 8(FH)_2F^- \longrightarrow 6(FH)_3F^- + 2e^-$

カソード　　$1/2 O_2 + 6(FH)_3F^- + 2e^- \longrightarrow H_2O + 8(FH)_2F^-$

全体　　　　$H_2 + 1/2 O_2 \longrightarrow H_2O$

図5 [emim](FH)$_{2.3}$F を利用する電池発電機構

イオン液体は，リチウム電池や燃料電池をはじめとするイオニクスデバイスと呼ばれるような分野で，何故大きな期待感が持たれているのであろうか。リチウム電池などの電気化学デバイスにはイオン伝導をつかさどる電解質が必要である。イオン液体の電解質としての応用分野と具体例として，①エネルギー変換デバイス（燃料電池，太陽電池），②エネルギー変換デバイス（電池，キャパシタ），③情報変換デバイス（アクチュエータ，センサー），④情報表示デバイス（液晶ディスプレイ），等がある。

これまで，電解質としては水，有機溶媒などの極性物質が使用されてきたが，液漏れや溶媒の揮発による性能劣化などが問題視されている。また，大きな起電力を必要とするリチウム電池のようなものを作成するためには，電極材質にもこだわることが必要となり陽極にはネガティブな電位を示す炭素や金属を使用し，陰極にはかなり正の電位を示す遷移金属酸化物を用いる必要がある。したがって，使用する電解質としてはこれらの電極に対して安定なもの，つまり電気化学的な耐還元性，耐酸化性に優れた物質を利用する必然性が生じてくるため，新規な電解質としてイオン液体の物性に焦点が注がれている。一般的にイオン液体とは，以下のような性質を持つ液体の塩を総称して呼んでいる。

・イオン性であり幅広い温度領域で低粘性の液体である
・分解電圧が大きいので電池などの電解質溶液として利用可能

- 比熱容量が高いので熱伝導媒体として利用可能
- 蒸気圧がほとんどゼロであるため，揮発しにくい
- 難燃性であり，真空系にも対応可能

イオン液体の特徴である比較的高いイオン伝導性を示すという特徴は，電池の電解質としての条件を備えており，揮発性が無いということから電気化学デバイスでも揮発による枯渇という問題点が解決される利点があり，長時間の安定動作に寄与できる可能性が大きいと推測される。

それでは，電池には現在どのような電解質が利用可能なのかを理解するために，水系電解質と非水系電解質に分類しそれらの特徴を眺めると，非水系電解質は水系電解質と比較して，電気伝導率が桁違いに劣ることが明白である。しかしながら，利用可能な電位領域（電位窓）が広いという長所があり，イオン液体もこの非水系電解質に分類される。

表1 電解質の分類

種類			代表的な例	電気伝導度*
液体	水系	酸性	35 wt%H_2SO_4/H_2O	848
		アルカリ性	30 wt%KOH/H_2O	625
		中性	30 wt%$ZnCl_2$/H_2O	105
	非水系	有機	1 M$LiPF_6$/EC+EMC	9.6
		無機	2 M$LiAlCl_4$/$SOCl_2$	20.5
		イオン液体	[emim]BF_4	13.6
固体		有機	Li(CF_3SO_2)$_2$N/(C_2H_4O)	0.1
		無機	Li_2S-P_2S_5	1.0

* mS cm^{-1} 25℃

（宇恵誠：イオン液体Ⅱ，p 167(2006)（シーエムシー出版）参考）

さて，電池などでは，動作電圧というものが重要な要因であるが，非水系電解質を利用する最大の利点は，電位窓の領域内で動作電圧を設定することが可能であるということである。動作電圧は，電池のエネルギー密度Wに関係しており，電池の場合には動作電圧の1乗に比例し，キャパシタの場合には2乗に比例するので，高密度エネルギー化あるいは小型化に際して，電位窓の領域内で動作電圧を設定可能であるということは優位なこととして作用する。

3 イオン液体の電気化学的安定性

一般的に，イオン液体は電気化学的にも安定であることが知られている。とくに，イオン液体が酸化反応や還元分解を受けない電位領域，すなわち電位窓が広いこともこの種の液体の特徴のひとつである。酸化反応に対する安定性はアニオン種に依存し，還元反応に対する安定性はカチ

第18章　イオン液体の燃料電池への展開

オン種に依存することが知られているが，イミダゾリウム塩の場合には，酸化されやすく必ずしもアニオン種の酸化分解だけが安定性に関っているわけではない。アニオンの耐酸化性の序列は次のようになり，溶液中で測定した酸化電位の序列と同じである[4]。

$$AsF_6^- > PF_6^- > BF_4^-(CF_3SO_2)_3C^- > (CF_3SO_2)_2N^- > CF_3SO_3^- > CF_3CO_2^-$$

還元安定性は，逆にカチオン種の還元分解に依存し，脂肪族四級アンモニウムイオンの方がイミダゾリウムカチオンよりも還元されにくい。イミダゾリウム環の2位にメチル基のような置換基が存在するとその電子供与性効果により無置換体と比較して0.3～0.5V難還元性となる。図6に示したようにポリフッ化水素塩系のものは，プロトンの還元が起こるため還元側の電位窓は狭い。

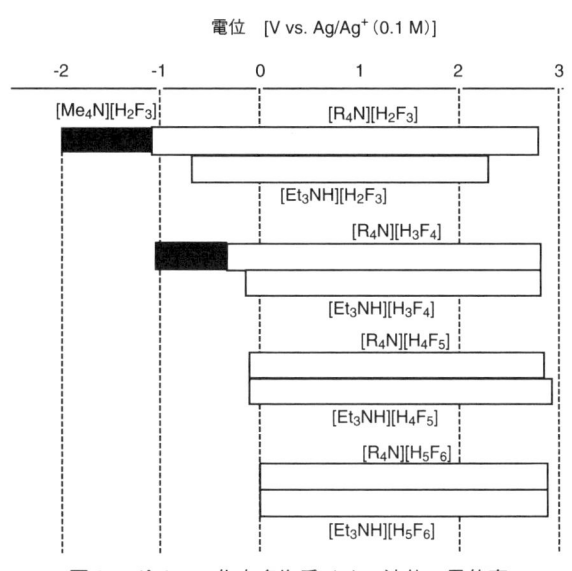

図6　ポリフッ化水素塩系イオン液体の電位窓

4　構造と物性の関係について

イオン液体の導電率は一般的には良好であり，とくに，1-エチル-2-メチルイミダゾリウム[emim]というカチオン部位を有しているイオン液体が高い導電率を示すことが知られている。導電率は，イオンの移動度と関係することから粘性に大きく依存するので，イミダゾリウム系イオン液体の分子構造と導電性の相関関係はどうなっているのかについて少し述べてみたい。

一般的なイオン液体として使用されているイミダゾリウム系を例にして構造と物性（融点，粘度，導電率など）の関係を眺めてみると，図7に示したようにまとめることもできる。

　①　側鎖のアルキル基の鎖長が長くなると，粘度は高くなり，融点や導電率は低下する傾向が

MeN(+)NEt [BF$_4$]$^-$ MeN(+)NC$_6$H$_{13}$ [BF$_4$]$^-$

[emim]BF$_4$$^-$ [emim]BF$_4$$^-$

粘度　：31.8 cP(25℃)   粘度　：223.8 cP(25℃)
融点　：14.6℃   融点　：-82℃(Tg)
導電率：13.6 mS/cm   導電率：1.04 mS/cm

図7　鎖長と粘度や融点，導電率との関係

ある。とくに，融点を低下させるためには，カチオン部位を非対称にするか，嵩高い基を導入しクーロン相互作用による配列効果を弱くすることである。しかしながら，鎖長と融点との間には明確な相関関係は存在しておらず，融点を鎖長に対してプロットするとv字型の曲線が得られることが知られている。

水素結合と融点の関連に関しても明確になっていない。たとえば，イミダゾリウム環のC2位にメチル基を導入した2-メチルイミダゾリウム系から形成されるイオン液体のアニオンを，水素結合能が大きい酢酸イオンにしたイオン液体と小さいTFSIイオン（$(CF_3SO_2)_2N^-$）にしたイオン液体の融点を比較するといずれのイオン液体でも融点の上昇が認められる。電池の電解質として利用するためには，融点を下げ，粘度を小さくすることが重要である。

②　2位に置換基が導入されると図8に示したように還元されにくくなる。

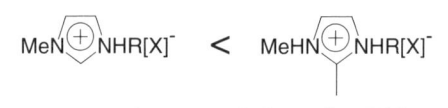

MeN(+)NHR[X]$^-$　＜　MeHN(+)NHR[X]$^-$

図8　酸化還元と置換基との位置関係

さらに，カチオン部位の比較としてイミダゾリウムカチオンと脂肪族アンモニウムカチオンを比較してみると，図9に示したようにその物性値である，粘度，融点はイミダゾリウムカチオンの方が低く，導電性は高いようであり，耐還元性は低いというような関係がある。

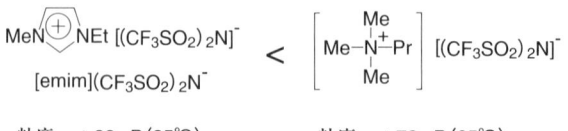

MeN(+)NEt [(CF$_3$SO$_2$)$_2$N]$^-$　＜　[Me-N(+)(Me)(Me)Pr] [(CF$_3$SO$_2$)$_2$N]$^-$

[emim](CF$_3$SO$_2$)$_2$N$^-$

粘度　：28 cP(25℃)   粘度　：72 cP(25℃)
融点　：-16℃   融点　：19℃
導電率：8.4 mS/cm   導電率：3.2 mS/cm

図9　カチオン部位と粘度や融点，導電率との関係

イオン液体の物性の変化は，カチオンとアニオンの組み合わせ方，分子内の電荷分布，分子間の静電的相互作用などにより変化すると考えられており非常に複雑化しているため予測が困難な状況である。次に，温度と粘度の関係について眺めてみたい。代表的なイミダゾリウムカチオン

第18章 イオン液体の燃料電池への展開

である1-ブチル-3-メチルイミダゾリウムカチオンと各種アニオン種から形成されるイオン液体を例にして比較した図10から，僅かな温度変化で粘度がドラスティックな曲線を描き大きく変化していることがわかる。

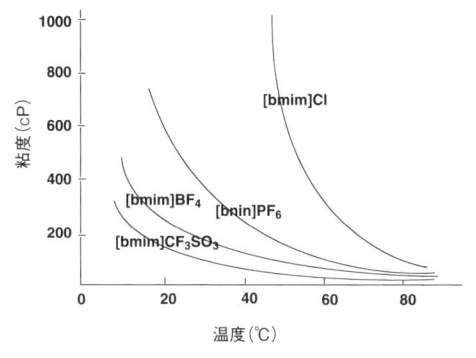

図10 各種イオン液体の温度—粘度曲線

さらに，低温域でのイオン液体の粘性増加が電解液としてイオン液体を電池やキャパシタなどの電気化学デバイスとして利用する際に大きな問題点となっている。とくに，温度変化が大きい冬季や寒冷地での使用には解決すべき大きな課題点となっている。イオン液体［Me$_3$NPr］N(CF$_3$SO$_2$)$_2$にLiN(CF$_3$SO$_2$)$_2$を添加した系の導電率と粘性のリチウム濃度依存性を図11に示したが，この図から0.8M程度の添加によって導電率は4分の1，粘度は3倍になることが明らかである。

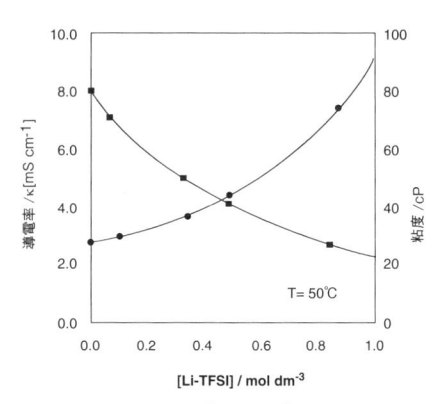

図11 Li-TFSIを添加した［Me$_3$NPr］TFSIの導電率と粘性

前述したようにイミダゾリウム環状の窒素原子に結合したアルキル基の炭素鎖が長くなると粘性が増すといわれている。さらに，対アニオンとの関係も重要であり，水素結合などが形成されるような場合には分子間での自由度が減少するためにやはり粘性が増し，粘性の増大に伴って導電性は減少する。イオンの移動度と粘性の積が一定となるWalden則はイオン液体にも適応可能

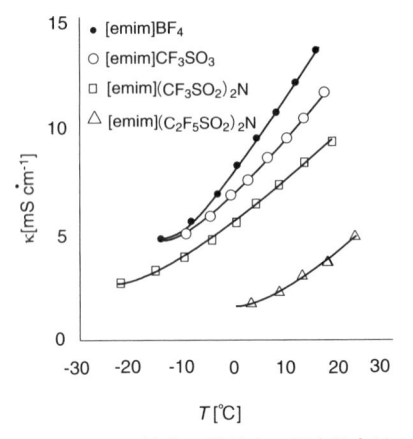

図12 イオン液体の導電率の温度依存性
(宇恵誠:マテリアルインテグレーション，16 (5) 44 (2003) 参考)

であり，イオン液体の粘度に対するモル導電率は下記の(1)式に従うので，当然低粘度になれば導電率は増加する。図12に示したようにイオン液体の導電率の温度依存性も顕著なものである。

$\lambda \eta =$ 定数（λ:モル導電率；η:粘度） （1）

イミダゾリウム系のイオン液体のカチオンとアニオンの組み合わせの違いによる融点の変化について表2にまとめてみた。

表2 イミダゾリウム系イオン液体の融点（℃）

lm$^+$	TfO$^-$	Tf$_3$N$^-$	TA$^-$
3-Me			
1-Me	39(s)	22	52(s)
1-Et	-9(s)	-3	-14(s)
1-Bu	16(s)	-4	(s)
1-i-Bu			
1-MeOEt	27(s)		
1-CF$_3$CH$_2$	45(s)		
3-Et			
1-Et	23(s)	14	(s)
1-Bu	2		(s)

(S):water soluble：Tf＝CF$_3$SO$_2$：TA＝CF$_3$SO$_2$

5 電池の電解質としての性質

また，イオン液体の水分や熱に対する安定についても一般的に知られているように安定ではない[5]。例えば，1-エチル-3-メチルイミダゾリウム テトラフルオロボレート［emim］BF$_4$の溶液調製後のフッ素イオン濃度の経時変化を図13に示した。それによるとイオン液体［emim］BF$_4$は，多量の水存在下では加水分解をうけフッ素イオンを遊離することがあり，この加水分解反応は時間，温度，pHなどの条件次第でさらに加速される。アニオン部位がPF$_6$で構成されているイオン液体［bmim］PF$_6$でも湿気で加水分解されHFを生成する，また130℃を超える温度で加熱すると分解することがある。分解生成物が微妙に反応系やイオン液体の物性に影響を及ぼす。

第18章 イオン液体の燃料電池への展開

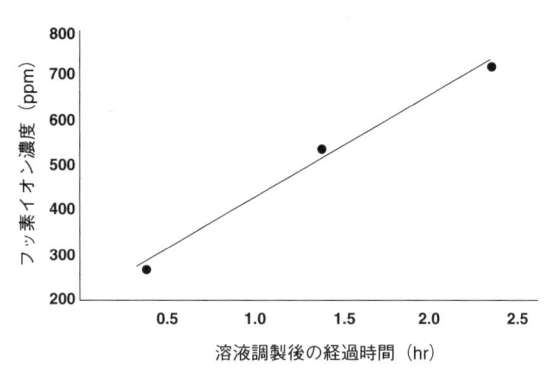

図13 溶液調製後の [emim] BF_4 のフッ素イオンの濃度変化

また，25℃で [emim] BF_4 に $LiBF_4$ を溶解させると凝固点が15℃から下がり－20℃でも液体として安定に存在している。しかしながら，溶質濃度の増加とともに電気伝導度は減少するが，これはイオン液体の粘度が増加するためである。さらに，リチウムの酸化還元電位では，[emim] BF_4 が分解してしまうという点がリチウム電池での電解質としての問題点である。

さらに，松本らにより種々の電解質の色素増感太陽電池セルへの適用が試みられている[6]。特に，I^-/I_3^- のレドックス対が使用されるときには，イオン液体の粘性と変換効率との関係が論議されており，粘性34 mPaの [emim] TFSIでは0.9%の変換効率しか示さないが，粘度が4.8 mPaと小さい [emim] [F-(HF)$_{2.3}$] では2%，0.35 mPaのアセトニトリルでは5.8%と増加することがわかっている。これらの結果から，I^-/I_3^- のレドックス対が使用されるときには，粘度ができるだけ小さいイオン液体を使用することが必要条件となり，このようなイオン液体を作り出すことが要求されている。

また，最近の研究によれば，粘度が高くてもイオン液体が特殊のもの，たとえば図14に示したようなアニオン部位にヨウ素を使用したようなイオン液体であれば応用可能なのではないかというような報告もあり，これからの展開が楽しみである。

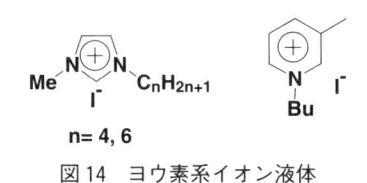

図14 ヨウ素系イオン液体

6 電解質として有望なイオン液体

様々なイオン液体が開発されてきているが，電池の電解質として利用するためには，低粘性であるとともに氷点下まで液体として存在することが望ましい。このような条件に合うようなイオン液体を合成することは簡単なことではないが，いくつかの有望な候補としてのイオン液体が松本らによって作られており電池の電解質としての適正等についても検討されている[6]。

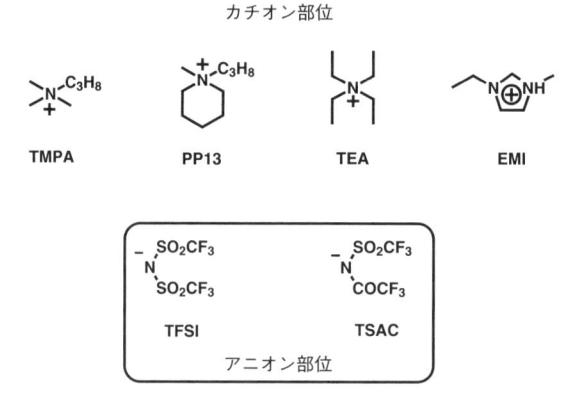

図15 電解質への応用展開が期待されているイオン液体

文　　献

1) (a) 大野弘幸（監修），イオン性液体，シーエムシー出版（2003）
   (b) 大野弘幸（監修），イオン液体，シーエムシー出版（2006）
2) (a) 渡邉正義，マテリアルインテグレーション，16, 33 (2003)；(b) 宇恵誠，マテリアルインテグレーション，16, 40 (2003)
3) R. Hagiwara, Je. S. Lee, *Electrochemistry*, 75, 23-34 (2007)
4) 北爪智哉，淵上寿雄，沢田英夫，伊藤敏幸，イオン液体，コロナ社（2005）
5) (a) 北爪智哉，機能材料，20, 54 (2000)；(b) 北爪智哉，ファインケミカル，30, 5 (2001)；30, 15 (2001)；(c) 北爪智哉，PETROTECH, 25, 53 (2002)；(d) 北爪智哉，マテリアルインテグレーション，16, 15 (2003)；(e) 北爪智哉，化学工業，57, 437-441 (2006)
6) 松本一，マテリアルインテグレーション，16, 27 (2003)

第19章 水溶性錯体を触媒とした水／有機溶媒二相系反応

小宮三四郎[*1], 小峰伸之[*2]

1 はじめに

　遷移金属錯体を触媒とした多くの有機合成反応は有機溶媒中で行われるため，生成物と触媒の分離のため蒸留や抽出操作を必要とする。また近年，グリーンケミストリーの観点から，有機溶媒の使用量の削減が叫ばれている。これらの問題に対する解決策の1つとして注目されているのが，水溶性錯体を触媒とする水／有機溶媒二相系反応である。水／有機溶媒二相系触媒反応では，触媒は水中に，生成物は有機溶媒中に存在するので，これらをデカンテーションにより容易に分離することができ，触媒水相は再利用できると考えられる。さらに水による触媒活性や選択性の向上や特異的反応性の発現の可能性もあると期待される[1]。一方，触媒反応活性種と考えられる有機遷移金属種は一般に水に不安定と考えられてきたので，水中での有機金属化合物の物理的，化学的性質はほとんど検討されてこなかった。我々はこれまで，水中で還元的脱離反応，酸化的付加反応，β水素脱離反応，配位子への求核反応など有機遷移金属錯体の基本的反応が可能かどうか，水溶性のアルキル金属錯体を合成単離し，その反応性を調べることにより明らかにしてきた[2]。また，水溶性の遷移金属錯体を触媒としたいくつかの水／有機溶媒二相系触媒反応を開拓してきた。

　本稿では，我々が最近行なった水／有機溶媒二相系での①水溶性イリジウムおよびロジウム錯体による α, β-不飽和アルデヒドおよびイミンの C=O 結合もしくは C=N 結合選択的水素化[3]と②アリルアルコールをアリル源とする水溶性パラジウム錯体触媒によるアリル反応[4]について述べる。また，触媒反応機構と関連し，水中で安定なアリルパラジウム錯体の合成と反応についても述べる。

---

*1　Sanshiro Komiya　東京農工大学大学院　共生科学技術研究院　教授
*2　Nobuyuki Komine　東京農工大学大学院　共生科学技術研究院　助教

2 水／有機溶媒二相系を用いた水溶性イリジウム錯体による不飽和アルデヒドのカルボニル選択的水素化反応[3]

単座のトリス（ヒドロキシメチル）ホスフィン（THMP）や二座の1,2-ビス（ジヒドロキシメチルホスフィノ）エタン（DHMP）は，水溶性ホスフィン配位子として広く用いられているTPPTSやTPPMSに比べても非常に水溶性の高い三級ホスフィン配位子である。しかしながら，これらを配位子とする水溶性遷移金属錯体を用いた触媒反応はあまり知られていない。ここでは，THMPを有する水溶性イリジウムおよびロジウム錯体の合成およびこれらを触媒とする水／有機溶媒二相系での選択的水素化と触媒水相の再利用について述べる。また，DHMPEを配位子とする水溶性イリジウム，ロジウムおよびルテニウム錯体によるα, β-不飽和アルデヒドおよびイミンの選択的水素化反応についても述べる。

2.1 トリス（ヒドロキシメチル）ホスフィンを有する水溶性遷移金属錯体の合成

[Ir(cod)Cl]$_2$と3当量の水溶性ホスフィン配位子P(CH$_2$OH)$_3$との反応により，水溶性Ir錯体[Ir(cod){P(CH$_2$OH)$_3$}$_3$]Clを合成した。一方，[Rh(cod)Cl]$_2$と4当量のP(CH$_2$OH)$_3$との反応では，[RhH$_2${P(CH$_2$OH)$_3$}$_4$]Clが得られた。これらの錯体は，NMRやIRなどの各種分光学的手法やESI MSにより同定したが，いずれも水への溶解性が非常に高く，水／ベンゼン二相系ではほとんど水中に存在するため，触媒を分離するにはデカンテーションで十分であった。また，比較的空気中でも安定であるため取り扱いが容易である。また，P(CH$_2$OH)$_3$はコーンアングルが小さいため，これらのイリジウムおよびロジウム錯体はd^{8}の5配位錯体（式1）またはd^{6}の6配位錯体（式2）として存在していると考えられる。

式1

式2

2.2 トリス（ヒドロキシメチル）ホスフィンを有する水溶性遷移金属錯体を触媒とする不飽和アルデヒドおよびイミンの選択的水素化反応

水／ベンゼン二相系溶媒中における水溶性イリジウム錯体を触媒としたケイ皮アルデヒドの水素化反応（式 3）を行った結果を表1に示す。この反応ではC＝C二重結合とC＝O二重結合の競争的水素化が進行する可能性がある。

$$Ph\diagup\!\!\!\diagup\!\!\diagdown O \xrightarrow[\text{water / benzene}]{\text{Ir cat., H}_2} Ph\diagup\!\!\!\diagup\!\!\diagdown OH + Ph\diagup\!\!\diagdown\!\!\diagup O + Ph\diagup\!\!\diagdown\!\!\diagup OH$$

式3

1 mol％の水溶性イリジウム錯体存在下，100℃，水素圧 3.0 MPa で，ケイ皮アルデヒドの水素化を行ったところ，転化率 90％で反応は進行したが，選択性は中程度であった。水素圧を 10.0 MPa に上げ，水素化を行ったところ，選択性および転化率の向上が見られた（表1，Entry 2）。さらに，系中に錯体に対して5当量の $P(CH_2OH)_3$ を添加したところ，転化率の低下が見られたが，選択性は97％にまで上昇した。さらに，反応温度を125℃に上げることで，転化率99％，選択率97％でケイ皮アルコールが得られた。また，本反応は，ベンゼンよりも，より毒性の少ないトルエンやヘキサンなどの炭化水素系の溶媒を水と組み合わせ用いることも可能であり，水／ベンゼン二相系の場合と比べ，若干の収率および選択性の低下は見られるものの，選択的にケイ皮アルコールが得られた。本触媒反応において，過剰のトリス（ヒドロキシ）ホスフィンを添加することで，選択性の向上が見られたのは，ホスフィンの解離を抑制することで，触媒の安定化とともに中心金属の電子密度が増加し，イリジウムヒドリド錯体のヒドリド性が高くなったためと考えられる。

表1 水／ベンゼン二相系，$[Ir(cod)\{P(CH_2OH)_3\}_3]Cl$ を触媒としたケイ皮アルデヒドの水素化反応[a]

Entry	THMP[b]	H_2/MPa	T/℃	Conv./%	Selectivity/%[c] Ph⌒⌒OH	Ph⌒⌒O	Ph⌒⌒OH
1	0	3.0	100	90	76	2	22
2	0	10.0	100	99	88	2	9
3	5	9.0	100	20	97	3	0
4	5	9.0	125	99	98	2	0
5[d]	5	9.0	125	92	99	2	0
6[e]	5	9.0	125	89	92	4	1

[a] Reaction conditions: $[Ir(cod)\{P(CH_2OH)_3\}_3]Cl$ (0.015 mmol), cinnamaldehyde (7.5 mmol), solvent = water 5.0 mL, benzene 5.0 mL, reaction time = 24 h. [b] Molar ratio of added THMP to $[Ir(cod)\{P(CH_2OH)_3\}_3]Cl$. [c] (Mol of product)/(mol of converted cinnamaldehyde)×100. [d] Solvent = water 5.0 mL, toluene 5.0 mL. [e] Solvent = water 5.0 mL, hexane 5.0 mL.

表2 水溶性イリジウム錯体触媒によるケイ皮アルデヒドの水素化における繰り返し反応[a]

Run	1	2	3	4	5	6	7
Yield/%	99	99	99	94	97	93	95
Selectivity/%	98	90	97	100	100	100	99
Conversion/%	100	100	100	95	94	93	96

[a] Reaction conditions: [Ir(cod){P(CH$_2$OH)$_3$}$_3$]Cl (0.015 mmol), cinnamaldehyde (7.5 mmol), solvent = water 5.0 mL, benzene 5.0 mL, H$_2$(9.0 MPa), 125℃, reaction time = 24 h.

これらのいずれの触媒反応においても,反応後,生成物を含む有機相と触媒を含む水相が容易に分離可能であり,分離した水相は反応に繰り返し使用可能であった(表2)。反応終了後,生成物の入っている有機相を取り除き,定量するとともに,残った水相に基質を含むベンゼン溶液を加え,水素化反応を繰り返した。ここでは7回の繰り返し実験の結果を示したが,触媒活性の低下を起こさず,ケイ皮アルコールの選択的な生成が見られた。

2.3 1,2-ビス(ジヒドロキシメチルホスフィノ)エタンを配位子とする遷移金属錯体による水／有機溶媒二相系での α , β-不飽和アルデヒドの選択的水素化

二座のホスフィン配位子はキレート効果により,単座配位子に比べて,強固に配位することが知られている。本節では二座の水溶性ホスフィン配位子である1,2-ビス(ジヒドロキシメチルホスフィノ)エタン(DHMPE)を用いた水溶性イリジウム,ロジウムおよびルテニウム錯体触媒による α , β-不飽和アルデヒドについて述べる。

1.0 mol%の[Ir(cod)Cl]$_2$に対して2当量のDHMPE存在下,反応温度125℃,反応時間8時間,水素圧9.0 MPa,ケイ皮アルデヒドの水素化反応を行ったところ,定量的に反応が進行し,

表3 [M(cod)Cl]$_2$(M=Rh, Ir)/DHMPE触媒およびRu(cod)(cot)/DHMPE触媒による不飽和アルデヒドの水素化反応[a,b]

Entry	R	Solvent	Conv./%	Yield/% (Selectivity/%) R＝＝＼OH	R＝＝＼OH	R―――＼OH
1	Ph	benzene	99	75(100)	0(0)	0(0)
2	C$_3$H$_5$	hexane	100	79(88)	0(0)	11(12)
3	Ph	benzene	100	104(100)	0(0)	0(0)
4	C$_3$H$_5$	hexane	95	51(86)	1(2)	7(12)
5	Ph	benzene	100	93(100)	0(0)	0(0)
6	C$_3$H$_5$	hexane	91	9(10)	13(14)	21(23)

[a] Reaction conditions: MLn = 1.0 mol% [DHMPE]/[M] = 2, H$_2$ (9.0 MPa), solvent = water/benzene (1/1), 125℃, reaction time = 8 h. [b] H$_2$(1.0 MPa).

C=O 結合が水素化されて生成したケイ皮アルコールが選択的に得られた。同様な条件下,[Rh(cod)Cl]$_2$/DHMPE 触媒を用いて,水素化反応を行ったところ,ケイ皮アルコールがほぼ選択的に得られ,収率の向上も見られた。一方,Ru(cod)(cot)/DHMPE 触媒を用いた場合は,比較的温和な条件下でケイ皮アルコールに水素化することができた。次に,2-ヘキセナールの水素化について,検討した。[Ir(cod)Cl]$_2$/DHMPE 触媒を用いて,2-ヘキセナールの水素化を行ったところ,収率 79 % で 2-ヘキセノールが得られた。これに対して,[Rh(cod)Cl]$_2$/DHMPE 触媒を用いると,選択性は [Ir(cod)Cl]$_2$/DHMPE 触媒と同程度のものであったが,収率の低下が見られた。一方,Ru(cod)(cot)/DHMPE 触媒を用いて反応を行うと,転化率は高いものの,2-ヘキセノールの収率は極めて低いものであった。

以上のように,二座の水溶性ホスフィン配位子である DHMPE と [Rh(cod)Cl]$_2$,[Ir(cod)Cl]$_2$ もしくは Ru(cod)(cot)/DHMPE を組み合わせ用いることで,不飽和アルデヒドの C=O 結合を選択的に水素化することができた。

2.4 1,2-ビス(ジヒドロキシメチルホスフィノ)エタンを配位子とする遷移金属錯体による水／ベンゼン二相系での α, β-不飽和イミンの選択的水素化

α, β-不飽和イミンの C=N 結合選択的な水素化は,アリルアミンの合成法として有用である。ここでは,DHMPE を配位子に用いた二相系触媒による α, β-不飽和イミンの C=N 結合選択的な水素化について述べる。

[M(cod)Cl]$_2$(M=Rh, Ir)または Ru(cod)(cot)/DHMPE 触媒を用いて,α, β-不飽和イミンの水素化反応を行った。基質として 1,4-ジフェニル-1-アザブタ-1,3-ジエンを用いて水／ベンゼン二相系での水素化反応を試みた(式 4, 表 4)。[Ir(cod)Cl]$_2$/DHMPE 触媒は,イミンの水素化に高い触媒活性を示し,飽和のイミンおよびアミンを副生することなく C=N 二重結合の水素化が進行し,アリルアミンを与えた。この反応では 15 % のケイ皮アルコールが副生していたが,これは基質のイミンが加水分解し生成したケイ皮アルデヒドの水素化により生成したものと考えられる。Ru(cod)(cot)/DHMPE 触媒は,イミンの水素化に高い活性を示したが,アリルアミンとともに飽和のアミン(15 %)やアリルアルコール(12 %)が副生した。

$$\text{Ph}\diagup\hspace{-2pt}\diagdown\text{NPh} \xrightarrow[\text{8 h, water/benzene}]{\text{cat.(1.0 mol\%), H}_2} \text{Ph}\diagup\hspace{-2pt}\diagdown\text{NHPh}$$

式 4

表4 水溶性遷移金属錯体による水／ベンゼン二相系でのα,β-不飽和イミンの選択的水素化反応[a]

Entry	Cat.	Temp./℃	H_2/MPa	Conv./%	Yield/%
1	$[Ir(cod)Cl_2]_2$/DHMPE	125	9.0	92	48
2	$[Rh(cod)Cl]_2$/DHMPE	100	9.0	37	0
3	$Ru(cod)(cot)$/DHMPE[b]	100	1.0	100	22

[a] Reaction conditions: [DHMPE]/[M] = 2, solvent = water/benzene (1/1), reaction time = 8 h. [b] Reaction time = 4 h.

3 水／有機溶媒二相系メディアでの水溶性パラジウム錯体によるアリルアルコールを用いた触媒的アリル化[4]

辻-Trost反応として総称されるパラジウム錯体を触媒としたアリル化反応は，有機合成の手法として広く用いられている[5]。アリル源としては，アリルハライド，炭酸アリル，アリルエステルなどが用いられるが，これらに比べ安価で環境負荷の少ないアリル源であるアリルアルコールを用いることができれば，大変有用である[6]。しかし，ヒドロキシ基は脱離しにくいため，あまり用いられない。ここでは，水／有機溶媒二相系での水溶性パラジウム触媒である$Pd(OAc)_2$/TPPTS触媒によるアリルアルコールを用いたアミン，チオール，1,3-ジカルボニル化合物のアリル化反応について述べる[7]。また，チオールのアリル化を例としてその反応機構についても述べる。

3.1 $Pd(OAc)_2$/TPPTS触媒によるアミンのアリル化反応

水／有機溶媒二相系で$Pd(OAc)_2$/トリフェニルホスフィントリススルホネート3ナトリウム塩（$P(C_6H_4SO_4Na-2)_3$, TPPTS）系を触媒としたアリルアルコールによるアミンのアリル化反応を行った（式5）。有機溶媒としては比較的毒性の少ない炭化水素系の溶媒を使用した。即ち，$Pd(OAc)_2$/5 TPPTS ジエチルアミン $Pd(OAc)_2$/5 TPPTS（0.4 mol%）触媒の存在下，水／ペンタン二相系で，アリルアルコールとジエチルアミンを80℃で3時間反応させたところ，N,N-ジエチルアリルアミンが転化率95%，収率87%で得られた。

表5に示すように，この触媒反応に用いた触媒水相と生成物の入っている有機相をデカンテー

$$\diagup\!\!\!\diagdown\text{OH} + \text{NHEt}_2 \xrightarrow[\text{water/pentane}]{\text{Pd(OAc)}_2/5\text{ TPPTS} \atop 80\text{ ℃, 3 h}} \diagup\!\!\!\diagdown\text{NEt}_2$$

Conv. 95%
Yield 87%

式5

表5　水溶性パラジウム触媒を用いたアリルアルコールによるアミンのアリル化反応の繰り返し反応[a]

Run	1	2	3	4	5	6	7
Yield/%	98	90	97	98	95	98	86
Conv./%	100	100	100	100	100	100	100

[a] Reaction conditions: $Pd(OAc)_2$ (0.4 mol %) [TPPTS]/[$Pd(OAc)_2$] = 5, solvent = water/pentane (1/1); 80℃, 3 h.

ションで分離し，触媒水相を繰り返し用いて実験を行ったところ，触媒は失活することなく，少なくとも7回の繰り返し反応を行うことができた（収率86〜98％）。

次に置換基をもつアリルアルコールを用いて反応の選択性を検討した。クロチルアルコール，3-ブテン-2-オールおよびケイ皮アルコールを用いて，$Pd(OAc)_2$/5 TPPTS（0.4 mol %）触媒の存在下，水／ペンタン二相系で，ジエチルアミンとの反応を110℃で2時間行い，対応するアミンが得られた（表6）。クロチルアルコールおよび3-ブテン-2-オールの反応ではどちらの場合も，N,N-ジエチル-2-ブテニルアミンのみが約$E/Z=4/1$の比で得られ，同じη^3-アリル中間体を経て進行していることが示唆される。また，ケイ皮アルコールの反応では，E体のシンナミルアミンのみが得られたが，反応の転化率および収率ともに中程度のものであった。また，プレニルアルコールおよび2-メチル-3-ブテン-2-オールの反応では，N,N-ジエチルプレニルアミンのみが得られた。

表6　種々のアリルアルコールによるジエチルアミンのアリル化[a]

Entry	Allylic Alcohol	Conv. /%	Product (Yield/%)
1	⌢OH	91	⌢NEt₂ (82)
2	⌢⌢OH	100	⌢⌢NEt₂ (E/Z=77/23) (76)
3	⌢OH (branched)	100	⌢⌢NEt₂ (E/Z=78/22) (88)
4[b]	Ph⌢⌢OH	49	Ph⌢⌢NEt₂ (47)
5	⌢⌢OH (Me branch)	92	⌢⌢NEt₂ (44)
6	⌢OH (gem-dimethyl)	29	⌢⌢NEt₂ (6)

[a] Reaction conditions: $Pd(OAc)_2$ (0.4 mol%), TPPTS (2.0 mol%), solvent = water / hexane (1/1), 110℃, 2 h.
[b] solvent = water/ benzene (1/1).

この選択的アリル化ではジエチルアミン以外のアミンのアリル化にも有効であり，それぞれ対応するアリルアミンが得られた（表7）。

二級アミンとの反応では，ピペリジンに対する反応性は高く，定量的であったのに対して，ジアルキルアミンのアルキル基をエチル基，n-ブチル基，i-プロピル基と嵩高くなるに従い，アリル化生成物の収率は低下した。塩基性度のほぼ等しいピペリジン（pKa=11.20）およびジイソプロピルアミン（pKa=11.13）との反応において，ジイソプロピルアミンとの反応の収率がかなり低下したことから，これらの反応では電子的な影響よりも立体的な影響が強く，求核攻撃の際の立体障害があるものと思われる。一方，一級アミンであるベンジルアミンとの反応を行ったところ，アリル化生成物がモノアリル化体とジアリル化体の混合物として得られたのに対して，アニリンとの反応ではモノアリル化体が高選択的に得られた。

表7　アリルアルコールによるアミンのアリル化[a]

Entry	Allylic Alcohol	Conv. /%	Product (Yields%)	
1	HN⟨piperidine⟩	100	allyl-piperidine	(104)
2	NHEt$_2$	91	allyl-NEt$_2$	(82)
3	NHBu$_2$	71	allyl-NBu$_2$	(47)
4	NH(i-Pr)$_2$	25	allyl-N(i-Pr)$_2$	(5)
5	NHPh$_2$	23	allyl-NPh$_2$	(0)
6	NH$_2$Bn	97	BnNH(CH$_2$CH=CH$_2$) BnN(CH$_2$CH=CH$_2$)$_2$	(64) (20)
7[b]	NH$_2$Ph	92	PhNH(CH$_2$CH=CH$_2$) PhN(CH$_2$CH=CH$_2$)$_2$	(79) (2)

[a] Reaction conditions: Pd(OAc)$_2$ (0.4 mol%), TPPTS (2.0 mol%), solvent = water / hexane (1/1), room temperature, 2 h.　[b] solvent = water / benzene (1/1).

3.2　Pd(OAc)$_2$/TPPTS 触媒によるチオールのアリル化反応

水／ヘキサン二相系において Pd(OAc)$_2$/TPPTS 触媒は，ベンゼンチオールのアリル化反応（式6）の良好な触媒となる。アリルアルコールとベンゼンチオールの反応を 2.0 mol% の Pd(OAc)$_2$/4 TPPTS の存在下，室温で2時間行うことにより，アリルフェニルスルフィドが定量的に得られた（収率 95%）。

第 19 章 水溶性錯体を触媒とした水／有機溶媒二相系反応

$$\text{〜〜OH} + \text{PhSH} \xrightarrow[\text{water/hexane}]{\substack{\text{Pd(OAc)}_2 / 4\text{TPPTS} \\ (2.0\ \text{mol\%}) \\ \text{rt, 2 h}}} \text{〜〜SPh} \quad 95\%$$

式 6

ヘキサン以外の種々の有機溶媒と水とを組み合わせ反応を行ったが，水／ヘキサン二相系が最も良好な結果を与えた。THF のように容易に水と混同する有機溶媒を用いた場合には，反応は全く進行せず，全体的に極性の低い有機溶媒を用いたほど触媒活性が高くなるという傾向が見られた。また，水のみを反応溶媒に用いても，収率の低下は見られるものの反応は進行した。比較のために，有機溶媒中やメタノール／ヘキサン二相系中などでパラジウム／ホスフィン錯体触媒系による反応を行ったが，いずれの反応系においても全く活性を示さなかった。したがって，本触媒反応の進行には水の存在が重要であり，水／有機溶媒二相系でのみ高い活性を示す興味深い反応である。水／有機溶媒二相系においては，忍久保・大嶌ら[7]が報告しているように水分子によりアリルアルコールのヒドロキシル基の脱離能が高められるとともに，疎水性であるチオールによる水溶性パラジウム錯体触媒の失活を防ぐ効果もあると思われる。

次に，これらの反応系に界面活性剤，酸または塩基を添加してベンゼンチオールのアリル化を行った。界面活性剤としては，ドデシル硫酸ナトリウムを添加したときには，活性の向上が見られたが，酸（AcOH）や塩基（Na_2CO_3）いずれを添加しても反応性が低下する傾向がみられた。

また，本触媒反応に関して撹拌速度の影響は，顕著で，水／ヘキサン二相系，水／ベンゼン二相系，水／エーテル二相系では，撹拌速度の増加に伴って反応速度が増加する傾向がみられた。これらの反応では，触媒の失活を防ぐことができるものの，反応速度は撹拌速度に依存し，二相間の物質移動に律速になっていると考えられる。一方，水／酢酸エチル二相系では反応速度は撹

表 8 パラジウム触媒を用いたアリルアルコールによるチオールのアリル化[a]

Entry	Catalyst	Solvent	Time/h	Conv./%	Yield/%
1	Pd(OAc)$_2$/4 TPPTS	water/hexane[b]	2	100	96
2	Pd(OAc)$_2$/4 TPPTS	water/benzene[b]	2	91	84
3	Pd(OAc)$_2$/4 TPPTS	water/toluene	2	89	77
4	Pd(OAc)$_2$/4 TPPTS	water/Et$_2$O	2	94	90
5	Pd(OAc)$_2$/4 TPPTS	water/AcOEt[b]	2	85	75
6	Pd(OAc)$_2$/4 TPPTS	water/CH$_2$Cl$_2$[b]	2	72	68
7	Pd(OAc)$_2$/4 PPh$_3$	THF/water	6	7	0
8	Pd(TPPTS)$_3$[c]	water/hexane[b]	2	100	96

[a] Reaction conditions: Pd(OAc)$_2$ (0.02 mmol), phosphine ligand (0.08 mmol), allyl alcohol (1.0 mmol), benzenethiol (1.0 mmol), solvent = 8 mL, room temperature. [b] solvent = water 4.0 mL, organic solvent 4.0 mL. [c] Pd(0) complex (0.02 mmol).

拌速度にほとんど依存しなかった。これは比較的界面間の移動が起きやすい水／酢酸エチル二相系では，触媒が失活しやすいため触媒活性は低くなるが，その代わり化学反応自体が律速になると考えられる。

　次に，アリルアルコールの置換基の効果を検討した（表9）。クロチルアルコールおよび3-ブテン-2-オールによるアリル化ではいずれの反応でも，E/Z 混合物として1-メチルアリルベンゼンチオールが主生成物として得られたが，その E/Z 比は異なるものであった。これらの結果は，クロチルアルコールおよび3-ブテン-2-オールによるジエチルアミンのアリル化において，クロチルアルコール，3-ブテン-2-オールのいずれを用いても，N,N-ジエチル-2-ブテニルアミンのみが $E/Z=3/1$ の比で得られた結果と対照的である。また，プレニルアルコールおよび1,1-ジメチルアリルアルコールによるベンゼンチオールのアリル化では，いずれの反応でも1,1-ジ

表9　種々のアリルアルコール類によるベンゼンチオールのアリル化[a]

Entry	Allylic Alcohol	Time/h	Conv./%	Product	(yield/%)
1	＝＼＿OH	2	100	＝＼＿SPh	(95)
2	＼＝＼＿OH ($E/Z=95/5$)	3	45	＼＝＼＿SPh (18) ($E/Z=94/6$)	＝＼(SPh)＿ (24)
3	＼＝＼＿OH ($E/Z=95/5$)	5	79	(32) ($E/Z=88/12$)	(40)
4	＼＝＼＿OH ($E/Z=95/5$)	9	100	(45) ($E/Z=81/19$)	(56)
5	＝＼(OH)＿	3	83	(29) ($E/Z=64/36$)	(50)
6	＝＼(OH)＿	5	98	(38) ($E/Z=65/35$)	(59)
7	＼＿(＝)＼＿OH	24	100	＼＿(＝)＼＿SPh (32)	＝＼(SPh)(＼)＿ (61)
8	＝＼(OH)(＼)＿	24	100	(35)	(65)

[a] Reaction conditions: Pd(OAc)$_2$ (0.02 mmol), TPPTS (0.10 mmol), allylic alcohol (1.0 mmol), benzenethiol (1.0 mmol), solvent = water 4.0 mL, hexane 4.0 mL, room temperature.

第19章 水溶性錯体を触媒とした水／有機溶媒二相系反応

メチルアリルアルコールが主生成物として得られた。

水／ヘキサン二相系でのアリル化に与えるアレーンチオールの電子的および立体的効果を明らかにするため，種々の置換ベンゼンチオール誘導体のアリル化を行った（表10）。パラ位もしくはオルト位に電子供与性置換基を有するベンゼンチオール誘導体とアリルアルコールの反応では，活性の低下が見られたが，電子吸引性置換基による活性への影響はほとんど見られなかった。

このアレーンチオールのアリル化の立体化学について検討した。syn-5-ヒドロキシ-3-シクロヘキセン-1-カルボン酸メチルエステルのアリル化反応（式7）では，syn-体のフェニルスルフィドが生成し，反応は立体保持で進行することがわかった。

式7

脂肪族チオールのアリル化は比較的難しい。ブタンチオールのアリル化反応を，アレーンチオールのアリル化反応と同様に Pd(OAc)$_2$/5TPPTS（2 mol %）を用いて，水／ヘキサン二相系で室温下2時間では，反応は進行するものの，対応するアリルスルフィドが収率48％しか得ら

表10 アリルアルコールによるアレーンチオール類のアリル化反応[a]

Entry	ArSH	Time/h	Conv./%	Yield/%
1	PhSH	2	100	96
2	o-MeC$_6$H$_4$SH	2	42	39
		5	100	94
3	2,6-Me$_2$C$_6$H$_3$SH	2	20	14
		24	58	41
4	4-MeOC$_6$H$_4$SH	2	52	45
		6	92	91
5	4-FC$_6$H$_4$SH	2	100	91

[a] Reaction conditions: Pd(OAc)$_2$ (0.02 mmol), TPPTS (0.10 mmol), allyl alcohol (1.0 mmol), thiol (1.0 mmol), solvent = water 4.0 mL, hexane 4.0 mL, room temperature.

れなかった。これに対して，触媒濃度を 5 mol % に変え，さらに反応時間を 24 時間とすることにより，収率は 70 % にまで向上した。ブタンチオール以外のアルカンチオールについても，アリル化反応を試みたが，ブタンチオールよりも反応性は若干低かった。置換基を有する種々のアリルアルコールによるブタンチオールのアリル化反応を遮光条件下で行った。1-メチルアリルアルコールやクロチルアルコールによるアリル化では，主にクロチルスルフィドが生成した。クロチルアルコールによるアリル化では，クロチルアルコールの E/Z 比 (E/Z = 95/5) が保持された。また，1,1-ジメチルアリルアルコールによるアリル化では，中程度の収率ではあったが，主にプレニルアリルスルフィドが生成したのに対して，プレニルアルコールのアリル化ではアリル化体はほとんど得られなかった。

なお，Pd(OAc)$_2$/TPPTS 触媒を用いた，アリルアルコールによるベンゼンチオールのアリル化において，触媒のリサイクルを試みたところ，触媒は活性を失うことなく，少なくとも 5 回のリサイクルが可能であった。

3.3 Pd(OAc)$_2$/TPPTS 触媒によるアセチルアセトンのアリル化反応

Pd(OAc)$_2$/TPPTS 触媒を用いて，水／ヘキサン二相系におけるアセチルアセトンの C-アリル化（式 8）を試みた。反応は，0.4 mol % の Pd(OAc)$_2$ に対して 10 当量の TPPTS 存在下，塩基として水酸化ナトリウム存在下，80℃で 24 時間反応させることにより，モノアリル化体（3-アセチル-5-ヘキセン-2-オン）およびジアリル化体（3-アセチル-3-アリル-5-ヘキセン-2-オン）がそれぞれ収率 73 %，9 % で得られた。

式 8

本反応は，アミンのアリル化反応の場合と同様にして生成した η^3-アリル錯体に，アセチルアセトンが求核的に攻撃し進行すると考えられる。しかし，本反応では塩基の添加が必要であったことから，アセチルアセトンはまず塩基によりプロトンが引き抜かれ，求核性が増加した後に攻撃をすると考えられる。

3.4 水溶性 η^3-アリルパラジウム(II)錯体の合成と求核剤の化学量論的な反応

一般にパラジウム錯体触媒によるアリル化反応では，中間体として η^3-アリルパラジウム (II)

第19章 水溶性錯体を触媒とした水／有機溶媒二相系反応

錯体が推定されていることが多い。そこで，水溶性 η^3-アリルパラジウム(II)錯体を単離し，チオールなどの求核剤との反応性を検討した。

重水中で，Pd(OAc)$_2$/TPPTS に対して1当量のアリルアルコールを添加するとカチオン性 η^3-アリルパラジウム(II)錯体が生成した。ここに，1当量のベンゼンチオールを添加すると，η^3-アリルパラジウム(II)錯体が消失し，アリル化生成物が生成した。この際，プロピレンの副生も確認された。また，Pd(TPPTS)$_3$ と1当量のアリルアルコールの反応では，η^3-アリル錯体の生成はわずかであったが，チオールを添加すると反応は瞬時に進行し，アリル化生成物の生成が確認された。両反応の違いについて考察すると，Pd(OAc)$_2$/TPPTS の系では，Pd(TPPTS)$_3$ の他に，2当量の酢酸が生成する点であり，Pd(TPPTS)$_3$ とアリルアルコールからの η^3-アリル錯体の生成は，酸によって促進される可能性が考えられる。理由は明らかでないが，ベンゼンチオールが求核剤というだけではなく，酸として η^3-アリル錯体の生成に作用したと考えられる。

単離したカチオン性の水溶性 η^3-アリルパラジウム(II)錯体を用いて，チオールとの量論反応を重水中で行った（式9）。

式9

カウンターアニオンに $^-$Cl あるいは $^-$OAc を有する [Pd(η^3-C$_3$H$_5$)(TPPTS)$_2$]X (X=Cl, OAc)を用いた場合には，アリル化生成物はほとんど得られず，TPPTS を過剰に添加しても，アリル化

表11 重水中での [Pd(η^3-C$_3$H$_5$)(TPPTS)$_2$]X とベンゼンチオールの当量反応[a]

Entry	Pd complex	Additive	PhSH/eq.	Yield/%	
				Allyl Sulfide	Propylene
1	X=Cl	none	1.5	2	35
2		LiOH(1 eq.)	1.5	43	9
3		LiOH(5 eq.)	1.5	53	2
4		TPPTS(2 eq.)	1.5	6	9
5		none[b]		68	1
6	X=OAc	none	1.5	2	30
7	X=OH	none	1.5	65	26
8		none	10	57	33
9		TPPTS(3 eq.)	1.5	59	27
10		CH$_2$=CHCH(CH$_3$)OH(5 eq.)	1.5	61	9

[a] Reaction conditions: Pd complex (0.01 mmol), solvent = D$_2$O 500 μL, room temperature, 2 h. [b] PhSLi (0.015 mmol).

生成物の収率が増加することはなかった。これに対して，カウンターアニオンにヒドロキソアニオンを有する[Pd(η^3-C$_3$H$_5$)(TPPTS)$_2$]OH を用いると，アリル化生成物の収率が大幅に向上した。なお，[Pd(η^3-C$_3$H$_5$)(TPPTS)$_2$]OH については，錯体を単離することができなかったため，ヒドロキソパラジウム二量体[Pd(η^3-C$_3$H$_5$)(μ-OH)]$_2$ に対して 4 当量の TPPTS を重水中で加えることにより系中での生成を確認した錯体を用いた。同様な結果は，[Pd(η^3-C$_3$H$_5$)(TPPTS)$_2$]Cl に対して 1 当量の LiOH を添加することによっても得られた。以上のような結果は，カチオン性 η^3-アリルパラジウム(II)錯体のカウンターアニオンであるヒドロキソアニオンの重要性を示唆している。PhSLi と[Pd(η^3-C$_3$H$_5$)(TPPTS)$_2$]Cl の反応では，LiOH 未添加にも関わらず，アリル化生成物が高収率で得られた。これらの結果は，ヒドロキソアニオンがチオールからプロトンを引き抜いてチオラトアニオンを生成させるためと考えられる。

プレニルパラジウム(II)錯体とチオールの反応でも，生成物の位置選択性は，反応（式10）に用いる溶媒系や添加物により変化した。すなわち，重水中では直鎖状生成物が選択的に得られるが重水／ヘキサン二相系で反応を行うと，分岐状生成物が選択的に得られ，収率の向上がみられた。また，TPPTS を過剰に添加すると，分岐状生成物に対する選択性が向上した。

式 10

表 12 重水中での[Pd(η^3-Me$_2$C$_3$H$_3$)(TPPTS)$_2$]X とベンゼンチオールの当量反応における生成物の直鎖／分岐選択性[a]

Entry	Pd com.	Additive	Solv.	PhSH/eq.	yield/%	
					(L)	(B)
1	X=Cl	none	D$_2$O	1.5	trace	trace
2		LiOH	D$_2$O	1.5	21	trace
3		LiOH	D$_2$O/hexane(5/1)	1.5	21	41
4		LiOH+TPPTS(3 eq.)	D$_2$O	1.5	21	38
5		LiOH+TPPTS(3 eq.)	D$_2$O/hexane(5/1)	1.5	15	54
6		none	D$_2$O	1.5[b]	40	2
7		none	D$_2$O/hexane(5/1)	1.5[b]	30	35
8		LiOH	D$_2$O	5	6	10
9		LiOH+(CH$_2$=CH)CH$_2$OH(5 eq.)	D$_2$O	1.5	23	2
10	X=OH	none	D$_2$O	1.5	52	9
11		none	D$_2$O/hexane(5/1)	1.5	23	43
12		TPPTS(2 eq.)	D$_2$O	1.5	20	41

[a] Reaction conditions: Pd complex (0.01 mmol), benzenthiol (0.015 mmol) solvent = D$_2$O 500 μL, (hexane 100 μL), roomtemperature, 10 min. [b] PhSK (0.015 mmol).

第19章 水溶性錯体を触媒とした水／有機溶媒二相系反応

TPPTSを過剰に添加することによって分岐状生成物の生成比が増加するのは，ホスフィン（TPPTS）添加の条件下では，η^1-アリル錯体が生成し，その結果，分岐状生成物の生成が増加したと考えられる（式11）。

式11

また，水／有機溶媒二相系で分岐状生成比が増加したのは，ホスフィン添加と同様に，二相系においてη^1-アリル錯体へ平衡が偏るためではないかと推測した（式12）。すなわち，親水性である水溶性配位子は水相に，一方，親油性であるアルキル基は有機相側に存在することを好むため，その結果，η^1-アリル錯体の構造をとりやすくなると考えられるが，現在のところ直接的な証拠は得られていない。

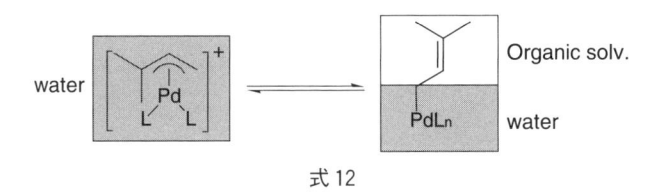

式12

次に，水溶性η^3-アリルパラジウム(II)錯体[Pd(η^3-C$_3$H$_5$)(TPPTS)$_2$]X(X=Cl，OH)と1,3-ジカルボニル化合物，アミンの量論反応（式13）を行った。

式13

アセチルアセトンとの量論反応では，錯体のカウンターアニオンによって反応性に違いがみられ，カウンターアニオンにクロロアニオンを有する[Pd(η^3-C$_3$H$_5$)(TPPTS)$_2$]Clとの反応ではアリル化生成物は得られず，一方で，カウンターアニオンにヒドロキソアニオンを有する[Pd(η^3-

C₃H₅)(TPPTS)₂]OH との量論反応では，モノアリル化体が選択的に得られた。すなわち，アセチルアセトンのアリル化でも，カウンターアニオンであるヒドロキソアニオンの存在が重要であると考えられる。

　水溶性 η^3-アリルパラジウム錯体 [Pd(η^3-C₃H₅)(TPPTS)₂]X(X=Cl, OH) とジエチルアミンの量論反応（式 13）を行った。アミンとの反応では，カウンターアニオンがクロロアニオンだけではなくヒドロキソアニオンの錯体を用いてもアリル化生成物は得られなかった。しかし，TPPTS を添加することによって，アリル化生成物を得ることができた。以上の結果から，水中でのアミンのアリル化では，ヒドロキソアニオンではなく TPPTS の添加が重要であることが示唆された。アミンは，チオールや 1,3-ジカルボニル化合物と比較して酸性度が低い。このため，ヒドロキソアニオンが存在しても，プロトンの解離が起きづらく，求核性が上がらないことが予測される。TPPTS が塩基として作用した可能性が考えられる。

式 14

表 13　[Pd(η^3-C₃H₅)(TPPTS)₂]X(X=Cl, OH) とジエチルアミンとの反応[a]

Entry	Pd complex	Additive	Yield/%
1	x=Cl	none	0
2		LiOH (1 eq.)	0
3		TPPTS (2 eq.)	58
4	X=OH	none	0

[a] Reaction conditions: Pd complex (0.01 mmol), diethylamine (0.015 mmol), solv. = D₂O 500 μL, roomtemperature, 2 h.

3.5　チオールのアリル化に関する反応機構

　チオールのアリル化反応では，まず Pd(OAc)₂ と TPPTS との反応により触媒活性種である Pd(TPPTS)₃ が生成する[8]。次に，Pd(TPPTS)₃ に対して，アリルアルコールが酸化的付加をすることによって η^3-アリル錯体と，それと平衡関係にある η^1-アリル錯体が生成する。この際，過剰に入っている TPPTS や二相系の効果によって，平衡はより η^1-アリル錯体の方へ偏ることが予測された。また，生成する η^1-アリル錯体は，置換基の位置が異なるアリルアルコールを用いても，立体的な要因により，置換基がオレフィンの末端に置換した構造をとることが考えられる。この η^1-アリル錯体に対して，チオールが優先的に S_N2' 型求核反応を起こすことによって，アリル化

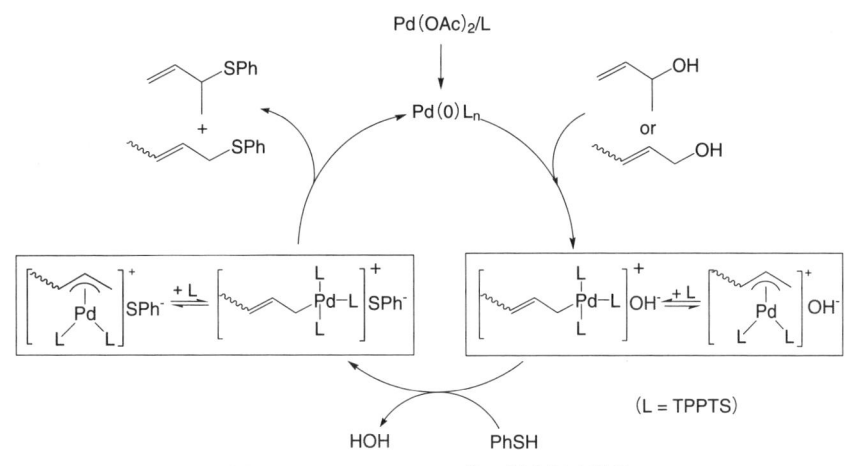

第19章　水溶性錯体を触媒とした水／有機溶媒二相系反応

図1　チオールのアリル化の推定反応機構

生成物が得られると推定した。この際，アリルアルコールの酸化的付加，アリル錯体への求核反応の立体化学がともに立体反転であるため，反応全体としては立体保持である実験結果と矛盾しない。なお，クロチルアルコール，3-ブテン-2-オール，プレニルアルコールおよび1,1-ジメチルアリルアルコールより誘導されるη^1-アリルパラジウム錯体では，γ-炭素がメチル基により置換されているにもかかわらず，反応点となることは興味深い。

なお，上に示した機構では，置換基の位置が異なるアリルアルコールを用いても共通の中間体が生成することを推定している。しかし，本触媒反応では，C=C二重結合の末端炭素上に置換基があると反応速度が低下すること，さらにE体のアリルアルコールよりもZ体のアリルアルコールの反応の方が速いということから，パラジウム活性種にアリルアルコールのオレフィンの炭素-炭素二重結合に前配位する過程が律速段階と考えられる。一方，アルカンチオールのアリル化やアミンのアリル化では，アレーンチオールと比較して反応性が低く，また生成物の位置選択性についても出発物質にかかわらず直鎖状生成物が主生成物として得られており，η^3-アリル中間体の反応性が位置選択性を決めているものと推定した。

4　まとめ

水／有機溶媒二相系で，水溶性イリジウムまたはロジウム錯体を触媒とするα, β-不飽和アルデヒドおよびイミンの選択的水素化によるアリルアルコールやアリルアミンの合成を行うことができた。また，水溶性パラジウム錯体を触媒とすることにより，アリルアルコールをアリル源とするチオール，1,3-カルボニル化合物，アミンなどのアリル化反応を行うことができた。これらいずれの反応でも，触媒反応後，デカンテーションにより生成物を含む有機相を分離し，触媒

を含む水相に新たに反応基質を含む有機相を加えて再度反応させることにより，触媒は失活することなく繰り返し反応を行うことができた。また，アリルアルコールによるチオールのアリル化においては，水／有機溶媒二相系において，高い触媒活性や反応の位置選択性が得られることが分かった。今回，選択水素化およびアリル化という二つの二相系触媒反応の例を示したが，水／有機溶媒二相系での水溶性遷移金属錯体を用いた触媒反応は，繰り返し反応も可能という，「工学」的なメリットがあることから，これまで知られている他の多くの遷移金属触媒反応に応用・展開されることが期待される。

文　　献

1) a) "Aqueous–Phase Organometallic Catalysis, Concepts and Applications," ed. by B. Cornils and W. A. Herrmann, Wiley–VCH, Weinheim (1998) and references cited therein. b) "Applied Homogeneous Catalysis with Organometllic Compounds," ed. by B. Cornils and W. A. Herrmann, VCH, Weinheim, 1996, Vols. 1 and 2.

2) a) S. Komiya, M. Ikuine, N. Komine, and M. Hirano, *Chem. Lett*., 72 (2002); b) S. Komiya, M. Ikuine, N. Komine, and M. Hirano, *Bull. Chem. Soc. Jpn*., **76**, 183 (2003); c) N. Komine, K. Ichikawa, A. Mori, M. Hirano, and S. Komiya, *Chem. Lett*., **34**, 1704 (2005)

3) A. Fukuoka, W. Kosugi, F. Morishita, M. Hirano, L. McCaffrey, W. Henderson, and S. Komiya, *Chem. Commun*., 489 (1999)

4) N. Komine, A. Sako, S. Hirahara, M. Hirano, and S. Komiya, *Chem. Lett*., **34**, 246 (2005)

5) J. Tsuji, "Palladium Reagents and Catalysts," Wiley, Chichester (1995)

6) a) J. Qu, Y. Ishihara, T. Oe, and N. Nagato, *Nippon Kagaku Kaishi*, 250 (1996); b) M. Sakamoto, I. Shimizu, and A. Yamamoto, *Bull., Chem. Soc. Jpn*., **69**, 1065 (1996); c) Y. Masuyama, M. Kagawa, and Y. Kurusu, *Chem. Lett*., 1121 (1995); d) Y. Tamaru, Y. Horino, M. Araki, S. Tanaka, and M. Kimura, *Tetrahedron Lett*., **41**, 5705 (2000); e) M. Kimura, Y. Horino, R. Mukai, S. Tanaka, and Y. Tamaru, *J. Am. Chem. Soc*., **123**, 10401 (2001); f) S-C. Yang and Y-C. Tasai, *Organometallics*, **20**, 763 (2001); g) F. Ozawa, H. Okamoto, S. Kawagsi, S. Yamamoto, T. Minami, and M. Yoshifuji, *J. Am. Chem. Soc*., **124**, 10968 (2002); h) Y. Kayaki, T. Koda, and T. Ikariya, *J. Org. Chem*., **69**, 2595 (2004); i) K. Manabe and S. Kobayashi, *Org. Lett*., **5**, 3241 (2004)

7) なお，我々と同時期に京都大学の大嶌，忍久保らにより，Pd／TPPTS系を用いた水／有機溶媒二相系でのアリルアルコールによるアミンや1,2-ジカルボニル化合物のアリル化が報告されている：H. Kinoshita, H. Shinokubo, and K. Oshima, *Org. Lett*., **6**, 4085 (2004)

8) S. D. Santos, Y. Tong, F. Quignard, A. Choplin, D. Sinou, and J. P. Dutasta, *Organometallics*, **17**, 78 (1998)

固定化触媒のルネッサンス

2007年7月23日　第1刷発行

監　修	小林　修，小山田秀和	(B0834)
発行者	辻　賢司	
発行所	株式会社シーエムシー出版	
	東京都千代田区内神田1-13-1	
	電話 03 (3293) 2061	
	大阪市中央区南新町1-2-4	
	電話 06 (4794) 8234	
	http://www.cmcbooks.co.jp	

〔印刷　藤原印刷株式会社〕　　　　　　Ⓒ S. Kobayashi, H. Oyamada, 2007

定価はカバーに表示してあります。

落丁・乱丁本はお取替えいたします。

本書の内容の一部あるいは全部を無断で複写(コピー)することは，法律で認められた場合を除き，著作者および出版社の権利の侵害になります。

ISBN978-4-88231-941-2　C3043　¥8000E